煤炭高等教育“十四五”规划教材

应急救援体能训练理论与实践

主　编　杨三军　杜吉生　吴　兵
副主编　方睿健　高　笛　孟昀晨　陈强盛

中国矿业大学出版社
· 徐州 ·

内容简介

本书介绍了中国应急救援队伍体系以及应急救援体能概念，阐述了矿山、消防和危险化学品等应急救援队伍职业表现的体能需求，讨论了应急救援人员的生理特点，以及在不同救援环境下面临的挑战和应对策略，并聚焦于实际救援应用，在模拟救援需求场景下进行科学化的职业体能训练与指导。

本书是一本理论与实践相结合的救援领域教科书，适合应急救援人员以及相关领域的管理者、研究者学习使用。

图书在版编目(CIP)数据

应急救援体能训练理论与实践 / 杨三军，杜吉生，吴兵主编. —徐州 ：中国矿业大学出版社，2024.5

ISBN 978-7-5646-6266-0

Ⅰ. ①应… Ⅱ. ①杨… ②杜… ③吴… Ⅲ. ①突发事件—救援—体能—身体训练—中国 Ⅳ. ①X928.04 ②G808.14

中国国家版本馆 CIP 数据核字(2024)第 108639 号

书　　名　应急救援体能训练理论与实践
主　　编　杨三军　杜吉生　吴　兵
责任编辑　赵　雪　褚建萍
出版发行　中国矿业大学出版社有限责任公司
　　　　　　(江苏省徐州市解放南路　邮编 221008)
营销热线　(0516)83885370　83884103
出版服务　(0516)83995789　83884920
网　　址　http://www.cumtp.com　**E-mail**:cumtpvip@cumtp.com
印　　刷　江苏淮阴新华印务有限公司
开　　本　787 mm×1092 mm　1/16　**印张** 19.25　**字数** 492 千字
版次印次　2024 年 5 月第 1 版　2024 年 5 月第 1 次印刷
定　　价　48.00 元

前　言

当今世界复杂多变，中国应急救援体系在国家安全和公共安全中扮演着至关重要的角色。这一体系不仅是国家面对自然灾害和人为事故的第一道防线，更是维护社会稳定和民众安全的关键力量。从地震、洪水到工业事故，应急救援队伍始终处于应对突发事件的最前线，他们的迅速响应、专业技能和无私奉献不仅挽救了无数生命，也为国家的稳健运行提供了坚实保障。在此背景下，应急救援人员的体能训练显得尤为重要。科学、系统的体能训练能够确保救援人员在面对极端情况时有效地执行任务。

本教材理论联系实际，深入浅出，清晰易懂。

全书分为理论篇、机理篇和实践篇，内容覆盖从应急救援基本理论、队伍组织与功能到救援环境下的生理机能变化规律及机制再到具体的救援技能和操作。每一部分都由不同领域的专家精心编写，确保内容的准确性和实用性。此外，书中融合了大量的案例分析和实战演练，使读者能够在实际操作中灵活运用所学知识。理论篇详细介绍了中国的应急救援体系和不同救援队伍体能训练的现状与标准。机理篇则深入探讨了应急救援任务对人体各系统的影响，特别是在极端环境下的生理反应和适应机制。实践篇详尽介绍了不同体能素质训练的方法。

本书由中国矿业大学（北京）应急救援领域的资深专家杨三军教授和吴兵教授，以及中国消防救援学院杜吉生副教授总体策划和把关并担任主编，方睿健、高笛、孟昀晨、陈强盛任副主编，编写团队由长期从事应急救援体能教学、训练与实践的年轻学者组成。

在本书编写过程中，中国矿业大学（北京）体育教研部杨光浩、王英博、李庆参与了训练动作库的拍摄；潘姝宇、申晓静、侯轶静等参与了资料的收集与整理；中国消防救援学院、晋能集团国家矿山应急救护大队等单位给予了大力支持；国家危险化学品应急救援神华鄂尔多斯队、国家矿山应急救援山东能源队、国家矿山应急救援开滦队等单位提供了有关资料，在此一并表示衷心感谢。对于书中存在的不足之处，恳请读者批评指正并提出宝贵意见。

作　者
2024 年 2 月

目　　录

第一篇　理　论　篇

绪论 …… 3

第一节　中国应急救援体系简介 …… 3

第二节　应急救援体能概述 …… 6

第一章　国家综合性消防救援队 …… 11

第一节　国家综合性消防救援队简介 …… 11

第二节　国家综合性消防救援队工作职责 …… 12

第三节　国家综合性消防救援队体能训练现状 …… 14

第二章　国家安全生产应急救援队 …… 18

第一节　国家矿山应急救援队 …… 18

第二节　危险化学品应急救援队 …… 25

第三节　其他应急救援队 …… 34

第三章　社会应急救援队——以蓝天救援队为例 …… 40

第一节　蓝天救援队简介 …… 40

第二节　蓝天救援队工作职责 …… 44

第三节　蓝天救援队体能训练现状 …… 47

第四章　地震灾害紧急救援队 …… 54

第一节　地震灾害紧急救援队简介 …… 54

第二节　地震灾害紧急救援队工作职责 …… 56

第三节　地震灾害紧急救援队体能训练现状 …… 59

第五章　应急救援队体能需求及案例分析 …… 62

第一节　体能需求分析 …… 62

第二节　案例分析 …… 63

第二篇　机　理　篇

第六章　应急救援与运动系统 …… 69

第一节　力量素质 …… 69

第二节 柔韧素质 …………………………………………………………… 72

第七章 应急救援与心肺功能 …………………………………………………… 74
第一节 应急救援与心脏 ……………………………………………………… 74
第二节 应急救援与呼吸系统 ………………………………………………… 79

第八章 应急救援与其他系统 …………………………………………………… 85
第一节 应急救援与血液 ……………………………………………………… 85
第二节 应急救援与内分泌功能 ……………………………………………… 91
第三节 应急救援与泌尿系统 ………………………………………………… 92
第四节 应急救援与昼夜节律 ………………………………………………… 94

第九章 应急救援与特种环境 …………………………………………………… 97
第一节 粉尘环境 ……………………………………………………………… 97
第二节 热环境 ………………………………………………………………… 99
第三节 冷环境………………………………………………………………… 102
第四节 高压低氧环境………………………………………………………… 103

第三篇 实 践 篇

第十章 耐力素质训练方法…………………………………………………… 111
第一节 有氧耐力训练方法…………………………………………………… 111
第二节 无氧耐力训练方法…………………………………………………… 115
第三节 应急救援项目专项耐力训练方法…………………………………… 118

第十一章 力量素质训练方法………………………………………………… 126
第一节 抗阻训练技术标准与训练方法……………………………………… 126
第二节 快速伸缩复合训练方法……………………………………………… 150
第三节 应急救援项目专项力量训练方法…………………………………… 160

第十二章 速度与灵敏素质训练方法………………………………………… 169
第一节 速度与灵敏素质基本概念…………………………………………… 169
第二节 速度与灵敏素质训练方法…………………………………………… 171
第三节 应急救援项目专项速度与灵敏素质训练方法……………………… 173

第十三章 协调与平衡能力训练方法………………………………………… 183
第一节 协调能力训练方法…………………………………………………… 183
第二节 平衡能力训练方法…………………………………………………… 193

第十四章　柔韧素质与拉伸训练方法…… 201
第一节　柔韧素质与拉伸训练基本概念…… 201
第二节　拉伸训练基本内容与形式…… 203
第三节　应急救援项目常见拉伸训练方法…… 206

第十五章　核心区训练方法…… 216
第一节　核心稳定性训练及其方法…… 216
第二节　核心力量训练及其方法…… 218
第三节　应急救援项目核心专门性力量训练…… 223
第四节　应急救援项目动力链训练方法…… 236

第十六章　体能测试与评估方法…… 241
第一节　身体功能性测试与评估方法…… 241
第二节　基本体能测试与评估方法…… 243

第十七章　热身准备…… 252
第一节　热身准备的基本内容与形式…… 252
第二节　热身准备的基本方法…… 253
第三节　应急救援项目专项热身准备设计及应用…… 254

第十八章　恢复与再生练习方法…… 263
第一节　健康与运动中的营养因素…… 263
第二节　运动恢复干预与再生手段…… 266
第三节　应急救援项目常见运动损伤预防及处理…… 274

参考文献…… 296

第一篇　理　论　篇

绪　论

国家应急救援队是我国应对灾害和突发事件的关键力量，应急救援被国际劳工组织誉为“维护社会发展和人类抗击危害不可或缺的职业”。随着现代应急救援体系的发展，相关知识与技能的培训系统逐渐完善和规范化，救援人员的职业体能需求也愈发展现出针对性和专业化。本书面向应急救援领域，旨在阐明应急救援从业人员体能训练的基础知识理论，并通过结合应急救援职业的体能需求特点和应急环境下的生理变化，提出功能性训练方法。

第一节　中国应急救援体系简介

2018年3月17日，第十三届全国人民代表大会第一次会议通过了《第十三届全国人民代表大会第一次会议关于国务院机构改革方案的决定》，批准《国务院机构改革方案》。方案规定，“组建应急管理部。将国家安全生产监督管理总局的职责，国务院办公厅的应急管理职责，公安部的消防管理职责，民政部的救灾职责，国土资源部的地质灾害防治、水利部的水旱灾害防治、农业部的草原防火、国家林业局的森林防火相关职责，中国地震局的震灾应急救援职责以及国家防汛抗旱总指挥部、国家减灾委员会、国务院抗震救灾指挥部、国家森林防火指挥部的职责整合，组建应急管理部，作为国务院组成部门。中国地震局、国家煤矿安全监察局由应急管理部管理。公安消防部队、武警森林部队转制后，与安全生产等应急救援队伍一并作为综合性常备应急骨干力量，由应急管理部管理，不再保留国家安全生产监督管理总局”。

一、国家综合消防应急救援队伍

2018年4月16日，应急管理部正式挂牌。7月30日，中共中央办公厅、国务院办公厅印发《应急管理部职能配置、内设机构和人员编制规定》。其中规定，“应急管理部负责管理消防救援队伍、森林消防队伍两支国家综合性应急救援队伍，承担相关火灾防范、火灾扑救、抢险救援等工作，设立消防救援局、森林消防局，分别作为消防救援队伍、森林消防队伍的领导指挥机关”。2019年12月底，全国各级消防救援机构陆续举行挂牌仪式。

机构改革前，消防力量主要由公安消防队伍和地方政府专职消防队、企业专职消防队组成，并以公安消防部队为主体力量。原公安消防部队实行公安机关领导，条块结合，分级管理的管理体制，列入武警序列。各省级行政区设消防总队，各地级行政区、直辖市城区设消防支队，支队下设消防大队（科）、中队。

根据《组建国家综合性消防救援队伍框架方案》，各省级行政区设消防救援总队，各地级行政区设消防救援支队，各县级行政区设消防救援大队，大队下设消防救援站（中队）。根据《消防救援队伍总队及以下单位机构编制方案》，应急管理部消防救援局管理领导总队单位34个（其中省级消防救援总队31个、训练总队3个），具体组成见表0-1。

表 0-1　应急管理部消防救援局管理领导总队

序号	名称	序号	名称
1	北京市消防救援总队	18	湖南省消防救援总队
2	上海市消防救援总队	19	江西省消防救援总队
3	天津市消防救援总队	20	江苏省消防救援总队
4	重庆市消防救援总队	21	安徽省消防救援总队
5	河北省消防救援总队	22	广东省消防救援总队
6	山西省消防救援总队	23	海南省消防救援总队
7	吉林省消防救援总队	24	四川省消防救援总队
8	辽宁省消防救援总队	25	贵州省消防救援总队
9	黑龙江省消防救援总队	26	云南省消防救援总队
10	陕西省消防救援总队	27	内蒙古自治区消防救援总队
11	甘肃省消防救援总队	28	新疆维吾尔自治区消防救援总队
12	青海省消防救援总队	29	宁夏回族自治区消防救援总队
13	山东省消防救援总队	30	广西壮族自治区消防救援总队
14	福建省消防救援总队	31	西藏自治区消防救援总队
15	浙江省消防救援总队	32	应急管理部消防救援局天津训练总队
16	河南省消防救援总队	33	应急管理部消防救援局南京训练总队
17	湖北省消防救援总队	34	应急管理部消防救援局昆明训练总队

二、安全生产应急救援队伍

安全生产专业应急救援队伍是国家综合性常备应急骨干力量的重要组成部分，全国现有安全生产专业应急救援队伍 1 193 支，共 6.87 万余人，包括矿山救援队 378 支、危险化学品救援队 560 支、隧道救援队 13 支、油气救援队 66 支、水上救援队 24 支、其他专业救援队（城市燃气、地铁、金属冶炼、电力抢修等）152 支，如图 0-1 所示。

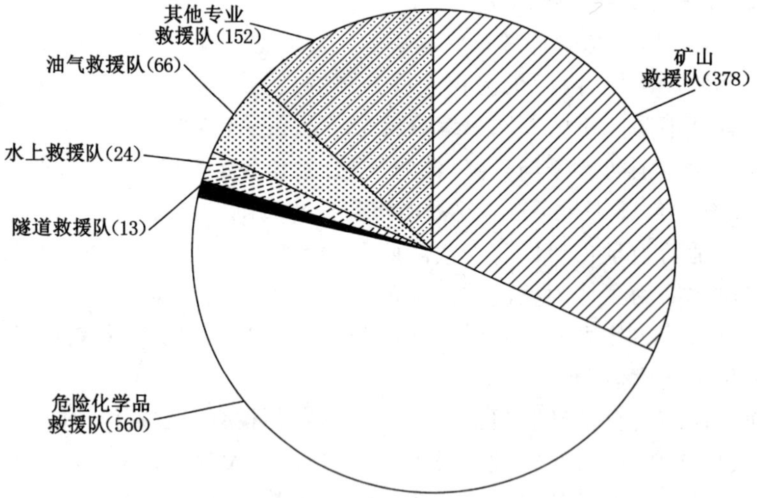

图 0-1　安全生产专业应急救援队伍数量统计图

中央财政支持建设了102支2.2万余人的国家安全生产专业应急救援队伍，覆盖全国30个省(自治区、直辖市)和新疆生产建设兵团，见表0-2，涵盖矿山、危险化学品、隧道施工、油气管道、水上等专业领域，配备了大功率潜水泵、大口径钻机、高喷消防车、水上消防船、无人机等先进救援装备，是应对重特大生产安全事故的主力军。

表0-2　国家安全生产应急救援队伍地区分布表

序号	行政区划	分计	矿山	危险化学品	隧道	油气	专业支撑保障与其他
		支数	支数	支数	支数	支数	支数
1	北京	6	1	1			4
2	天津	2		1		1	
3	河北	4	2	1		1	
4	山西	5	3	1	1		
5	内蒙古	5	4	1			
6	辽宁	6	3	2		1	
7	吉林	3	2	1			
8	黑龙江	5	2	3			
9	上海	1		1			
10	江苏	5	1	2		1	1
11	浙江	2		2			
12	安徽	3	2	1			
13	福建	3	1	2			
14	江西	2	1	1			
15	山东	6	2	3			1
16	河南	4	3	1			
17	湖北	3	2	1			
18	湖南	3	2	1			
19	广东	4		3		1	
20	广西	1	1				
21	海南	2		1		1	
22	重庆	4	1	1	1		1
23	四川	6	2	2	1	1	
24	贵州	6	4	1	1		
25	云南	4	1	1	1	1	
26	西藏	1			1		
27	陕西	3	1	2			
28	甘肃	3	2	1			
29	青海	2	1	1			
30	宁夏	2	1	1			
31	新疆(兵团)	7	4	1		2	
合计		113	49	41	6	10	7

第二节　应急救援体能概述

一、体能

（一）体能一词的起源

“体能”一词并非舶来品，它来自汉语。“体能”一词之所以被误认为是由外国传过来的，主要是 20 世纪 80 年代国外有关“体适能”理论在传入我国的时候，人们在翻译“physical fitness”一词时候，选择了“体能”一词与之对接，而使其内涵与外延发生了深刻的变化。在中国的运动训练史上，田麦久提出“项群训练理论”后，由于运动项目被划分为体能项目与技能项目，“体能”一词逐渐在运动训练领域被人们所接受与使用，“体适能”概念的传入，使体能概念逐渐确定下来，中国足球协会 1994 年开始的“足球运动员体能测试”使“体能”一词广为人知。

（二）体能的概念

体能是指有机体经过训练所获得的综合运动能力，主要由身体形态、身体机能和运动素质三个要素构成，其中运动素质是身体运动能力最重要的外在表现，而身体形态、身体机能是形成良好运动素质的基础，这些要素彼此相互制约又相互影响。

1. 将体能视为适应能力

美国健康体育休闲舞蹈学会将体能（fitness）视为人体的一种适应能力（适能），认为适能是个人运作的能力，包括身体适能（physical fitness）、情绪适能（emotional fitness）、社会适能（social fitness）、精神适能（spiritual fitness）及文化适能（cultural fitness）5 个部分。

良好的体能应具备以下几个条件：① 拥有先天健康的器官与运用现代医学知识的能力；② 应对日常生活与突发事件所需要的协调能力、体力；③ 适应集体生活的团队意识与能力；④ 充足的知识与快速解决问题的能力；⑤ 适应日常生活的态度与价值观；⑥ 有利于民主社会的精神和道德品质。

美国运动医学会（ACSM）认为：体能就是体适能，包括心肺适能（心血管系统输送营养物质与氧气的能力）、肌肉适能（肌肉的力量与耐力）、柔软度（自如活动关节的能力）、身体成分（体内脂肪占体重的比例）。两者比较可以看出，前者关于体能概念的含义更为丰富，不仅包括人体生理层面的适应能力，还包括心理层面的适应能力、社会层面的适应能力，而后者所说的体能仅仅指人体生理层面的适应能力。

从以上定义可以看出，早期将“体能”置于日常一般的身体活动视角下，认为“体能”就是人体的适应能力，不仅包括生理层面的适应能力，还包括人的心理层面的适应能力。针对普通人探究通过体能训练增进人的各器官、系统的生理机能，增强人的力量、速度、耐力、柔韧、灵敏与协调素质，从而增强人体免疫能力、活动能力，还包括人的心理适应能力，甚至包括人的社会适应问题。研究对象没有行业或专业之分，体能的研究还没有涉及运动训练范畴。

2. 将体能视为运动能力

德国著名运动训练学专家 Hartmann 提出：“体能是以人体三大供能系统的能量代谢活动为基础，通过骨骼肌系统表现出来的运动能力”。他认为体能概念具有动态性，人体的体能应是一个能量的积蓄、利用、释放等一系列的过程，体能仅仅属于人体生理层面的属性，不包括心理、社会等因素。

也有人从人体内部的内脏器官系统与外部的运动器官系统两个方面对体能进行了分类，将体能划分为心肺机能和肌肉功能；认为体能分为绝对力量、运动速度、爆发力、耐力、协调能力、柔韧性，并认为教练员应该了解不同年龄阶段的运动员的发育特点，采取有效的手段，适度改变运动员个体形态及生理机能，才能达到最有效的训练效果。

美国国家体能协会(NSCA)则把体能看成"strength and conditioning"，主要从力量训练和其他运动素质训练的角度出发，分别提出了训练原则、训练方法、训练评价等方面的内容。

与前面的体能概念相比，此处体能概念的内涵更为狭窄，仅为生理层面的力量训练，并不包括生理机能、身体形态，更不包括人的心理、社会方面的适应能力。这种体能训练具有较高的专业性、针对性和可操作性，更适用于运动训练领域。

（三）体能的构成

目前人们对体能概念的认识存在较大差异，导致对体能的构成要素（或概念的外延）所持的观点也不尽相同。现阶段体能结构的主流观点包含三个方面：身体形态、身体机能和运动素质。

(1) 身体形态：反映人体生长发育状况的各环节高度、围度、长度、宽度和充实度等外部形态特征，以及心脏的大小、肌肉的横截面和体脂率等内部形态特征。身体形态涉及个体遗传因素、个体行为和后天环境等多方面的影响，对于个体的运动能力和健康状况有很直观地反映。

(2) 身体机能：人体各内脏器官的机能状态。包括循环系统、呼吸系统、神经系统、内分泌系统、骨骼肌运动系统和免疫系统等的机能状态，其各项指标是评测身体运动能力水平的重要依据。

(3) 运动素质：在运动过程中，有机体在中枢神经系统的控制支配下，通过肌肉活动所表现出来的各种基本运动能力。一般由力量、速度、耐力、柔韧、协调等要素组成。对不同的运动素质需要有针对性的训练方法，这些基本身体素质是从事体育运动所必需的条件，也是发展和提高运动能力的基础。

运动员体能发展水平是由身体形态、身体机能和运动素质这三个方面的发展水平所决定的。

（四）体能的特征分析

体能是人先天具有的一种能力，即体能具有先天遗传特征。也就是说，体能是所有人都具有的一种能力，它是通过遗传获得的，凡是有生命的人都具有体能，即使没有任何训练的人也可以表现出一定的体能水平，但这只能是一种低水平的体能，要想充分挖掘其潜力，就需进行训练。

体能具有较强的动态特征。体能的动态特征主要表现在以下两方面：一方面，训练者经过适当运动训练，其体能水平就会得到迅速提高；另一方面，如果停止训练或降低训练负荷刺激水平，经过运动训练提高了的体能水平就会出现消退现象。也就是说，训练者体能水平并非达到一定标准后就会长时间保持稳定的状态，如果想要使其保持稳定的水平，就必须持续进行体能训练，否则已经提高的体能就会出现下滑现象，且消退的速度往往比获得的速度还要快。

训练者的体能发展并非只受其内部组成因素的影响，它还会受到许多与项目高度相关的外界因素的影响，即训练者的体能发展总会表现出一定的专项性特征。由于不同专项的技术动作结构具有较大差异，人体从事专项运动时，身体就会承受不同技术动作带来的生理刺激，人体长时间地接受某种生理刺激，就会产生一定方向的适应性改变，这种适应性改变就是机体对特定专项生理刺激产生的适应性改变的结果。某一专项训练者所获得的体能，是在这一专项的特定训练刺激下形成的，不同的专项训练刺激就会使人体产生不同方向的适应性改变——专项体能特征。

因此，不同项目的训练者具有的体能特征是不同的，具有不同体能特征的训练者对不同运动方式的适应效果也一定是不同的。这提示我们，体能训练一定要首先弄清目标方向，只有做针对目标方向特征的计划才能保证有意义地训练。

综合以上各种观点，体能可以定义为人体各器官、系统承受生理负荷的能力，表现为人体能量的储备、转移、释放。它包括身体形态、生理机能、运动素质，其中，身体形态是体能的物质基础，生理机能是体能的功能保障，运动素质是体能的外在表现。体能属于人体生理层面的概念，不包括心理、社会层面的含义。

二、应急救援体能

（一）应急救援体能产生的背景

应急救援体能的产生源于社会对灾害和紧急情况处理能力的需求。灾害发生时，特别是重大灾害发生后，伴随着地形地貌遭到不同程度的破坏，寻找受灾群体对救援人员提出了挑战。由于救援时间的不确定性，救援人员除了需要具备独立思考、快速反应、果断处事的能力和勇于克服困难、坚忍不拔的顽强精神外，培养救援人员的体能极其重要。

救援人员在救援过程中会身着各式救援设备，这些设备的重量在一定程度上妨碍了救援人员的行动。人体在负重情况下的能量消耗要远大于无负重的状态，在运动的强度、时间上都会有明显的下降；同时也阻碍了自己的关节活动度、灵活性、速度耐力等；救援人员在处理灾情时，需要搬运重物或背起伤员，这就需要强大的腰背肌力量以及上下肢的爆发力，在救援的时候，绳索的攀爬需要上下肢的协调配合以及核心力量的控制，才能流畅地完成。因此，在长距离、长时间奔跑，上坡下坡，攀岩跨坎中负重进行救援，这对人的体能是一种考验，对救援人员的速度、力量、耐力、灵敏性、协调性等素质提出了更高的标准。

为了确保从业人员能够安全并高效地完成任务，对其体能指标有着严格的要求，发展并要求从业人员具备特殊的职业体能成为必要的举措。这促使应急救援体能成为特殊工种的一项重要职业要求，进而推动了相关训练和标准的制定与实施，以提升救援人员的应急响应和抢救能力。

（二）应急救援体能的界定范围与相关概念

1. 职业体能与特种体能

我国目前尚未系统出现“应急救援体能”专业术语的研究以及定义，但根据职业体能及其下所包含的特种体能的概念，得知应急救援体能属于职业体能中的特种体能。在介绍应急救援体能的概念之前，先明确一下职业体能和特种体能的概念。

(1) 职业体能是与职业（劳动）有关的身体素质，以及在不良劳动环境条件下的耐受力和适应能力，是经过特定的工作能力分析后所需具备的身体活动能力，包括重复性操作能力、背肌承载静态力的能力、其他肌肉群能达到维持工作姿势要求的能力，以及人体对工作环境的忍耐程度等能力。

(2) 特种体能是指如军队士兵、消防员和警察等特种行业人员的职业体能，同样是应对专门的职业需求所储备的身体素质。其特点是身体负荷较高、工作环境较紧张和恶劣、工作任务较特殊。

2. 应急救援体能相关概念

近几年出现的“抗灾体适能”“野外生存训练”“应急反应力”“应急避险”等与“应急救援体能”有相似的概念。

(1) 抗灾体适能是指人类在经历灾害时，维持身体与内外环境间平衡的能力，具体指个体维持自身与灾害发生时的自然环境、社会环境及生理环境相协调，最大限度地保持自身健康、减少灾害损失的能力。

(2) 野外生存训练是指在远离居民点的山区、丛林、荒漠、高原、孤岛等野外环境中，在不完全依靠外部提供生存、生活的物质条件下，依靠个人、集体的努力保存生命、维持健康生活能力的训练。

(3) 应急反应力是指有机体在运动活动中所表现出来的能力，主要包括脑力和体力活动能力。对于脑力活动，体能就是脑力活动能力；对于劳动，体能就是劳动能力；对于运动，体能就是运动能力；对处在台风灾害地区的人群来说，体能就是在对抗御台风应急灾害时与时间赛跑的能力。

(4) 应急避险是人们面对危险、伤害所表现出来的处置能力。应激性是生物体面对外界环境的各种刺激时所做出的规律性反应，是生物的基本特征之一。应急避险是对突如其来的可能对生命带来伤害的外界环境变化本能的躲避反应。

3. 应急救援体能的概念

应急救援体能是应急救援人员在极端环境下执行特殊任务所需的身体素质和专项能力。结合体能的构成和应急救援行动的专项特点，应急救援体能应包括救援人员身体功能基础、救援环境适应能力和救援专项运动素质，见图 0-2。

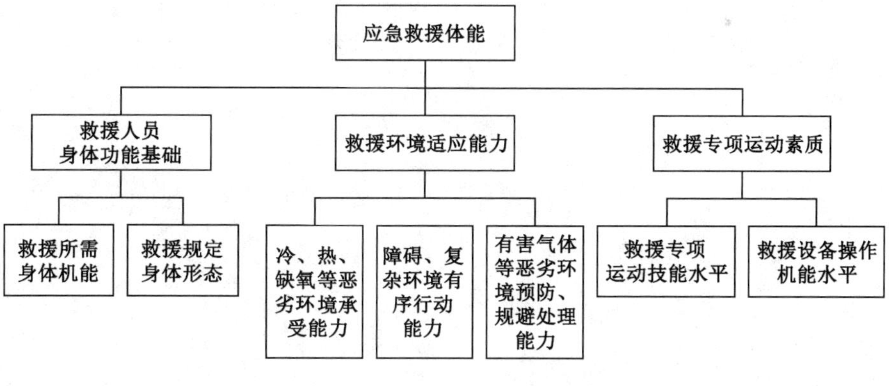

图 0-2　应急救援体能的结构

(1) 救援人员身体功能基础。救援工作通常需要进行长时间的体力活动，承受较大的救援装备负重的同时可能还需要使用救援设备、搬运障碍物体或拖拽伤员。因此，救援人员需要具备良好的身体机能，包括良好的心肺功能、骨骼肌力量、反应速度和协调柔韧性等。除此之外，拥有一个较低体脂的健康身体形态，也是救援人员所必须保证的，适合的体脂比率能让救援人员减轻自身的负重，更迅捷地展开行动，比如奔跑、游泳、爬高等。

(2) 救援环境适应能力。救援任务常常发生在各种复杂和恶劣的环境中，如荒野、高海拔、山区、水域、火灾、矿难现场等。在其中的大部分环境中执行任务必须经过专门的培训演练，比如在环境恶劣的荒野中负重徒步、负重攀爬绳索或是在狭小矿洞中进行特定的装备搬运行动等。还必须考虑到极端环境里，如火灾水灾现场、高海拔、有害气体泄漏等情况下，人体会面临热应激（或冷应激）、缺氧、中毒等危险后果。了解如何对恶劣环境进行适应、对危急情况进行预防，对应急救援人员的安全是非常重要的。

（3）救援专项运动素质。不同类型的救援任务可能需要不同的运动技巧和动作。例如，登山救援需要良好的爬山和攀岩技巧，水上救援需要出色的游泳和潜水能力，火灾救援需要合理运用灭火器材和疏散人员等。因此，救援人员需要结合自己的救援专项，具备相应的救援专项运动素质，也就是在自己特定的救援领域学习经验和演习训练，保证在救援现场能够熟练地运用专业技能并且有效地应对各种突发情况。

综上所述，应急救援体能是指在应急作业背景下，以应急救援人员的身体机能及运动素质为载体，保护受灾群体安全为根本，运用速度、力量、耐力、柔韧、灵敏、爆发力等能力来保障救援行动高效实施的体能。

第一章　国家综合性消防救援队

第一节　国家综合性消防救援队简介

一、国家综合性消防救援队起源与背景

2018 年 3 月，国务院组建了应急管理部，实现对全灾种的全流程和全方位的管理。2018 年 11 月 9 日，国家综合性消防救援队伍授旗仪式在北京人民大会堂举行。中共中央总书记、国家主席、中央军委主席习近平向国家综合性消防救援队伍授旗并致训词。习近平总书记在训词中指明了组建综合性消防救援队伍的重大意义，对消防队伍长期以来做出的突出贡献给予肯定，对消防救援队伍明确提出了“对党忠诚、纪律严明、赴汤蹈火、竭诚为民”的建队方针，寄托着党和人民对消防救援队伍的殷切期望和拳拳嘱托，为新时代加强消防救援工作和队伍建设提供了根本遵循，明确了指导思想，对打造坚强过硬的消防救援队伍具有十分重要的理论意义和现实意义。新时代赋予了消防救援队伍新使命，新使命为消防救援队伍带来了新挑战。

这支队伍由应急管理部管理，实行统一领导、分级指挥。作为应急救援工作的主力军，综合性消防救援人员的工作职责与过去消防人员主要以承担救火任务为主的工作职责相比，扩大很多 。

二、国家综合性消防救援现状

据应急管理部报道，当前我国应急救援力量主要包括国家综合性消防救援队伍、各类专业应急救援队伍和社会应急力量。

一是国家综合性消防救援队伍。主要由消防救援队伍和森林消防队伍组成，共编制 19 万人，是我国应急救援的主力军和国家队，承担着防范化解重大安全风险、应对处置各类灾害事故的重要职责。

二是各类专业应急救援队伍。主要由地方政府和企业专职消防、地方森林（草原）防灭火、地震和地质灾害救援、生产安全事故救援等专业救援队伍构成，是国家综合性消防救援队伍的重要协同力量，担负着区域性灭火救援和安全生产事故、自然灾害等专业救援职责。另外，交通、铁路、能源、工信、卫生健康等行业部门都建立了水上、航空、电力、通信、医疗防疫等应急救援队伍，主要担负行业领域的事故灾害应急抢险救援任务。

三是社会应急力量。经摸底调查，目前社会应急队伍有 1 200 余支，依据人员构成及专业特长开展水域、山岳、城市、空中等应急救援工作。另外，一些单位和社区建有志愿消防队，属群防群治力量。

对标“全灾种、大应急”任务需要，国家综合性消防救援队伍新组建了水域、山岳、地震、空勤、抗洪、化工等专业队伍 3 000 余支，救援能力明显增强、行动效率明显提高、救援效果

明显提升。

习近平向队伍授旗仪式上发表的训词中，明确标定了国家综合性消防救援队伍作为应急救援主力军、国家队的战略定位，要求其必须坚持战斗力标准，全方位提升有效应对处置各类灾害事故的救援能力，练就科学高效、专业精准、能打胜仗的过硬本领，确保“召之即来，来之能战，战之必胜”。消防救援队伍战斗力的生成，离不开救援人员的能力因素，而救援人员能力的养成，强壮的职业体魄是前提、基础，如同竞技体育，优秀成绩的取得依靠的是运动员“体(体能)、技(技术)、战(战术)、心(心理)、智(智能)”的综合素养，其中，体能是基础，没有基础体能加专项体能的科学化训练，一切都无从谈起。因此，针对消防救援人员体能进行实战化与科学化训练的研究，是新时代综合性消防救援队伍战斗力生成的绝对必要保障。

第二节　国家综合性消防救援队工作职责

一、国家综合性消防救援队基本职能

国家综合性消防救援队的基本职能是组织指导城乡综合性消防救援工作，负责指挥调度相关灾害事故救援行动。参与起草消防法律法规和规章草案，拟订消防技术标准并监督实施，组织指导火灾预防、消防监督执法以及火灾事故调查处理相关工作，依法行使消防安全综合监管职能。负责消防救援队伍综合性消防救援预案编制、战术研究，组织指导执勤备战、训练演练等工作。组织指导消防救援信息化和应急通信建设，指导开展相关救援行动应急通信保障工作。负责消防救援队伍建设、管理和消防应急救援专业队伍规划、建设与调度指挥。组织指导社会消防力量建设，参与组织协调动员各类社会救援力量参加救援任务。组织指导消防安全宣传教育工作。管理消防救援队伍事业单位。完成应急管理部交办的跨区域应急救援等其他任务。

二、消防救援队的组成及任务分工

(一) 警戒疏散组

警戒疏散组的主要任务是做好灾害事故抢险救援现场重危险区的警戒和疏散人员的工作。

(1) 布置安全警戒，实行交通管制，禁止无关人员和车辆进入危险区域，保护事故现场不遭人为破坏，保证现场井然有序。

(2) 维持现场交通，保证现场通道畅通。

(3) 引导现场人员从安全通道疏散，确保疏散的人员找到出口到指定地点，核查所有人员是否全部安全撤出，并上报应急救援指挥部。

(4) 加强保卫工作，禁止无关人员、车辆通行。当发生较大生产安全事故时，配合上级政府应急救援组织开展救援。

(二) 事故抢险组

事故抢险组的主要任务是做好灾害事故抢险救援工作。

(1) 负责组织现场灭火、现场伤员的搜救、事故后对被污染区域的洗消等工作。

(2) 组织抢救、转移相关重要物品。

(3) 负责抢修被事故破坏的设备、道路交通设施、通信设备设施。

(4) 恢复正常生产的抢修作业。

(5) 协助相关抢险单位开展救援。

(三) 后勤救护组

后勤救护组的主要任务是做好灾害事故抢险救援现场的后勤保障工作与医疗救护工作。

(1) 负责组织抢险抢救物资的供应,应急救援所用车辆的调配,组织车辆运送抢险救援物资和人员。

(2) 负责组织在现场附近的安全区域内设立临时医疗救护点,进行临时包扎、冲洗等现场救护、治疗工作,护送受伤人员至医院治疗。

(3) 与周边医院协调,组织救护车辆及医护人员、器材进入指定地点;配合专业医疗队伍对事发现场进行防化、防毒处理。

(4) 配合上级政府应急救援组织开展救援。

(5) 负责统计人员伤亡情况。

三、消防救援队救援技术

根据救援技术类型要求和训练设施的功能,可将消防应急救援技术训练(以下简称技术训练)分为基础技术训练与应用技术训练。

基础技术训练项目包括基本能力训练、训练塔及绳索救援技术训练、建筑构件破拆和支撑技术训练、心理行为训练。

应用技术训练项目包括危险化学品事故救援技术训练、道路交通事故救援技术训练、建(构)筑物倒塌事故救援技术训练、水域救援技术训练、野外山岳救援技术训练、受限空间救援技术训练、沟渠救援技术训练、组合技术训练。

(一) 基础技术训练

基本能力训练目的:使受训战斗员能够熟悉各类应急救援器材与个人防护器材的适用场合、功能特点、使用方法、安全事项等内容,能够熟练操作各类应急救援器材,佩戴个人防护器材,具备一定应急救援技能。

训练塔及绳索救援技术训练目的:使受训指挥员能准确实施救援计划,组织搜集、上报现场情况,确定抢险救援技术、战术措施。部署作战任务,组织协同作战,落实安全保障。使受训战斗员能熟练应用防坠落、牵引、救生、个人防护等器材,掌握锚固、攀登、下降、水平移动、人员输送等绳索救援技术和防护方法。

建筑构件破拆和支撑技术训练目的:使受训指挥员能熟悉建筑构件与破拆器材特性,能指导救援人员合理选择破拆器材和支撑方法。使受训战斗员能熟悉建筑构件与破拆器材特性,掌握破拆建筑构件和支撑空间的技术。

心理行为训练目的:提高受训战斗员在高空、地下涵洞、烟热等环境下作业的心理适应能力和反应能力。

(二) 应用技术训练

危险化学品事故救援技术训练目的:使受训指挥员能辨别危险化学品种类,对现场危险等级进行初步评估,指导救援人员合理选择器材,确定危险化学品处置方法。使受训战斗员能熟练应用侦检、堵漏、输转、洗消、防护等器材,掌握侦检、警戒、稀释、围堵、分流、吸收、输转、堵漏、洗消和救生等救援技术和防护方法。

道路交通事故救援技术训练目的:使受训指挥员能根据现场情况迅速选择或制定合理

的救援方案，准确实施救援计划。使受训战斗员能熟练应用起重、撑顶、破拆、牵引、个人防护等器材，掌握警戒、起重、撑顶、破拆、牵引、救生等道路交通事故救援技术和防护方法。

建(构)筑物倒塌事故救援技术训练目的：使受训指挥员能准确实施救援计划组织搜集、上报现场情况，确定抢险救援技术、战术措施，部署作战任务，组织协同作战，落实安全保障。使受训战斗员能熟练应用侦检、排烟、起重、支撑、破拆、个人防护等器材，掌握警戒、侦检、破拆、起重、撑顶、照明、送风、救生等建筑物倒塌事故救援技术和防护方法。

水域救援技术训练目的：使受训指挥员能准确实施救援计划组织搜集、上报现场情况，确定抢险救援技术、战术措施，部署作战任务，组织协同作战，落实安全保障。使受训战斗员能熟练应用安全绳、救生抛投器、冲锋舟、个人防护等器材，掌握侦检、警戒、保护、游泳、潜水、横渡、救生等水域救助技术和防护方法。

野外山岳救援技术训练目的：使受训指挥员能准确实施救援计划组织搜集、上报现场情况，确定抢险救援技术、战术措施，部署作战任务，组织协同作战，落实安全保障。使受训战斗员能熟练应用防坠落、牵引、救生、个人防护等器材，掌握侦检、攀登、缓降、救生等野外山岳救援技术和防护方法。

受限空间救援技术训练目的：使受训指挥员能准确实施救援计划组织搜集、上报现场情况。确定抢险救援技术、战术措施，部署作战任务，组织协同作战，落实安全保障。使受训战斗员能熟练应用侦检、排烟、照明、救生、个人防护等器材，掌握警戒、侦检、送风排烟、照明、破拆、撑顶、输转、救生等受限空间救援技术和防护方法。

沟渠救援技术训练目的：使受训指挥员能准确实施救援计划组织搜集、上报现场情况。确定抢险救援技术、战术措施，部署作战任务，组织协同作战，落实安全保障。使受训战斗员能熟练应用侦检、排烟、照明、支撑、救生、个人防护等器材，掌握侦检、警戒、送风、输转、照明、支护、起吊、救生等沟渠救援技术和防护方法。

组合技术训练目的：可根据需求组织开展包含不同救援技术类型的组合训练，按危险化学品事故救援技术训练、道路交通事故救援技术训练、建(构)筑物倒塌事故救援技术训练、水域救援技术训练、野外山岳救援技术训练、受限空间救援技术训练以及沟渠救援技术训练项目进行组合实施。

第三节　国家综合性消防救援队体能训练现状

消防救援任务具有随机性、紧迫性、不确定性。对于消防救援人员完成灭火和抢险救援任务而言，政治素养是前提、健康强壮的体魄是基础、专业技术知识是关键、心理素质是保证。由于消防员工作环境复杂多变、工作时间和时长不确定、体力活动强度较高等，这一职业特性对消防员体能水平提出了特殊的要求。

体能训练不仅能有效保障消防员的体质健康，以积极的心态完成工作，提高效率，而且是消防员熟练掌握和运用各种消防技战术的基础，是公安消防队伍战斗力的重要组成部分。具体而言，消防员个人救援防护装备沉重需要相应的体能支撑；大型救援设备操作需要相应的体能支持；抢险救援时间长，需要体能的保持具有长久性；抢险救援过程争分夺秒，需要体能支持的快速性。

国家综合性消防救援队伍 2024 年消防员招录体能测试项目及标准、岗位适应性测试项目及标准，见表 1-1、表 1-2。

表 1-1　国家综合性消防救援队伍 2024 年消防员招录体能测试及标准

<table>
<tr><th rowspan="2">项目</th><th colspan="10">体能测试成绩对应分值、测试办法</th><th rowspan="2">备注</th></tr>
<tr><th>1 分</th><th>2 分</th><th>3 分</th><th>4 分</th><th>5 分</th><th>6 分</th><th>7 分</th><th>8 分</th><th>9 分</th><th>10 分</th></tr>
<tr><td rowspan="2">1 000 m 跑
/(min、s)</td><td>4′35″</td><td>4′20″</td><td>4′15″</td><td>4′10″</td><td>4′05″</td><td>4′00″</td><td>3′55″</td><td>3′50″</td><td>3′45″</td><td>3′40″</td><td rowspan="2">必考项目</td></tr>
<tr><td colspan="10">1. 分组考核。
2. 在跑道或平地上标出起点线，考生从起点线处听到起跑口令后起跑，完成 1 000 m 距离到达终点线，记录时间。
3. 考核以完成时间计算成绩。
4. 得分超出 10 分的，每递减 5 s 增加 1 分，最高 15 分。
5. 海拔 2 100～3 000 m，每增加 100 m 高度标准递增 3 s，3 100～4 000 m，每增加 100 m 高度标准递增 4 s</td></tr>
<tr><td rowspan="2">原地跳高/cm</td><td>40</td><td>47</td><td>50</td><td>53</td><td>55</td><td>57</td><td>60</td><td>63</td><td>65</td><td>67</td><td rowspan="4">两项任选一项</td></tr>
<tr><td colspan="10">1. 单个或分组考核。
2. 考生双脚站立靠墙，单手伸直标记中指最高触墙点(示指高度)，双脚立定垂直跳起，以单手指尖触墙，测量示指高度与跳起触墙高度之间的距离。两次测试，记录成绩较好的 1 次。
3. 考核以完成跳起高度计算成绩。
4. 得分超出 10 分的，每递增 3 cm 增加 1 分，最高 15 分</td></tr>
<tr><td rowspan="2">立定跳远/m</td><td>2.01</td><td>2.13</td><td>2.18</td><td>2.23</td><td>2.28</td><td>2.33</td><td>2.38</td><td>2.43</td><td>2.48</td><td>2.53</td></tr>
<tr><td colspan="10">1. 单个或分组考核。
2. 在跑道或平地上标出起跳线，考生站立在起跳线后，脚尖不得踩线，脚尖不得离开地面，两脚原地同时起跳，不得有助跑、垫步或连跳动作，测量起跳线后沿至身体任何着地最近点后沿的垂直距离。两次测试，记录成绩较好的 1 次。
3. 考核以完成跳出长度计算成绩。
4. 得分超出 10 分的，每递增 5 cm 增加 1 分，最高 15 分</td></tr>
<tr><td rowspan="2">单杠引体向上
/(次/2 min)</td><td>—</td><td>1</td><td>2</td><td>3</td><td>4</td><td>5</td><td>6</td><td>7</td><td>9</td><td>11</td><td rowspan="4">两项任选一项</td></tr>
<tr><td colspan="10">1. 单个或分组考核。
2. 按照规定动作要领完成动作。引体时下颌高于杠面、身体不得借助振浪或摆动、悬垂时双肘关节伸直；脚触及地面或立柱，结束考核。
3. 考核以完成次数计算成绩，1 次未完成的不计分。
4. 得分超出 10 分的，每递增 2 次增加 1 分，最高 15 分</td></tr>
<tr><td rowspan="2">俯卧撑
/(次/2 min)</td><td>6</td><td>8</td><td>11</td><td>14</td><td>18</td><td>22</td><td>27</td><td>32</td><td>38</td><td>42</td></tr>
<tr><td colspan="10">1. 单个或分组考核。
2. 按照规定动作要领完成动作。屈臂时肩关节高于肘关节、伸臂时双肘关节未伸直、做动作时身体未保持平直，该次动作不计数；除手脚外身体其他部位触及地面，结束考核。
3. 得分超出 10 分的，每递增 6 次增加 1 分，最高 15 分。</td></tr>
</table>

表 1-1(续)

项目	体能测试成绩对应分值、测试办法										备注
	1 分	2 分	3 分	4 分	5 分	6 分	7 分	8 分	9 分	10 分	
10 m×4 往返跑/s	14″5	13″3	12″8	12″3	11″8	11″3	10″8	10″4	10″1	9″8	两项任选一项
	1. 单个或分组考核。 2. 在 10 m 长的跑道上标出起点线和折返线，考生从起点线处听到起跑口令后起跑，在折返线处返回跑向起跑线，到达起跑线时为完成 1 次往返。连续完成 2 次往返，记录时间。 3. 考核以完成时间计算成绩。 4. 得分超出 10 分的，每递减 0.1 s 增加 1 分，最高 15 分。 5. 高原地区按照上述内地标准增加 1 s										
100 m 跑/s	17″3	15″9	15″6	15″3	15″0	14″7	14″4	14″1	13″8	13″5	
	1. 分组考核。 2. 在 100 m 长直线跑道上标出起点线和终点线，考生从起点线处听到起跑口令后起跑，通过终点线记录时间。 3. 抢跑犯规，重新组织起跑；跑出本道或用其他方式干扰、阻碍他人者不记录成绩。 4. 得分超出 10 分的，每递减 0.3 s 增加 1 分，最高 15 分。 5. 高原地区按照上述内地标准增加 1 s										

注：1. 总成绩最高 40 分，单项未取得有效成绩的不予招录。

2. 高原地区应在海拔 4 000 m 以下集中组织体能测试。

3. 高原地区消防员招录中“原地跳高、立定跳远、单杠引体向上、俯卧撑”按照内地标准执行。

4. 测试项目及标准中“以上”“以下”均含本级、本数。

表 1-2　国家综合性消防救援队伍 2024 年消防员招录岗位适应性测试项目及标准

岗位适应性测试项目及标准					
项目	测试办法	优秀	良好	中等	一般
负重登 6 楼	考生佩戴消防头盔及消防安全腰带，手提两盘 ϕ65 mm 水带，从 1 楼楼梯口登至 6 楼楼梯口。记录时间	1′15″	1′30″	1′40″	1′50″
原地攀登 6 m 拉梯	考生穿着全套消防员防护装具，扣好安全绳，从原地逐级攀登架设在训练塔窗口的 6 m 拉梯，并进入 2 楼平台。记录时间	10″	15″	20″	25″
黑暗环境搜寻	考生穿着全套消防员防护装具，从长度为 20 m 的封闭式 L 形通道一侧进入，以双手双膝匍匐前进的姿势从 L 形通道另一侧穿出。记录时间	38″	40″	42″	45″
拖拽	考生佩戴消防头盔及消防安全腰带，将 60 kg 重的假人从起点线拖拽至距离起点线 10 m 处的终点线(假人整体越过终点线)。记录时间	12″	13″	14″	15″

注：1. 单项成绩未达到“一般”标准的不予招录。

2. 高原地区应在海拔 4 000 m 以下集中组织适应性测试，海拔 2 000～3 000 m，每增加 100 m 高度标准递增 3 s，海拔 3 100～4 000 m，每增加 100 m 高度标准递增 4 s。

《国家综合性消防救援队伍消防员招录岗位适应性测试及标准表》主要对专项体能进行了明确要求，该标准分为4个项目，分别考察了不同实际情况的专项体能，负重登6楼主要考察了消防救援人员的耐力素质；原地攀登6 m拉梯主要考察消防救援人员的上肢力量以及手脚协调配合的能力；黑暗环境搜寻主要考察消防救援人员的专业能力以及决策能力；拖拽主要考察消防救援人员的力量素质，在救援现场一般需要将伤员拖拽或身背到安全地带。

《消防救护队考核评价表》明确了标准要求，消防救护队考核评价表中包含20个考核项目，其中俯卧撑、仰卧起坐、单腿深蹲起立、单杠引体向上、双杠杠端臂屈伸、单杠卷身上、爬绳上4楼等7个项目属于力量型项目，考察消防救援人员的上肢力量、躯干力量、腿部力量以及身体控制能力；100 m负重（2盘ϕ65 mm水带）跑、搬运重物折返跑（30 kg，20 m×5）、3 000（1 500）m跑、60 m肩梯（6 m拉梯）跑、沿楼梯负重（2盘ϕ65 mm水带）攀登10层楼、游泳等5个项目属于耐力型项目，考察消防救援人员的身体耐力，尤其是消防员的速度耐力、有氧耐力；跳绳、踢毽子和呼啦圈项目主要考察消防救援人员的身体协调配合能力。消防救护队考核评价表见表1-3。

表1-3 消防救护队考核评价表

序号	内容	男	女
1	俯卧撑	50次/2 min	—
2	仰卧起坐	50次/3 min	40次/3 min
3	单腿深蹲起立/次	6	3
4	单杠引体向上/次	10	—
5	双杠杠端臂屈伸/次	14	—
6	单杠卷身上/次	5	—
7	100 m负重（2盘ϕ65 mm水带）跑/s	18	—
8	搬运重物折返跑（30 kg，20 m×5）/s	55	—
9	100 m跑/s	15	17
10	3 000（1 500）m跑/min	13	8
11	跳绳（次/1 min）	—	100
12	踢毽子（次/1 min）	—	60
13	呼啦圈（次/1 min）	—	110
14	爬绳上4楼/s	18	—
15	60 m肩梯（6 m拉梯）跑/s	12	—
16	沿楼梯负重（2盘ϕ65 mm水带）攀登10层楼（高度不低于30 m）/min	1	—
17	组合训练器材练习	7′50″	—
18	游泳	游300 m或在水中保持3 min不下沉	
19	爬山	由消防总队自行确定	
20	球类项目	由消防总队自行确定	

注：1. 选训内容，结合部队灭火救援任务，不少于4项。

2. 35岁（含）以上士官参照总（支）队警官体能训练标准执行。

3. 在海拔2 000 m地区考核，标准在原基础上降低5%，海拔高度每增加100 m，标准再递减0.5%；海拔3 000 m地区考核，标准在原基础上降低10%，海拔高度每增加100 m，标准再递减1%；在海拔4 000米地区考核，标准在原基础上降低50%。

第二章　国家安全生产应急救援队

第一节　国家矿山应急救援队

一、国家矿山应急救援队起源与背景

新中国成立前，我国没有自己的矿山救援队，矿山发生事故后，矿工的生命安全无法得到保障。新中国成立后，党和政府高度重视安全生产工作，为保护国家财产和保障矿工生命安全，于1949年在抚顺、阜新、辽源3个煤矿建立了首批专职矿山救护队，在保障煤矿生产安全中发挥了重要作用，同时为我国矿山救援队的发展奠定了基础，提供了经验。

2010年，我国进一步整合应急救援资源，在产煤大省内同时考虑到区域救援响应范围，依托国有重点煤炭企业，先期加快建设山西大同、河北开滦、黑龙江鹤岗、安徽淮南、河南平顶山、四川芙蓉以及甘肃靖远等7支国家矿山救援队。2018年，中央组建成立应急管理部，标志着我国应急管理进入了一个新的历史时期。按照建设国内领先、国际一流矿山专业救援队伍的目标，充分考虑国家行政区划、矿业分布、矿山灾害和依托企业等情况，在全国24个省(区、市)和新疆生产建设兵团等主要煤矿和非煤矿区，建设了42支国家矿山应急救援队。截至目前为止，我国已建设49支国家矿山应急救援队。

二、国家矿山应急救援队现状

国家矿山应急救援队是我国重点行业(领域)应急救援队伍的重要组成部分，配备世界先进的应急救援装备，具备做好本区域矿山事故应急救援的能力，并能满足跨地区、重特大抢险救援与复杂事故的快速高效救援工作的需要。矿山应急救援队是处理和抢救矿井火灾、矿山水灾、瓦斯与煤尘爆炸、瓦斯突出与喷出、火药爆破炮烟中毒等矿山灾害的职业性、技术性、军事化的专业队伍。国家矿山应急救援队简介见表2-1。

表2-1　国家矿山应急救援队简介

序号	依托单位	规范名称	简称	所在地	成立时间(年份)
1	开滦(集团)有限责任公司	国家矿山应急救援开滦队	矿山救援开滦队	河北省唐山市	1952
2	晋能控股煤业集团	国家矿山应急救援大同队	矿山救援大同队	山西省大同市	1952
3	黑龙江龙煤矿业集团有限责任公司鹤岗分公司	国家矿山应急救援鹤岗队	矿山救援鹤岗队	黑龙江省鹤岗市	1998
4	淮河能源控股集团有限责任公司	国家矿山应急救援淮南队	矿山救援淮南队	安徽省淮南市	1954

表 2-1(续)

序号	依托单位	规范名称	简称	所在地	成立时间（年份）
5	中国平煤神马能源化工集团有限责任公司	国家矿山应急救援平顶山队（国家陆地搜寻与救护平顶山基地）	矿山救援平顶山队（陆地搜寻平顶山基地）	河南省平顶山市	1958
6	四川川煤华荣能源有限责任公司	国家矿山应急救援川煤队	矿山救援川煤队	四川省宜宾市	1958
7	甘肃靖远煤电股份有限公司	国家矿山应急救援靖远队	矿山救援靖远队	甘肃省白银市	1969
8	山西焦煤汾西矿业集团公司	国家矿山应急救援汾西队	矿山救援汾西队	山西省吕梁市	1959
9	内蒙古赤峰市平庄煤业(集团)有限责任公司	国家矿山应急救援国能平庄队	矿山救援国能平庄队	内蒙古自治区赤峰市	1979
10	辽宁能源煤电产业股份有限公司沈阳焦煤股份有限公司	国家矿山应急救援沈阳队	矿山救援沈阳队	辽宁省辽阳市灯塔市铁西工业园区	1952
11	江西省投资集团有限公司	国家矿山应急救援乐平队	矿山救援乐平队	江西省景德镇市	1982
12	兖矿集团有限公司矿山救护大队	国家矿山应急救援山东能源队	矿山救援山东能源队	山东省济宁市	1991
13	湖南省煤业集团有限公司	国家矿山应急救援郴州队	矿山救援郴州队	湖南省郴州市	1956
14	广西华锡集团	国家矿山应急救援华锡队	矿山救援华锡队	广西壮族自治区河池市	2003
15	重庆松藻煤电公司	国家矿山应急救援重庆队	矿山救援重庆队	重庆市綦江区	1985
16	六枝工矿(集团)有限责任公司	国家矿山应急救援六支队	矿山救援六支队	贵州省六盘水市	1970
17	云南东源煤业集团有限公司	国家矿山应急救援东源队	矿山救援东源队	云南省曲靖市	2013
18	陕西陕煤铜川矿业有限公司	国家矿山应急救援铜川队	矿山救援铜川队	陕西省铜川市	1957
19	青海煤业集团有限责任公司	国家矿山应急救援青海队	矿山救援青海队	青海省西宁市	1961
20	新疆维吾尔自治区应急管理厅	国家矿山应急救援新疆队	矿山救援新疆队	新疆维吾尔自治区乌鲁木齐市	1988
21	新疆金川集团有限责任公司	国家矿山应急救援兵团队	矿山救援兵团队	新疆维吾尔自治区巴音郭楞蒙古自治州	1968
22	华能集团扎赉诺尔煤业有限责任公司	国家矿山应急救援华能扎赉诺尔队	矿山救援扎赉诺尔队	内蒙古自治区呼伦贝尔市	1954

表 2-1(续)

序号	依托单位	规范名称	简称	所在地	成立时间(年份)
23	通化矿业(集团)有限责任公司	国家矿山应急救援白山队	矿山救援白山队	吉林省白山市	2012
24	国家能源集团宁夏煤业公司	国家矿山应急救援国能宁煤队	矿山救援国能宁煤队	宁夏回族自治区石嘴山市	1959
25	神新能源公司	国家矿山应急救援国能新疆队	矿山救援国能新疆队	新疆维吾尔自治区乌鲁木齐市	2007
26	武钢资源集团有限公司	国家矿山应急救援武钢队	矿山救援武钢队	湖北省黄石市	2013
27	中煤集团大屯煤电有限公司	国家矿山应急救援中煤大屯队	矿山救援大屯队	江苏省徐州市	1974
28	中煤新集能源股份有限公司	国家矿山应急救援中煤新集队	矿山救援新集队	安徽省淮南市	1993
29	大冶有色金属有限公司	国家矿山应急救援(中国有色)大冶队	矿山救援大冶队	湖北省黄石市	2017
30	国有色集团抚顺红透山矿业有限公司建设	国家矿山应急救援(中国有色)红透山队	矿山救援红透山队	辽宁省抚顺市	2018
31	辽宁省朝阳市人民政府、中国黄金集团有限公司辽宁二道沟黄金矿业有限责任公司	国家矿山应急救援(中国黄金)朝阳队	矿山救援朝阳队	辽宁省朝阳市	2018
32	中国黄金集团河南秦岭黄金矿业有限责任公司	国家矿山应急救援(中国黄金)秦岭队	矿山救援秦岭队	河南省三门峡市	2018
33	吉林海沟黄金矿业有限责任公司	国家矿山应急救援(中国黄金)延边队	矿山救援延边队	吉林省延边朝鲜族自治州	2012
34	中国黄金集团贵州金兴黄金矿业有限责任公司	国家矿山应急救援黔西南队	矿山救援黔西南队	贵州省黔西南州	2005
35	中煤地质集团北京大地高科地质勘查公司	国家矿山应急救援大地特勘队	矿山救援大地特勘队	北京市石景山区	2012
36	贵州省安顺市矿山救护队	国家矿山应急救援安顺队	矿山救援安顺队	贵州省安顺市	1992
37	宝武集团新疆八钢公司	国家矿山应急救援新疆八钢队	矿山救援八钢队	新疆维吾尔自治区乌鲁木齐市	1987
38	国家能源集团神东煤炭集团公司	国家矿山应急救援国能神东队	矿山救援国能神东队	内蒙古自治区鄂尔多斯市伊金霍洛旗乌兰木伦镇	1997
39	福建省能源石化集团有限责任公司、紫金矿业集团股份有限公司	国家矿山应急救援福建队	矿山救援福建队	福建省龙岩市	1981

表 2-1(续)

序号	依托单位	规范名称	简称	所在地	成立时间（年份）
40	国家能源集团乌海能源有限责任公司	国家矿山应急救援国能乌海队	矿山救援国能乌海队	内蒙古自治区乌海市	2010
41	甘肃省张掖市应急管理局	国家矿山应急救援张掖队	矿山救援张掖队	甘肃省张掖市甘州区	2004
42	冀中能源峰峰集团有限公司	国家矿山应急救援峰峰队	矿山救援峰峰队	河北省邯郸市峰峰矿区	1953
43	山西地质集团有限公司	国家矿山应急救援山西特勘队	矿山救援山西特勘队	山西省太原市	2023
44	山东省煤田地质局	国家矿山应急救援山东特勘队	矿山救援山东特勘队	山东省济宁市经济技术开发区	2017
45	四川省正处级公益一类事业单位	国家矿山应急救援四川排水队	矿山救援四川排水队	四川成都市成华区	1960
46	邵阳市应急管理局	国家矿山应急救援湖南排水队	矿山救援湖南排水队	湖南省邵阳市	1960
47	河南省应急救援排水中心	国家矿山应急救援河南排水队	矿山救援河南排水队	河南省郑州市	1958
48	贵州林东矿业集团有限责任公司	国家矿山应急救援贵州排水队	矿山救援贵州排水队	贵州省贵阳市观山湖区金华镇	1956
49	黑龙江龙煤鸡西矿业有限责任公司	国家矿山应急救援黑龙江排水队	矿山救援黑龙江排水队	黑龙江省鸡西市	1950

三、国家矿山应急救援队主要职责

国家矿山应急救援队是全国矿山应急救援的中坚力量，具备应急救援高层次的人才、技术、装备储备，主要承担全国各大区域内以及跨区域重特大、特别复杂矿山事故的应急救援工作，兼顾其他生产安全事故和相关自然灾害的应急救援任务，包括矿井火灾、矿山水灾、瓦斯与煤尘爆炸、瓦斯突出与喷出、火药爆破炮烟中毒等。有些还承担着全国范围内深井排水救援和矿山救援实训演练、培训功能，包括排放瓦斯、震动性爆破、启封火区、反风演习和其他需要佩用氧气呼吸器作业的安全技术性工作等。

四、国家矿山应急救援队的组成和任务分工

（一）队伍组成

国家矿山应急救援队由矿山救护大队、抢险排水大队、救援钻探大队、医疗急救大队（以下简称专业队）和专家组组成。各专业队原则上实行大队-中队-小队的体制编制。

（二）任务分工

国家矿山应急救援队的主要任务为：

（1）依托企业所属矿井的事故救援和隐患排查，抢救矿山遇险遇难人员。

（2）规划服务区域内重特大、复杂矿山事故的应急救援，参加排放瓦斯、震动性爆破、启封火区、反风演习和其他需要佩用氧气呼吸器作业的安全技术性工作。

（3）参加消防、地铁、隧道等其他行业事故灾难和地震等重大自然灾害的应急救援。

（4）对区域内其他救护队开展培训和技术指导等。

（5）协助矿山企业搞好职工的自救、互救和现场急救知识的普及教育。

由于矿山救援的事故类型众多且情况复杂，因此按照事故的特点来统计矿山救援人员救援时的具体工作任务，见表 2-2。

表 2-2　国家矿山应急救援队工作救援任务

事故类型	事故特点	主要工作任务
瓦斯	1. 通风系统不合理和局部通风机管理不善是瓦斯积聚的主要原因	井下背呼吸器或其他装备行进，选择最短线路快速地开启通风系统进行救援
	2. 爆破和电气设备产生的火花是爆炸事故的主要火源	检查受灾区空气中瓦斯浓度及受灾区内是否存在火源并及时扑灭
	3. 采掘工作面是事故发生的主要地点	对受破坏的工作面、巷道进行清理，破拆混凝土、圆木等
	4. 煤矿井下空间有限，人员躲避较为困难	爬坡营救遇险人员，搬运伤员
火灾	1. 密闭环境中的火灾事故所产生的高温气流使巷道人员中毒而伤亡	救护队员之间用联系绳连接，参加危及井下人员安全的灭火工作，关闭防火门、阻挡烟雾和火势的蔓延
	2. 煤矿井下空间有限，人员躲避较为困难	爬坡营救遇险人员，搬运伤员
水灾	1. 多发生在采掘工作面	需要进行探水、排水，需要井下掘进巷道，选择双巷掘进交叉探水
	2. 多发生在钻探钻孔部位	打钻孔，注浆堵住水口，或加固裂隙带，打木垛或用密集柱，堵住出水点或向受困人员输送氧气、食物和水
	3. 井下环境危险，被困人员应迅速撤退制高点	进行井下救援时，应靠近巷道一侧，抓牢支架或固定物体营救遇险人员，搬运伤员
冒顶	1. 大多发生在掘进施工期间或者工作面突然来压瞬间	掘进巷道；加固冒顶区两端的支架，防止冒顶范围的扩大
	2. 清理冒落物	小心清理，遇有大块岩石及物品威胁遇险人员时，应慎重搬移，尽量避免破坏冒落矸石的堆积状态
	3. 恢复通风系统，防止瓦斯积聚	可利用水管、压风管或从煤岩打钻孔等方法，向被埋压、堵截的人员输送新鲜空气、饮料或食物
	4. 煤矿井下空间有限，人员尽量躲避藏在支柱牢固或块岩石架起的空隙中	抢救人员首先应以呼喊、敲打、使用生命探测仪等办法进行救援，积极采取措施向遇险人员输送空气，营救遇险人员，搬运伤员
顶板	1. 恢复通风系统	加强矿井通风，根据现场情况启用压风自救及供水施救设施，向受困人员供给新鲜空气及饮用水
	2. 大多发生在掘进施工期间或者工作面突然来压瞬间	加强巷道支护，清理出抢救人员的通道，必要时可开掘通向遇险人员的专用巷道

五、国家矿山应急救援队任务技术分析

由矿山救援任务可以得出，国家矿山应急救援队的具体救援技术如下：

(一) 井下负重爬坡行进技术

矿山救援队伍一般遇到的环境都是井下环境,需要背负 40 kg 的空气呼吸器或其他装备,选择最短线路快速度地开启通风系统进行救援,故负重前进是矿山救援人员应当具备的重要的专项技术之一。

(二) 灭火技术

煤矿井下空气供应有限,井下温度高,火灾所造成的高温气流在随风流所经过的巷道中容易导致人员中毒而伤亡。火灾事故较小时一般采用灭火器、水等进行扑灭即可,火灾事故较大时则需要救护队员之间用联系绳连接,关闭防火门。

(三) 搬运技术

井下事故会出现通道堵塞的情况,需要进行工作面或巷道的清理,加强巷道支护,清理出抢救人员的通道,而其中就包含了搬运技术。

(四) 拖拽技术

事故发生时,救援人员需要营救被困人员、进行伤员的转运等。井下环境危险、空间有限,需要拖拽伤员。

(五) 搜索技术

事故发生后,事故情况往往是未知的,在搜索伤员期间就需要用到搜索技术。

六、国家矿山应急救援队体能训练现状

(一) 体能训练内容

国家矿山应急救援队的体能训练是提高救援人员身体素质的重要环节之一,作为所有救援人员的终身培训内容,是常态训练科目,包括力量、耐力、爆发力和灵活性。救援人员体能训练以实际训练(2 000 m 跑、俯卧撑、引体向上等)为主并辅以科学训练理论知识。在实地调查救援队的体能状况过程中发现,国家矿山应急救援队在体能训练方面各队的训练内容(表 2-3)也能够基本涵盖《矿山救护队质量标准化考核规范》要求的考核内容,从训练内容也可以看出,国家矿山应急救援队对上肢和下肢力量及身体耐力素质比较重视。各队根据实际情况,还设有特色的训练项目,如搬轮胎、举圆木、拉检力器等,这项训练结合激烈行动和高温浓烟训练环境进行考核。

表 2-3　国家矿山应急救援队体能训练内容

时间	训练内容	训练部位
上午	闻警集合	下肢
下午	引体向上 15 个	上肢
	杠铃 20 个	下肢
	爬绳 4 m	上肢,核心
	俯卧撑 40 个	核心
	哑铃 60 个	上肢
	拉检力器 100 次	上肢,核心
	2 000 m 跑	下肢

注:2 000 m 跑与爬绳 4 m 为每日必练项目,其余项目每日选练 2 项。

（二）国家矿山应急救援队体能考核标准

《矿山救护队质量标准化考核规范》规定了矿山救护大队、中队质量标准化考核标准及评定办法。其中有关综合体质的标准要求见表 2-4。

表 2-4 《矿山救护队质量标准化考核规范》中综合体质的标准要求(10 分)

项目	标准要求	所占分值/分
引体向上	连续 8 次	0.5
举重	连续举杠铃 10 次(30 kg)	0.5
跳高	1.1 m	0.5
跳远	3.5 m	0.5
爬绳	爬高 3.5 m	0.5
哑铃	哑铃上举、中举、下举各 20 次(8 kg)	0.5
负重蹲起	负重杠铃连续蹲起 15 次(40 kg)	0.5
跑步	10 min 跑 2 000 m	0.5
激烈行动	佩戴呼吸器，携带灭火装备，8 min 行走 1 000 m，150 s 拉检力器 100 次	2
耐力锻炼	佩戴呼吸器负重 15 kg，4 h 行走 10 000 m	2
高温浓烟	在 50 ℃的浓烟中，30 min 每人拉检力器 100 次，并锯 ϕ16 mm～ϕ18 mm 木段两块	2

《矿山救护队质量标准化考核规范》明确了标准要求，矿山救援队综合体质考核满分为 100 分，综合体质占 10 分。该规范中包含 11 个考核项目，其中举重、哑铃、引体向上、跳远、跳高、爬绳、负重蹲起 7 个项目属于力量型项目，考察救援人员的上肢力量、腿部力量以及身体控制能力，尤其是救援人员的最大力量和力量耐力。跑步、激烈行动、耐力训练和高温浓烟训练 4 个项目属于耐力型项目，考察救援人员的身体耐力，尤其是救援人员的速度耐力、有氧耐力和氧气的利用能力。力量型项目每项占 0.5 分，共计 3.5 分；耐力型项目中，跑步占 0.5 分，其余项目 2 分，共计 6.5 分。该标准是强制性标准，也是目前明确规定国家矿山应急救援队体能训练具体考核办法的唯一标准。

为加强矿山专业应急救援队伍建设，规范和指导矿山救援队伍训练工作，2021 年 3 月，国家安全生产应急救援中心起草了《矿山救援队伍训练大纲及考核要求（征求意见稿）》并向社会公开征求意见，同时发布的编制说明也明确了综合体能作为基础训练的重要环节，必须适应新形势下矿山救援队伍建设与发展，适用于规范和指导各类矿山救援队伍开展业务训练工作。征求意见稿中规定的训练内容与考核要求见表 2-5。

征求意见稿中将综合体能分为力量、速度、耐力、灵敏和柔韧 5 个方面，其中每个方面还对多个项目进行细化。与《矿山救护队质量标准化考核规范》相比，相同点是力量耐力和速度耐力仍是体能训练的重点，耐力仍是最核心的素质需求；不同点是征求意见稿增加了力量、耐力的训练项目，更加重视柔韧和灵敏的训练，并运用不同运动形式的组合对柔韧灵敏进行考核。

表 2-5　征求意见稿综合体能考核要求

项目	训练内容	考核要求
力量训练	俯卧撑	连续 20 次以上
	仰卧起坐	连续 20 次以上
	引体向上	连续 10 次以上
	双腿深蹲起立	连续 80 次以上
	立定跳远	1.8 m 以上
	爬绳(杆)	3.5 m 以上
	仰卧推举	
	哑铃	
速度训练	10 m×5 往返跑	29 s 以内
	400 m 跑	90 s 以内
耐力训练	2 000 m 跑	佩戴氧气呼吸器,10 min 以内
	万米行军	佩用氧气呼吸器负重 15 kg,4 h 以内
	游泳	30 min 600 m 以上
柔韧灵敏训练	蛇形跑、俯卧伸屈腿、俯卧撑、蛙跳、5 m 折返跑、返回直线跑、低巷、拉检力器、爬绳、水平梯与装备(背呼吸器、戴安全帽)	在 3 min 内完成各项连续动作

第二节　危险化学品应急救援队

一、危险化学品应急救援队起源与背景

危险化学品通常会具有毒害、腐蚀、爆炸、燃烧、助燃等性质,对人体、设施、环境具有巨大危害,在其生产、储运、销售和使用的过程中容易产生各种灾害事故,这类安全事故突发性强,扩散迅速,危害范围广,伤害途径多,救援难度大,经常导致人员中毒、窒息、灼伤、烧伤和冻伤。因此,组建一支应急救援队伍及时有效地为患者提供救护,对挽救生命、减轻伤残有着重要意义。

我国危险化学品应急救援工作开展比较晚。1996 年,化工部和国家经贸委联合组建了"化学事故应急救援抢救系统",并下发了《关于组建"化学事故应急救援抢救系统"的通知》(化督发〔1996〕242 号),正式成立了危险化学品应急救援指挥中心,并按区域组建了上海、青岛、大连等 8 个危险化学品应急救援抢救中心。1999 年,国家经贸委根据安全生产监督管理职能的重大调整,印发了《关于调整"化学事故应急救援抢救系统"的通知》(国经贸安全〔1999〕606 号)和《关于化学事故应急救援抢救系统有关工作的通知》(安全〔1999〕71 号),进一步加强了对危险化学品应急救援系统指挥中心和 8 个危险化学品应急救援抢救中心的领导。

二、危险化学品应急救援队现状

危险化学品应急救援队是由国家规划、国家与地方和依托单位共同投资建设的,能够承担规划效劳区域及跨区域特别重大和复杂危险化学品事故处置任务的重要救援队伍;具备

危险化学品应急救援人才储藏、技术储藏、装备储藏和救援人员培训与演习训练功能，是由生产经营单位成立的承担处置各类危险化学品事故、遇险人员等应急救援任务的专职或兼职队伍。目前我国共建设了 41 支国家危险化学品应急救援队，具体队伍简介见表 2-6。

表 2-6　危险化学品应急救援队伍简介(41 支)

序号	依托单位	规范名称	简称	所在地	成立时间（年份）
1	中国石油大庆油田有限责任公司消防支队	国家危险化学品应急救援大庆油田队（国家危险化学品应急救援实训演练大庆基地）	危化救援大庆油田队（危化救援实训大庆基地）	黑龙江省大庆市	1960
2	中国石油长庆油田公司	国家危险化学品应急救援长庆油田队	危化救援长庆油田队	陕西省榆林市	1970
3	中国石油天然气股份有限公司新疆油田分公司	国家危险化学品应急救援新疆油田队	危化救援新疆油田队	新疆维吾尔自治区克拉玛依市	1957
4	中国石油大庆石化公司	国家危险化学品应急救援大庆石化队	危化救援大庆石化队	黑龙江省大庆市	1961
5	中国石油吉林石化公司	国家危险化学品应急救援吉林石化队	危化救援吉林石化队	吉林省吉林市	1981
6	中国石油抚顺石化公司	国家危险化学品应急救援抚顺石化队	危化救援抚顺石化队	辽宁省抚顺市	2002
7	中国石油兰州石化公司	国家危险化学品应急救援兰州石化队	危化救援兰州石化队	甘肃省兰州市	1956
8	中国石油四川石化公司	国家危险化学品应急救援四川石化队	危化救援四川石化队	四川省成都市	2012
9	中国石化燕山石化公司	国家危险化学品应急救援燕山石化队	危化救援燕山石化队	北京市房山区	1973
10	中国石化齐鲁石化公司	国家危险化学品应急救援齐鲁石化队	危化救援齐鲁石化队	山东省淄博市	1966
11	中国石化天津石化分公司	国家危险化学品应急救援天津石化队	危化救援天津石化队	天津市滨海新区	2018
12	中国石化扬子石化消防中心	国家危险化学品应急救援扬子石化队	危化救援扬子石化队	江苏省南京市	1989
13	中国石化镇海炼化公司	国家危险化学品应急救援镇海炼化队	危化救援镇海炼化队	浙江省宁波市	2018
14	中国石化广州石化公司	国家危险化学品应急救援广州石化队	危化救援广州石化队	广东省广州市	1994

表 2-6(续)

序号	依托单位	规范名称	简称	所在地	成立时间（年份）
15	中国石化重庆川维化工公司	国家危险化学品应急救援重庆川维队	危化救援川维队	重庆市长寿区	1970
16	中国石化石家庄炼化公司	国家危险化学品应急救援石家庄炼化队	危化救援石家庄炼化队	河北省石家庄市	1979
17	中国石化武汉分公司	国家危险化学品应急救援武汉石化队	危化救援武汉石化队	湖北省武汉市	1974
18	中国石化海南炼化公司	国家危险化学品应急救援海南炼化队	危化救援海南炼化队	海南省儋州市洋浦经济开发区	2018
19	中国石化青岛炼化公司	国家危险化学品应急救援青岛炼化队	危化救援青岛炼化队	山东省青岛市	2007
20	中国石化中原油田分公司	国家危险化学品应急救援中原油田队（国家危险化学品应急救援实训演练濮阳基地）	危化救援中原油田队（危化救援实训濮阳基地）	河南省濮阳市	1978
21	中国石化中原油田分公司	国家危险化学品应急救援普光队	危化救援普光队	四川省达州市	2007
22	国家安全监管总局	国家危险化学品应急救援惠州队	危化救援惠州队	广东省惠州市	2014
23	中国神华煤制油化工公司鄂尔多斯煤制油分公司	国家危险化学品应急救援神华鄂尔多斯队	危化救援神华鄂尔多斯队	内蒙古自治区鄂尔多斯市	2007
24	国家能源集团宁夏煤业公司	国家危险化学品应急救援国能宁煤队	危化救援国能宁煤队	宁夏回族自治区银川市	2007
25	中化泉州石化有限公司	国家危险化学品应急救援泉州石化队	危化救援泉州石化队	福建省泉州市	2013
26	中化集团舟山仓储基地	国家危险化学品应急救援中化舟山队	危化救援中化舟山队	浙江省舟山市	2016
27	中煤陕西公司	国家危险化学品应急救援中煤榆林队	危化救援中煤榆林队	陕西省榆林市	2013
28	青海盐湖工业股份有限公司	国家危险化学品应急救援青海盐湖队	危化救援青海盐湖队	青海省海西蒙古族藏族自治州	2018
29	中国石油云南石化公司	国家危险化学品应急救援云南石化队	危化救援云南石化队	云南省昆明市安宁市草铺镇石化路 1 号	2014

表 2-6(续)

序号	依托单位	规范名称	简称	所在地	成立时间（年份）
30	中国石化集团茂名石化公司	国家危险化学品应急救援茂名石化队	危化救援茂名石化队	广东省茂名市高新区茂名石化乙烯厂区	1958
31	安庆石化队	国家危险化学品应急救援安庆石化队	危化救援安庆石化队	安徽省安庆市	1975
32	应急管理部与七台河市政府共同建设	国家危险化学品应急救援七台河队	危化救援七台河队	黑龙江省七台河市新兴化工园区七桦路与宝泰隆路交汇处	2021
33	徐圩新区国有企业江苏洋井石化集团有限公司	国家危险化学品应急救援连云港队	危化救援连云港队	江苏省连云港市	2010
34	中煤平朔集团有限公司	国家危险化学品应急救援中煤平朔队	危化救援中煤平朔队	山西省朔州市	2003
35	中国石化上海石油化工股份有限公司	国家危险化学品应急救援上海石化队	危化救援上海石化队	上海市金山区	2018
36	中国石化九江分公司	国家危险化学品应急救援九江石化队	危化救援九江石化队	江西省九江市	1980
37	贵州磷化(集团)有限责任公司	国家危险化学品应急救援贵州磷化队	危化救援贵州磷化队	贵州省贵阳市息烽县小寨坝镇	2008
38	北方华锦化学工业集团有限公司	国家危险化学品应急救援中兵华锦队	危化救援中兵华锦队	辽宁省盘锦市双台子区	2018
39	中国石化巴陵石油化工有限公司、中国石化长岭炼化公司	国家危险化学品应急救援湖南队	危化救援湖南队	湖南省岳阳市云溪区	2023
40	山东省港口集团有限公司	国家危险化学品应急救援山东港口队	危化救援山东港口队	山东省青岛市	2023
41	漳州港务集团有限公司	国家危险化学品应急救援古雷队	危化救援古雷队	福建省漳州市	2022

三、危险化学品应急救援队主要职责

1. 控制危险源

及时控制造成事故的危险源是应急救援工作的首要任务，只有及时控制住危险源，防止事故的继续扩展，才能及时、有效地进行救援。特别对发生在城市或人口稠密地区的化学事故，应尽快组织工程抢险队与事故单位技术人员一起及时堵源，控制事故继续扩展。

2. 抢救受害人员

抢救受害人员是应急救援的重要任务。在应急救援行动中，及时、有序、有效地实施现场急救与安全转送伤员是降低伤亡率、减少事故损失的关键。

3. 指导群众防护，组织群众撤离

由于化学事故发生突然、扩散迅速、波及范围广、危害大，应及时指导和组织群众采取各种措施进行自身防护，并向上风方向迅速撤离出危险区或可能受到危害的区域。在撤离过程中应积极组织群众开展自救和互救工作。

4. 做好现场清消，消除危害后果

对事故外溢的有毒有害物质和可能对人和环境继续造成危害的物质，应及时组织人员予以清除，消除危害后果，防止对人的继续危害和对环境的污染。

5. 查清事故原因，估算危害程度

事故发生后应及时调查事故的发生原因和事故性质，估算出事故的危害波及范围和危险程度，查明人员伤亡情况，做好事故调查。

四、危险化学品应急救援队救援任务技术分析

（一）灭火技术

灭火技术是指对发生意外着火的危险化学品进行灭火处理，按照不同的化学品有不同的处理方法。

（1）针对易湿易燃物火灾，应该采用干粉、二氧化碳来灭火，不过含有铝、钾、镁等个别危险化学品采用二氧化碳无效。要注意的是，绝对不能用水、泡沫、酸碱灭火器来灭火。如果是固体遇湿易燃物，则采用水泥、干粉、干砂等覆盖灭火。

（2）针对压缩、业火气体产生的火灾，可以利用水、干粉、二氧化碳来灭火。

（3）针对爆炸物火灾，采用吊射式水流灭火，需要注意的是，千万不能用沙土掩盖。

（4）针对易燃液体的火灾，通常能够采用雾状水灭火，不过用泡沫、二氧化碳、干粉灭火效果会更好。

（5）针对放射性火灾，要快速出水灭火，或者是采用泡沫、干粉、二氧化碳灭火。

（6）针对氧化剂（有机氧化物）火灾，应该采用泡沫、二氧化碳、干粉、泥土等灭火，也可以用干冰、液氮等做低温处理。

（7）针对易燃固体、自燃危险化学品火灾，需要向燃烧的区域上空与周围喷射雾状水，周围的一切火源都要浇灭，也可以采用干砂、干粉（不用压力喷射）灭火。

（8）针对毒害品、腐蚀品火灾，要尽量采用低压水流（雾状水），且避免腐蚀品、毒害品溅出。如果遇见酸碱类腐蚀品，最好用中和剂稀释中和。如果是硫酸量很大的火灾，就要用干粉、二氧化碳等灭火，然后将着火品与浓硫酸分开。

（二）破拆技术

破拆技术是指对创建营救通道过程中遇到的不能移动的建筑废墟构件，或压在幸存者身体上的构件进行安全有效的切割、钻凿、扩张、剪断等方法。救援过程中复杂情况频出，需要救援人员掌握出色的破拆技术以应对不同情况。

（三）堵漏技术

堵漏技术是指采用特制夹具、顶压器具、密封材料对正在发生的泄漏进行快速止漏的特殊技术手段，是保证安全生产和公共安全不可或缺的应急抢险技术。根据不同的漏点可选用的堵漏工具也不相同，目前救援队伍所配备的堵漏器材主要有外封式堵漏袋、捆绑式堵漏带、注胶式堵漏工具、木楔堵漏工具、粘贴式堵漏工具、金属套管堵漏工具、套罩式堵漏工具等。

（四）绳索救援技术

绳索救援技术在危化事故中主要应用于高空救援。高空救援常通过建立和应用救援绳索系统来营救高空位置上的幸存者，此项技术应通过定期训练加以巩固。

（五）输转技术

输转技术多用于化学灾害事故现场的处置工作，根据不同的化学品运用不同的输转设备对有害液体进行输送转运，主要有如下器材：

（1）有毒物质密封桶：主要用于收集并转运有毒物体和污染严重的土壤。

（2）多功能毒液抽吸泵：可迅速抽取各种液体，特别是黏稠、有毒液体，如柴油、机油、液体食品、废水、泥浆、化工危险液体、放射性废料等，适用于化学救援现场。

（3）手动隔膜抽吸泵：主要用于输送有毒液体，如油类、酸性液体等。

（4）液体吸附垫：可快速有效地吸附酸、碱性和其他腐蚀性液体。

五、危险化学品应急救援队体能训练内容与考核标准

1. 基础体能训练内容

（1）队列训练（表 2-7、表 2-8）

表 2-7　单个人员队列训练

科目一	单个人员队列动作
条件	相应的教材、器材，室内或室外训练场地内完成。训练队员着作训服、戴帽子、扎外腰带、穿作训鞋
内容	1. 立正、跨立、稍息
	2. 停止间转法
	3. 行进与停止
	4. 步法变换
	5. 行进间转法
	6. 坐下、蹲下、起立
	7. 脱帽、戴帽
	8. 敬礼、礼毕
标准	1. 掌握单个人员队列动作基本要领，动作规范连贯、协调一致
	2. 队列动作做到步幅、步速、行进方向准确
	3. 对上述各项训练，达到相关规定标准
考 核	实际操作：90 分优秀、80 分良好、60 分及格、60 分以下不及格

分析表 2-7、表 2-8 中队列训练的具体内容和考核标准可以发现，队列训练主要锻炼和考察救援人员的灵敏、协调性，以及身体的耐力、姿势和动作控制能力，同时也旨在培养救援人员的团队合作意识、纪律性。

表 2-8　团体队列训练

科目二	团队队列动作
条 件	相应的教材、器材，室内或室外训练场地内完成。训练队员着作训服、戴帽子、扎外腰带、穿作训鞋
内容	1. 集合、离散
	2. 整齐、报数
	3. 出列、入列
	4. 行进与停止
	5. 队形变换
	6. 方向变换
标准	1. 掌握班队列动作各项规范要领，动作连贯，协调一致
	2. 队列动作做到步幅、步速、行进方向准确，动作整齐划一
	3. 对上述各项训练，达到相关规定标准
考核	实际操作：90 分优秀、80 分良好、60 分及格、60 分以下不及格

（2）体能训练（表 2-9）

表 2-9　体能考核项目

科目一	体能考核
条 件	相应的教材、器材，室内或室外训练场地内完成
内容	1. 俯卧撑
	2. 单杠引体向上
	3. 仰卧起坐
	4. 100 m 负重跑
	5. 800 m 佩戴空气呼吸器跑
	6. 3 000 m 跑
	7. 5×10 m 往返跑
	8. 15 m 攀绳
	9. 重物提升
	10. 拖拉轮胎
	11. 10 层负重登楼
标准	1. 掌握要领、动作规范
	2. 符合体能训练评分标准要求
考核	实际操作：90 分优秀、80 分良好、60 分及格、60 分以下不及格

分析表 2-9 中体能训练的 11 个具体项目与其评分标准可以发现，目前国家对于危险化学品应急救援人员综合体质的训练与考核项以力量、耐力、速度三项素质为主，其中耐力是最核心的体能素质需求，这些训练项目贴近救援实践，符合危险化学品应急救援的实际情况。

2. 体能训练考核标准

（1）考核形式

考核分为普考、抽考(监督检查)和补考。本着“训什么考什么”的原则,对训练科目的普考和抽考,一般在科目或阶段训练结束后进行。内容较多的科目,可在全面训练的基础上,采取抽考部分主要内容的方法进行。补考成绩为个人该训练科目的最终成绩,不计入单位成绩。

① 个人和班(组)的普考,一般由大(中)队组织,抽考一般由国家专业队组织;指挥员和国家专业队的普考和抽考,一般由依托企业上级业务主管部门组织。

② 考核不及格的,可由考核单位或实施部门根据考核类型组织一次或多次补考。

③ 大(中)队每半年应组织不少于 1 次的考核,对阶段性训练成效进行检验。

④ 国家专业队(支队级)每年应协同依托企业上级业务主管部门组织实施不少于 1 次考核验收,鼓励开展业务技能排名或比武竞赛,发挥竞赛性考核的引导作用。

⑤ 国家安全生产应急救援中心可每年分区域组织抽考(监督检查),检验国家专业队训练落实情况。

(2) 成绩评定

训练成绩实行百分制,分为优秀(90 分以上)、良好(80 分以上)、及格(60 分以上)、不及格(60 分以下)四级。训练成绩分为个人和单位训练成绩,包括科目、年度(阶段)训练成绩,实行“谁组织、谁考核、谁评定”。

① 个人年度(阶段)训练成绩评定

优秀——所有训练科目成绩均在良好以上,其中 50%以上的训练科目成绩为优秀;或所有训练科目成绩均在及格以上,其中 70%以上的训练科目成绩为优秀。

良好——所有训练科目成绩均在及格以上,其中 50%以上的训练科目成绩为良好。

及格——训练科目成绩均为及格以上。

不及格——达不到及格及以上评定标准。

② 单位年度(阶段)训练成绩评定

大(中)队年度训练成绩由本级指挥员年度训练成绩、本级合成训练成绩和班组(个人)训练科目抽考成绩(抽考比例>20%)综合评定,队伍参考率不小于 90%;国家专业队(支队级)年度训练成绩由本级指挥员年度训练成绩、机关演练成绩和所属大(中)队训练科目抽考成绩(抽考比例>20%)综合评定,队伍参考率不小于 80%。

优秀——本级指挥员年度训练成绩及格率不低于 98%,优秀率不低于 50%;本级合成训练(演练)成绩为优秀;所属队伍(个人)训练科目抽考成绩及格率不低于 95%,其中优良率不低于 70%。

良好——本级指挥员年度训练成绩及格率不低于 95%,优良率不低于 40%;本级合成训练(演练)成绩在良好以上;所属队伍(个人)训练科目抽考成绩及格率不低于 90%,其中优良率不低于 50%。

及格——本级指挥员年度训练成绩、合成训练(演练)成绩在及格以上;所属队伍(个人)训练科目抽考成绩及格率不低于 70%。

不及格——达不到及格及以上评定标准。

(3) 结果运用

单位和个人年度(阶段)训练成绩作为本年度(阶段)评优评先的重要依据;实行训练成绩“一票否决”,成绩达不到优良的个人不得晋职晋级,成绩不及格的个人不得担任现有职务。具体测试项目及标准见表 2-10。

表 2-10　体能训练评分标准

序号	科目	性别	18～29 岁 标准 及格	18～29 岁 标准 良好	18～29 岁 标准 优秀	30～34 岁 标准 及格	30～34 岁 标准 良好	30～34 岁 标准 优秀	35～39 岁 标准 及格	35～39 岁 标准 良好	35～39 岁 标准 优秀	40～44 岁 标准 及格	40～44 岁 标准 良好	40～44 岁 标准 优秀	45～49 岁 标准 及格	45～49 岁 标准 良好	45～49 岁 标准 优秀	50～55 岁 标准 及格	50～55 岁 标准 良好	50～55 岁 标准 优秀
1	俯卧撑(1 min)	男	50 次	53 次	56 次	40 次	42 次	44 次	30 次	32 次	34 次	20 次	22 次	24 次	15 次	16 次	17 次	10 次	11 次	12 次
		女	/	/	/	/	/	/	/	/	/	/	/	/	/	/	/	/	/	/
2	单杠引体向上	男	10 次	12 次	14 次	8 次	10 次	12 次	6 次	8 次	10 次	4 次	5 次	6 次	/	/	/	/	/	/
		女	/	/	/	/	/	/	/	/	/	/	/	/	/	/	/	/	/	/
3	仰卧起坐(1 min)	男	50 次	53 次	56 次	40 次	43 次	46 次	30 次	33 次	36 次	20 次	22 次	24 次	15 次	17 次	19 次	10 次	11 次	12 次
		女	40 次	42 次	44 次	30 次	32 次	34 次	20 次	22 次	24 次	15 次	17 次	19 次	10 次	12 次	14 次	5 次	6 次	7 次
4	100 m 负重跑	男	19″	18″10	17″30	20″20	19″10	18″30	23″20	22″20	20″20	24″20	23″20	22″20	/	/	/	/	/	/
		女	/	/	/	/	/	/	/	/	/	/	/	/	/	/	1	/	/	/
5	800 m 佩戴空气呼吸器跑	男	6′30″	5′50″	5′10″	7′10″	6′20″	5′40″	7′50″	7′10″	6′20″	/	/	/	/	/	/	/	/	/
		女	/	/	/	/	/	/	/	/	/	/	/	/	/	/	/	/	/	/
6	3 000 m 跑	男	15′	14′10″	13′	16′	15′20″	14′50″	17′	16′20″	15′50″	18′	17′30″	17′5″	19′	18′30″	18′5″	/	/	/
		女	16′	15′20″	14′50″	17′	16″	15′50″	18′	17′30″	17′05″	/	/	/	/	/	/	/	/	/
7	5×10 m 往返跑	男	28″	27″	26″20	29″	28″20	27″	31″	30″40	30″	33″	32″40	32″	38″	37″40	37″	/	/	/
		女	33″	32″	31″60	35″	34″	33″	38″	37″40	37″	42″	41″40	41″	/	/	/	/	/	/
8	15 m 攀绳	男	50″	46″	42″	54″	50″	46″	60″	54″	50″	/	/	/	/	/	/	/	/	/
		女	/	/	/	/	/	/	/	/	/	/	/	/	/	/	/	/	/	/
9	重物提升	男	30″	26″	22″	35″	30″	26″	42″	35″	30″	46″	40″	35″	50″	45″	40″	/	/	/
		女	/	/	/	/	/	/	/	/	/	/	/	/	/	/	/	/	/	/
10	50 m 拖拉轮胎	男	32″	29″	26″	36″	33″	29″	40″	36″	33″	46″	40″	35″	/	/	/	/	/	/
		女	/	/	/	/	/	/	/	/	/	/	/	/	/	/	/	/	/	/
11	10 层负重登楼	男	1′48″	1′43″	1′40″	1′55″	1′50″	1′45″	2′05″	1′55″	1′50″	/	/	/	/	/	/	/	/	/
		女	/	/	/	/	/	/	/	/	/	/	/	/	/	/	/	/	/	/

备注:在海拔 2 000 m 地区考核,标准在原基础上降低 5%,海拔每增加 100 m,标准再递减 0.5%;在海拔 3 000 m 地区考核,标准在原基础上降低 10%,海拔每增加 100 m,标准再递减 1%;在海拔 4 000 m 地区考核,标准在原基础上降低 50%。

第三节　其他应急救援队

一、油气田井控应急救援队

（一）起源与背景

随着经济的进步，我国油气田井开采工业的不断发展，大型生产装置，油气田井开采、净化装置以及石油化工产品越来越多，造成油气田井生产以及应用所面临的环境越来越复杂，存在较大的火灾隐患。因此，必须加强对油气田井消防人员应急管理能力的培养，使得油气田消防人员能够第一时间应对火灾事件，尽可能地将火灾事故控制在可控的范围之内，减少对整体生产工作造成的影响，避免因火灾和爆炸事故造成人员伤亡。

（二）油气田井控应急救援队现状

油气田井控应急救援队伍是国家安全生产专业常备应急骨干力量的重要组成部分，我国目前共有 10 支国家油气田井控应急救援队，具体队伍简介见表 2-11。

表 2-11　油气田井控应急救援队简介(10 支)

序号	依托单位	规范名称	简称	所在地	成立时间（年份）
1	中国石油川庆钻探工程公司	国家油气田井控应急救援川庆队	油气田井控川庆队	四川省德阳市	1994
2	中国海油井控中心	国家海上油气应急救援天津队	海上油气天津队	天津市滨海新区渤海石油港区	2018
3	国家管网西部公司	国家油气管道应急救援乌鲁木齐队	管道救援乌鲁木齐队	新疆维吾尔自治区乌鲁木齐市	2018
4	中国石油西南管道公司	国家油气管道应急救援昆明队	管道救援昆明队	云南省昆明市	2013
5	中国石油管道局工程有限公司	国家油气管道应急救援廊坊队	管道救援廊坊队	河北省廊坊市	1992
6	东北石油管道有限公司	国家油气管道应急救援沈阳队	管道救援沈阳队	辽宁省沈阳市	2018
7	中国石化管道储运有限公司抢维修中心	国家油气管道应急救援徐州队	管道救援徐州队	江苏省徐州市	2000
8	中国海油深圳海油工程水下技术有限公司	国家油气管道应急救援深圳队	管道救援深圳队	广东省深圳市	2018
9	中海石油(中国)有限公司海南分公司	国家海上油气应急救援海南队	管道救援海南队	海南省澄迈县海南中海石油码头	2023
10	国家、企业	国家油气田井控应急救援西部队	管道救援西部队	新疆维吾尔自治区库车市	2021

（三）油气田井控应急救援队主要职能

1. 油气田井控应急救援队基本功能

油气田井控应急救援队是一支从事灭火、抢救服务人员与现场监视消防工作，实施军事化管理建设的专业化团队。近年来，通过对消防资源进行有效整合，不断扩大消防服务范围，逐步拓展消防机构职能，大幅提升了综合保障能力。

2. 油气田井控应急救援队救援任务

油气田井控应急救援队是一支保证安全的专业团队，无论是在日常的工作训练中，还是在现场灭火救援工作中，在任何情况下都必须保证自己的人身安全。建立专职的井喷失控应急处置团队，根据井喷失控险情进行应急处置，处置团队通过培训，技术过硬，掌握各种井口、控制装置的性能参数；通过训练，熟练掌握各种应急装备的操作要求；通过演练，提升应急处置整体协作能力。

（四）油气田井控应急救援队任务技术分析

1. 险情侦察技术

险情侦察技术就是针对现场的具体情况，使用无人机对事故井及周边进行航拍，利用机器人抵近侦察，搜集井场环境情况和场内有毒有害气体数据，实时提供指挥员决策，科学确定切割位置，设置安全警戒区域。

2. 清障切割技术

应急救援队遥控操作抗高温推土机，利用长臂桅杆将水力喷砂切割装置准确送达井口位置，连接供液管线，迅速切断升高短节，完成带火切割作业。

3. 移除破损技术

应急救援队遥控重型加压装置，将引火筒罩在井口，把火焰引向空中，防止气流喷火危及抢险人员安全。抢险人员身着隔热服进入核心区域，拆除破损井口装置与底法兰连接螺栓，随后，应急救援队操作遥控重型加压装置移除破损井口。

4. 重置井口技术

应急救援队重置新井口，完成对正加压，使用紧固装置完成法兰连接，关闭全封闸板，成功关井。

二、隧道应急救援队

（一）起源与背景

随着城市化进程的加快和交通网络的发展，隧道在城市交通中的重要性日益突出。然而，隧道事故频发，给人们的生命安全和财产造成了巨大威胁。因此，建立一支专业化的隧道应急救援队非常必要。

（二）隧道应急救援队现状

我国目前共有 6 支国家隧道应急救援队，具体队伍简介见表 2-12。

表 2-12　隧道应急救援队简介(6 支)

序号	依托单位	规范名称	简称	所在地	成立时间（年份）
1	中国中铁二局	国家隧道应急救援中铁二局昆明队	隧道救援昆明队	云南省昆明市	2010

表 2-12(续)

序号	依托单位	规范名称	简称	所在地	成立时间（年份）
2	中铁五局	国家隧道应急救援中铁五局贵阳队	隧道救援贵阳队	贵州省贵阳市	2010
3	中铁十七局	国家隧道应急救援中铁十七局太原队	隧道救援太原队	山西省晋中市	2010
4	中国交通建设集团	国家隧道应急救援中国交建重庆队	隧道救援重庆队	重庆市永川区	2015
5	中铁十一局集团有限公司	国家隧道应急救援中铁十一局四川队	隧道救援四川队	四川省甘孜州康定市新都桥镇	2015
6	中铁二局集团有限公司	国家隧道应急救援中铁二局西藏队	隧道救援中铁二局西藏队	西藏自治区波密县扎木镇	2022

（三）隧道应急救援队主要职责

1. 隧道应急救援队基本功能

隧道救援可能会存在塌方、透水、火灾等事故，一般常用救援方法为导坑救援，可选择从联络通道、隧道另一端、隧道侧面、洞顶等处快速开挖一个断面合适的小导洞。

2. 隧道应急救援队任务分工

隧道应急救援队任务分工见表 2-13。

表 2-13　隧道应急救援队任务分工

事故类型	主要工作任务
塌方	1. 对受破坏的隧道进行开挖，实施导坑救援
	2. 对隧道进行支护作业
	3. 进行二次衬砌，设置护拱
	4. 加强防排水工作
	5. 营救遇险人员，搬运伤员
透水	1. 需要进行排水工作，安装水泵排水
	2. 需要掘进隧道，开挖清理
	3. 营救遇险人员，搬运伤员
火灾	1. 火势不大时选择灭火器、水管等进行灭火
	2. 营救遇险人员，搬运伤员

3. 隧道应急救援队任务技术分析

(1) 搜索技术

搜索技术是针对现场的具体情况，综合运用人工搜索、犬搜索、仪器搜索等手段开展搜索行动应遵守的技术、方法、程序和步骤的统称。科学运用搜索技术，可以有效提高搜索效率，为营救行动快速、准确地提供被困人员的位置及其相关信息。搜索人员直接进入灾害现场或建筑物内，通过感官直接寻找被困人员。在搜索过程可以直接救出的立即救出，并向救援队长报告。

（2）负重攀登技术

负重攀登技术主要应用在当地救援行动中，因环境原因无法从正常的路径上楼进行救援，而需通过攀爬绳索进行救援，在灭火救援行动中具有重要的意义，对救援人员的全身力量和协调能力的身体素质有很高的要求。负重攀登技术主要应用在高层建筑发生火灾时，需要救援人员具有负重攀登和疏散救人的能力。

（3）瓦砾移除技术

瓦砾移除技术是指在创建通道过程中移开体积较大的障碍物和清除废墟瓦砾的方法。当移动被压埋人员周围的瓦砾时，需要一定的方法与技巧，而且是一个缓慢持续的过程。应注意确定建筑物的倒塌方式和评估废墟的稳定状况；移除一个废墟构件前须估算其重量，评估其移开的后果并设计移除方法；先移走小的碎块，后移走那些可移动的大块，不能移动那些被压住的或者楔入的碎块；为了移动被压住的碎块，必须进行必要的支撑或破拆；避免移动承重墙体结构；不要移动那些影响废墟或者瓦砾堆稳定性的构件，当有疑问时，应与结构工程师进行讨论。

（4）破拆技术

破拆技术是指对创建营救通道过程中遇到的不能移动的建筑废墟构件，或压在幸存者身体上的构件进行安全有效的切割、钻凿、扩张、剪断等方法。破拆的对象通常为倒塌废墟中的墙体、楼板、门窗等，其主要材料包括木材、金属、砖、混凝土和钢筋混凝土等。破拆方法分为水平破拆和垂直破拆，水平破拆是从水平方向接近幸存者过程中的常用方法，其操作对象多为混凝土墙或砖墙，可采用的破拆方法有钻孔、凿破和切割等。水平破拆的目的是在墙体上创建一个三角形的通道口。垂直破拆是从垂直方向接近幸存者过程中的常用方法，其操作对象多为有稳固支撑的未破坏或局部破坏的混凝土楼板，可采用的破拆方法有钻孔、凿破和切割等。垂直破拆的目的是在楼板上创建一个矩形（或圆）的洞口。

三、水上应急救援队

（一）起源与背景

随着全球范围内洪涝等自然灾害的频发和救援需求的增加，当代社会水域旅游、水上运动等消费需求的增加，发生水域事故和灾害的频率也相应增加。因次，建立水上应急救援专业队伍、形成国家级综合消防救援队伍十分必要。水上应急救援是一项突发性强、时间紧迫、技术要求高、救援难度大、危险性高的救援项目，其救援具有复杂性、危险性等特点。水上应急救援队无论是应对汛期突发气象、地质灾害还是营救溺水人员、打捞落水车辆等都发挥着重要作用。

（二）水上应急救援队现状

1. 水上应急救援队基本概况

水上应急救援队在全国范围内有多支队伍，其中有国家水上应急救援队、交通运输部救助打捞局、各省市区级消防救援水上应急救援专业队伍、各省级水上应急救援队和社会专业水上专业救援组织等。

2. 水上应急救援队分级与规模

（1）国家水上应急救援队

由国家安全生产应急救援中心管理的有国家水上应急救援重庆长航队和国家水上应急救援南京油运队两支队伍，其情况简介见表2-14。

表2-14　国家水上应急救援队简介（2支）

序号	依托单位	规范名称	简称	所在地	成立时间（年份）
1	重庆长航救助打捞工程有限公司	国家水上应急救援重庆长航队	水上救援重庆队	重庆市	2018
2	南京长江油运有限公司	国家水上应急救援南京油运队	水上救援南京队	南京市	2015

（2）交通运输部救助打捞局

作为国内唯一一支国家海上专业救助打捞力量，交通运输部救助打捞局承担着对中国水域发生的海上事故的应急反应、人命救助、船舶和财产救助。其救捞宗旨是保障海上人民财产安全，保护海洋环境清洁。其中心任务是加强应急救助，发展抢险打捞。负责船舶和海上设施财产救助、沉船沉物打捞、港口及航道清障、沉船存油和难船溢油的应急清除；提供水上、水下工程作业服务。承担国家指定的特殊的政治、军事、救灾等抢险救助、打捞任务；负责救助打捞系统交通战备组织协调工作；履行有关国际公约和双边海运协定等国际义务。

（三）水上应急救援队主要职责

1. 水上应急救援队基本功能

国家水上应急救援队主要担负长江上游、西南地区水域的120 m以浅难船救助、船舶遇险救助、水下沉船沉物人员搜寻打捞、应急抢险吊装、大型船舶拖带、溢油应急处置等任务。承担水上船舶火灾、船只搁浅触礁、水上污油回收等水上交通和污染事故应急救援任务。

交通运输部救助打捞局主要职责为拟订救助打捞行业有关政策、法规、标准、规范，并监督实施；负责航行在我国沿海水域的国内外船舶、海上设施和遇险的国内外航空器及其他方面的人命救助和海上消防工作；负责船舶和海上设施财产救助、沉船沉物打捞、港口及航遣清障、沉船存油和难船溢油的应急清除；提供水上、水下工程作业服务；承担国家指定的特殊的政治、军事、救灾等抢险救助、打捞任务；负责救助打捞系统交通战备组织协调工作；履行有关国际公约和双边海运协定等国际义务；负责统一部署救助船舶、直升机（飞机）等救助值班待命力量，承担实施有关救助指挥调度和协调工作；负责管理与海（水）上救助和打捞有关的涉外事宜；组织开展对外业务合作与技术交流；负责打捞、潜水机构资质审核；管理从事产业潜水作业的潜水员及与救助打捞相关的其他特殊工种的考核发证工作；组织行业发展战略研究；组织编制救助打捞系统中长期发展规划和有关计划；指导行业信息化建设；负责管理局机关和所属单位基本建设、财务、审计、科技、人事、劳动工资、思想政治工作、精神文明建设和职工队伍建设工作；负责救助打捞行业统计和行风建设工作；承办交通运输部交办的其他事项。

各省市区级消防救援水上救援专业队伍主要负责抗洪抢险救援、区域涉水救援等应急救援任务。当城镇市区遭遇持续特大暴雨和强对流天气袭击时，周边江、河水位会持续上涨，城区会存在道路、通信、电力中断，内涝肆虐，部分低洼居住区积水的情况，省市区级消防救援中的水域应急救援队为此类灾害救援的主力军。

各省级水上应急救援队，主要执行水上生命救助、沉船（物）打捞、航道应急抢通、水下构筑物险情处置等应急救援任务。

2. 水上应急救援任务技术分析

防汛抗洪作为抢险救灾的重要内容之一，救援人员需要具备自救和救他能力。主要包括水中行走、拖带、橡皮舟技术。

（1）水中行走

水中行走是救援人员在进行水中救援和搜救任务时使用走的动作，水中行走一般在齐胸深的水中进行。迈步时，身体略向行进方向倾斜，大腿略微抬高，膝盖带动小腿和脚向前迈进，脚背伸直以减小水的阻力，下榻站稳后再提另一只脚；两臂在体侧轻轻拨水，以保持平衡。

（2）拖带

拖带是指救援人员采用专项游泳技术在水中运送溺水者。拖带溺水者应根据具体情况采取不同的拖带方式。对神志清醒、能积极配合者，可采用托腋或托颌拖带的方法；对神志不清、不能积极配合者，应采用强制拖带的方法。拖带过程中应注意始终保持溺水者口鼻露出水面。

（3）橡皮舟技术

橡皮舟是救援人员在内陆江河和滨海地区抗洪抢险救援中首选的交通装备。橡皮舟技术分为陆上运舟、入水上舟、水中划舟、停止前进与转向。以 6 人水中划舟为例介绍技术动作，3 人一组等距坐在舟舷上，划桨时身体前倾，转体伸肩，舟舷上的腿弯曲，两臂向前伸直，推桨臂的肘部抬高，肩稍后移，手在头的上方。桨杆与水平面约呈 45°角，将桨叶快速插入水中。桨叶入水后，推桨手迅速前伸，拉桨手一侧的肩后移，用抬体和转体的力量直臂向后拉桨。拉桨至身体后侧开始屈臂，直到上体抬至接近垂直于橡皮舟时，拉桨结束。

第三章　社会应急救援队——以蓝天救援队为例

第一节　蓝天救援队简介

一、蓝天救援队起源与背景

“蓝天救援队”是中国民间专业、独立的纯公益紧急救援机构，成立于2007年。中文名为蓝天救援队，英文名称为Blue Sky Rescue(简称BSR)。曾参与汶川、玉树、雅安、云南、菲律宾、缅甸、尼泊尔、斯里兰卡等地重大救援活动。蓝天救援队的前身是绿野救援队。这支队伍初创于2003年，最初是一支由户外运动爱好者组成的从事户外遇险救援的民间公益团队，曾用名为绿野救援队。创立初期，由于管理和经费等原因，绿野救援队的相关运作基本处于停滞状态。

2007年3月，北京灵山“驴友”遇难事件的经历，使蓝天救援品牌创始人张勇对山野救援的缺位深有感触，他基于常发帖的绿野户外论坛组建了松散的山野救援队。

2008年，张勇曾到中国香港、美国等地考察先进经验。他受到香港民安队和医疗辅助队的模式启发：120名公务员管理超过5 000名志愿者，组织、训练、经费、后勤都由职业人员负责，志愿者只需要响应救援。这就为日后蓝天救援队的队伍建设和发展提供了方向。

2008年成立蓝天救援队时，张勇得到北京市红十字会的支持，花费了两年时间在民政局获得注册，因为之前没有救援组织注册的先例，所以北京蓝天救援队就只能采用《阜阳公约》规定下的“北京队—督导官—各地蓝天队”结构维持全国体系。

2008年11月，第一支蓝天救援队、蓝天救援品牌授权方北京蓝天救援队正式成立。

2009年，张勇组建了全国紧急救援联盟，试图通过全国布局来缓解跨区救援的困境，但响应者只有寥寥数人。2010年玉树地震救援之后，一些民间救援队被蓝天救援队的专业化建设所吸引，相约将自己的品牌改为“蓝天”。四年后，这些队伍中大部分签署了《阜阳公约》，松散联盟转变为今天的蓝天救援队全国体系。

二、蓝天救援队现状

（一）蓝天救援队基本概况

迄今为止，蓝天救援队已在全国31个省、市、自治区对超过800支公益救援队伍进行了品牌授权，基本上遍布了全国的大、中城市，可以迅速抵达救援现场。蓝天救援队全国登记在册的志愿者超过50 000余名，其中有超过10 000名志愿者经过了专业的救援培训与认证，可以随时根据实际需要响应各类应急救援，是目前中国最大的民间公益救援组织。蓝天救援队是以志愿服务为原则，以建立和推动国内民间救援体系的发展、使每个国民享有免费紧急救援服务为宗旨，以专业化、国际化救援机构建设为目标。同时，蓝天救援队的发展定位是政府应急体系的辅助力量。协助配合政府应急体系完成各种灾难事故的紧急救援任务。其任务是协助政府应急体系开展防灾、减灾教育培训，参与各种灾害事故救援行动，减少灾害和事故造成的财产和生命损失。其工作范围主要包括：应急救援（山野救援、城市救援、水域救援、自然灾害救援、安全生产事故救援、意外事故救援、人员走失等）、安防教育（防减灾培训、学校五防教育，社区、企业急救培训和消防演练，蓝天少年安全领袖计划，蓝天安全社区网格化管理等）和大型群众性活动的保障（赛事医疗保障、群众性活动医疗保障、大型户外活动医疗保障、政府企业活动医疗保障等）各领域。无论是台风、地震、雪崩、洪水、泥石流等自然灾害，还是山林火灾、大型意外事故与其他户外安全事故，都在蓝天救援队的救援应对范围内。蓝天救援队是以服务社会为理念发展起来的人道志愿组织，所有救援行动不收费是底线。所以蓝天救援队的财务支出主要是依靠志愿者无偿资助、政府对救援服务的行政采购、社会的无偿捐助。

蓝天救援队实行队长负责制，有统一的发展理念、纪律和制度、标识、服装等，实行蓝天救援品牌授权。蓝天救援队的授权有一个考评的过程，组织规模、人员能力、建队理念等各方面符合蓝天救援队的要求才能通过授权。各地区蓝天救援队志愿服务组织独立管理、运营。主要管理人员变更和重大事项实行向品牌管理方披露制度。坚持志愿服务属性的公益活动，向社会公众提供免费人道救援行动。

蓝天救援队在各省、自治区、直辖市设立“蓝天救援志愿服务联络员”岗位，负责对当地蓝天救援志愿服务工作的协调与指导、省内跨区域救援行动与公益活动的协调指挥、当地蓝天救援志愿服务组织建立申请的受理和能力考核，对于认同并自愿遵守《蓝天救援公约》的志愿服务组织，推荐其成立使用“蓝天救援”品牌的志愿服务组织。

经过多年的发展与实际救援，蓝天救援队已经形成了一个建立在风险处理及预防基础上的综合性应急管理体系，成为一个涵盖生命救援、人道救助、灾害预防、应急反应能力提升、灾后恢复和减灾等各个领域的专业化、国际化的人道救援机构。建立第一个中国志愿者发起的人道救援组织《蓝天救援国际救援机构》，在国际人道救援领域发挥作用，展现中国志愿者的责任与担当是蓝天救援队的团队愿景。

（二）蓝天救援队的应急机制

蓝天救援队应急协调中心负责国内外大型自然灾害及意外事故的调查与救援启动、派出和后方支持，日常担负小型救援响应和各地蓝天救援队伍保障活动、培训活动、救援活动的统计归档工作，蓝天救援队的各项制度、培训、会议和工作通知。目前蓝天救援队大型灾难救援的响应机制是 24 h 专人值守，接到求助后 3 min 响应、启动信息收集，5 min 主要负责人到岗、30 min 内根据研判决定是否启动救援，国内 2～4 h 抵达、国际 24 h 内投送，灾区独立 7×24 h 工作。

三、蓝天救援队入队条件及相关要求

目前，蓝天救援队队员级别有三种：志愿者、预备队员和正式队员。不同级别都有对应的参与志愿服务的时长要求，完成相应培训科目并通过考核之后，可以晋升为上一级别。每个级别能够参与的培训科目和享受的荣誉是不一样的。

（一）个人申请加入蓝天救援队志愿者的条件与要求

1. 条件

(1) 年龄达到 18 周岁，有完全行为能力，身体健康。

(2) 能够积极参与蓝天救援行动。

(3) 有一定的时间和相应的能力。

(4) 无违约失信行为、无犯罪记录。

(5) 有正常的工作收入和社会保险。

(6) 拥护中国共产党的领导，拥护社会主义制度，遵守中华人民共和国法律法规，践行社会主义核心价值观。

(7) 团结队友不传是非，无违反国家法律法规或蓝天救援纪律的行为。

2. 要求

(1) 认同蓝天救援队队训：少说多做，默默奉献，完善自我，善待他人。

(2) 认同蓝天救援队核心理念：去商业化，远离利益；中立与独立化的人道思想；少说多做，默默奉献的志愿精神；责任、自律、宽容、尊重、成长的团队文化；善行改变人心；建立国际人道机构。

(3) 理解蓝天救援队精神：人道与中立、坚持与奉献、责任与担当、勇气与荣誉、谦卑与自律、胸襟与视野、团队精神与统一行动、坚持公益救援，杜绝商业化。

(4) 填写《蓝天救援队志愿者申请表》，签订《风险提示录》《志愿者免责协议》。

3. 志愿者的权限

志愿者可参与赛事保障、培训保障、队内各类培训，但不得参加大型救援或跨区救援。

4. 着装要求

在任务中应当穿着蓝天救援队志愿者马甲，但不得订购队服、工作证、胸标等制式装备。

(二) 申请蓝天救援队预备队员的条件与要求

1. 条件

(1) 年龄：达到 25 周岁。

(2) 时间：成为志愿者 12 个月以上(由登记入系统确认志愿者身份之时算起)。

(3) 服务出勤率：大于队伍行动次数的 30% 或 12 个月内累计服务时长达到 200 h 以上。

(4) 技能培训与训练时长：不少于队伍总培训时长的 50% 或 12 个月内累计训练时长 320 h 以上。

(5) 填写《蓝天救援队入队申请表》《预备队员免责协议》。

(6) 拥有业余无线电操作证书及呼号。

(7) 急救资格证书(红十字会、香港圣约翰、医疗辅助队、世界医学会、美国心脏协会及国家级技能认证均可，职业医生除外)。

(8) 通过相关专业技能、队列、纪律考试。

(9) 品行端正，团结友善，诚信守约，心理状态稳定。

(10) 无违反蓝天救援队各项纪律的行为。

2. 要求

(1) 团结队友不传是非，无违反国家法律法规和蓝天救援纪律的行为。

(2) 服从上级指挥，服从《蓝天救援队员日常考核管理办法》《蓝天救援请假制度与年检制度》《蓝天救援网络新媒体管理规定》《蓝天救援档案管理制度》《蓝天救援保密制度》。

3. 预备队员的权限

赛事保障、培训保障、救援保障、队内各类培训、全国各类培训。

4. 着装要求

蓝天救援队队员队服，可申请工作证及制式装备。

（三）申请蓝天救援队正式队员的条件与要求

1. 条件

(1) 具备预备队员全部条件。

(2) 时间:成为预备队员 12 个月以上(品牌督导审批之日算起)。

(3) 参加并完成蓝天救援全国大培训科目(蓝天救援初、中级综合技能培训及考核)。

(4) 参加过联合救援(包括后台及后勤人员)。

(5) 填写《蓝天救援队正式队员申请表》《正式队员免责协议》,拥有专项技能证书。

(6) 认同蓝天救援理念、认同蓝天救援全国公约。

(7) 参加过联合救援行动(包括后台及后勤人员)。

(8) 关键岗位须通过专业心理测试合格,心理及情绪稳定。

2. 要求

(1) 所属队伍 70%的正式队员投票通过。

(2) 团结队友,不传是非,无违反国家法律法规和蓝天救援纪律的行为。

(3) 服从上级指挥,服从《蓝天救援队员日常考核管理办法》《蓝天救援请假制度与年检制度》《蓝天救援队网络新媒体管理规定》《蓝天救援档案管理制度》《蓝天救援保密制度》。

3. 正式队员的权限

赛事保障、培训保障、救援保障、救援行动队内各类培训国际对外培训。

4. 正式队员着装

可申请蓝天救援人员队服、队员肩章、工作证等制式装备。

（四）蓝天救援降级处罚机制

1. 正式队员退预备队员

出勤满 200 h/年,并且通过年度考核不降级;不满 200 h/年,或时长达标但年度考核未通过降级为预备队员。

2. 预备队员退志愿者

服务出勤率小于 30%,或服务时长低于 100 h/年降级为志愿者。

3. 志愿者劝退

服务出勤率小于 30%,或服务时长低于 50 h/年则进行志愿者劝退。

4. 违规劝退

(1) 未遵守相关保密规定,泄露信息资料造成严重后果。

(2) 有故意破坏蓝天救援形象、声誉的行为,不听劝告。

(3) 不遵守蓝天救援理念和制度。

(4) 长期不参加队内组织的各项活动。

(5) 人品低劣,违反国家法律法规或公序良俗。

(6) 救援现场不听指挥违反纪律。

(7) 盗窃救灾物资或队内公共财物,队员财物。

(8) 未经允许参与其他应急组织工作。

对于违规、不听劝告者,报蓝天救援品牌督查部审核后,督导可以一票否决。

（五）蓝天救援队救援队长的能力要求

(1) 认同蓝天理念、遵守全国公约,具备正式队员全部条件。

（2）由本队自选报本省的督导官审核通过，蓝天救援协调中心颁发品牌任命函。与全国蓝天体系保持一致。

（3）积极执行蓝天救援协调中心派遣的救援行动。

（4）个人服务出勤率达到60%或当年累计达到400 h以上。

（5）有义务向协调中心出具本人无失信违约记录、无犯罪记录相关证明。

（六）蓝天救援品牌授权队伍的要求

（1）蓝天救援要求各地授权队伍必须建立党支部。

（2）蓝天救援品牌授权队伍要求必须加入本地政府应急体系，挂靠一家政府行政部门。

（3）蓝天救援的所有活动要求符合国家法律和相关规定。

（4）申请蓝天救援品牌队伍要具备20名以上的骨干队员，志愿者不低于50人。

（5）在本地有良好的公益口碑，团队负责人有一定的经济能力、时间和组织能力。

（6）认同蓝天救援队公约和理念制度，填写品牌认证申请书，由北京蓝天救援队发授权书。

（7）对于品牌管理实行统一着装、统一理念制度、统一培训体系、统一大救援的协调；队伍的日常管理、人员、财务、装备自己独立负责。

第二节　蓝天救援队工作职责

一、蓝天救援队的职业特征

不同于全职的救援队，蓝天救援队是志愿团队，要求入队的人有正常的工作和收入。因此，除蓝天救援队队员身份之外，队员们都担当着多样的社会角色。他们是法院职工、医务人员、退役士兵……其职业特征如下：

（1）费用自理，要奉献大量的时间。

（2）队员之间年龄相差较多，身体素质强弱不均。

（3）相比于政府的队伍，民间队伍的组织纪律比较松散。

（4）救援人员需要具备多学科交叉的综合技能，红十字救援证和业余无线电操作证是入队必备的两个证件，潜水证等其他专业资格证属于选学内容。无线电操作涉及救援时的相互联系和前后方对接。

（5）所有志愿者实行晋级管理制度，定期考核，救援队实行队长负责制。

（6）每名队员都在队伍里使用代号相称。

二、蓝天救援队的优势

蓝天救援队和政府救援队比起来有其自身优势，主要表现在以下几方面：

（一）队员们对当地的地形地貌十分熟悉，拥有政府救援队不具备的优势

大部分队员都是户外运动爱好者，而且队伍经常进行野外拉练，在大家的脑子里就有一张活地图。哪里容易出事故、哪里可能会有人被困，蓝天救援队都了如指掌，可以迅速出动进行救援。

（二）蓝天救援队伍的普遍性

蓝天救援队作为社会救援力量参与应急救援，辅助军队和消防等应急救援的主力和骨干。但是，社会救援力量本身就来自社区，当大型灾害来临，他们的响应速度比较快，因为他们就在身边。他们可以作为专业救援队的信息员和第一时间的现场救援员，在专业救援队到达之前，完成基础性的搜救，那些急难险重的救援工作再留给专业救援队。

（三）蓝天救援队可以有效弥补官方救援力量不足的问题

发生灾难的前 72 h 是救援的黄金时间，然而这时官方能调动的人员和配备的资源是远远不够的。因此，灾害发生的前 72 h 是最需要民间专业力量配合和加入的。在这个时间差里，附近的民间队伍和少量的能够第一时间到达灾区现场的政府专业队之间的紧密配合，往往对救援起到了十分关键的作用。

（四）充分发挥辅助作用，形成与综合性消防救援队、专业救援队优势互补的局面

蓝天救援队的出现改变了国家救援队集中出战的打法，形成前方一线救援加后方平台联动机制。前后方联动是指救援一线收到求救信号后，迅速联络可以立即出动的队员，并依照各自所处的方位及条件进行统一调配。前后方平台并不是专门的一个系统设备，而是一群人在后方进行信息汇总和整理。

三、蓝天救援队各部门的职责与要求

根据济南蓝天救援队、楚雄蓝天救援队、宜兴市蓝天救援队、上海蓝天救援队、冷水江市蓝天救援队、平潭蓝天救援队、德州蓝天救援队等部分队伍的人员的分工及职责要求，汇总出了蓝天救援的具体分工及职责。按照人员的分工不同，蓝天救援队队员分工主要有教官组、秘书组、搜救组、通信组、后勤保障组、医疗组、培训组、储备工作组、专业人员组等。因地区差异，部分队伍可根据自身情况进行规划。

1. 教官组

职责：制订训练计划，执行标准。

要求：退转军人，或体育专业人士；有一定的救援技能、训练带队经验。

2. 秘书组

职责：负责救援队内部行政工作的具体执行和落实，救援队对外宣传工作，与支持救援队的各方社会力量保持联系和沟通，救援队影像资料的制作和编辑，救援队日常管理和各种档案资料的汇总整理，活动和文件的发布及后台保障。

要求：有较强的公文写作能力和办公软件操作技能，有丰富的行政管理经验，有较强沟通能力和外联能力，有较熟练的摄影摄像技术；有行政管理、新闻学、公共关系学、广告学专业、平面设计、多媒体后期编辑制作等知识者优先。

3. 搜救组（申请时年龄不超过 50 周岁）

职责：搜救人员是救援队最重要的行动部门，日常需按要求参加救援知识培训和体能训练，在救援行动中能较迅速响应集合，参与救援行动。

要求：

(1) 有丰富的户外经验、身体健康、体能优秀、头脑冷静、有充裕的时间。

(2) 所有报名搜救组的队员必须通过搜救组的队员招募考核，包括面试、理论考试（安全常识和地形判别等）、体能测试（包括基础体能、负重登山等）、技术考试（包括绳结、保护站设置等）以及初选后的两个月后备期综合评估。具备国家相关部门颁发的资质证书的优先。

4. 通信组

职责：在救援现场建立通信联络系统，必要时进行通信补位和插转，日常检验和调试基地的设备等。

要求：

(1) 要熟练操作无线电，爱好无线电。

(2) 至少有 A 类无线电操作证。

(3) 有出队时间,需要好的体能,出队时要背负移动中继,在训练或出队中保障队友的通信畅通。

5. 专项工作组

(1) 地图制作员

职责:负责绘制救援行动地图,辅助救援指挥中心工作等;日常工作包括建立和整理地理信息数据。

要求:熟悉 GPS、等高线地图的制作与分析,能够在较短时间内利用网络资源制作指定区域的等高线地图。

(2) 信息记录员

职责:在救援行动中,在救援前方或后方做信息的收集及整理工作。

要求:熟练掌握 Office 软件,有较强的文字能力和信息整理能力。

(3) 心理辅导员

职责:在救援行动事前、事后对救援人员和事故相关人员、家属等进行心理干预和辅导。

要求:心理学专业,拥有心理咨询师证书等相关资质。

6. 后勤保障组

职责:为救援各项工作的顺利开展提供后勤保障,日常负责救援队的仓库物资管理、采购、物资保障、装备维护保养、车辆维修等工作;救援行动中负责救援物资的准备,安排队员的食宿问题,为救援各项工作的顺利开展提供交通保障。

要求:

(1) 做账要细心,吃苦耐劳。

(2) 有责任心、工作细致、业余时间较充裕。

(3) 最好有 SUV 或面包车,有充足时间。

(4) 定期整理装备。

7. 医疗组

职责:日常负责救援队的医疗知识培训;救援行动中随搜救中队执行一线救援任务。

要求:

(1) 具备基础的急救常识。

(2) 必须是医学专业。

(3) 有国家医师执照或护士执照优先。

8. 培训组

职责:对社区、学校、单位、公司宣教减防灾知识和技能,做到预防为先,队内减防灾知识技能培训。

要求:有地震、消防、防溺水、医疗、中小学生安全出行等专业知识和技能,有相关专业证书为佳。

9. 储备工作组

(1) 无人机组

① 能熟练操作无人机。

② 有无人机操作资格证。

③ 个人有专业无人机，保证出队时的航拍工作。

(2) 潜水组

① 有一定的潜水技能，会游泳。

② 有潜水执照。

③ 有良好的心理素质、不恐水。

④ 须有个人潜水装备。

(3) 教宣组

① 有较好的表达及沟通能力。

② 普通话流利。

③ 有较强的亲和力，不怯场。

④ 有充足的出队时间。

第三节 蓝天救援队体能训练现状

一、蓝天救援队体能训练情况

目前为止，蓝天救援队没有统一的体能训练大纲，各支队伍主要依靠自行制定的体能训练大纲进行体能训练。各个地区蓝天救援队的体能训练状况各有不同，地区之间差异性较大。据不完全统计，不同地区蓝天救援队的体能训练可以分为四种：

(1) 依据明确的体能训练大纲进行训练。例如：平凉蓝天救援队、四川蓝天救援队、汾阳市蓝天救援队、民权县蓝天救援队等部分队伍，以增强队员应急救援能力提高。

(2) 综合性体能锻炼。例如：重庆蓝天救援队、延庆蓝天救援队、拱墅区红十字蓝天救援队等；体能训练多数在健身房进行，包括热身 HIIT 间歇训练、战绳核心力量训练，卧推拉杠(4 组，每组 8～12 个)、平板支撑(3 组，每组 1 min)、仰卧起坐(2 组，每组 20 个)。

(3) 体能大拉练。例如：华北科技学院蓝天救援队、通州蓝天救援队、沈阳蓝天救援队、和顺蓝天救援队、徐州市云龙区蓝天救援队、永丰蓝天救援队、文登区蓝天救援队、北镇蓝天救援队、贾汪区蓝天救援队、营口蓝天救援队、陕西艺术职业学院大学生蓝天救援队、惠东蓝天救援队、秦皇岛蓝天救援队、亳州人防蓝天救援队、天长市蓝天救援队、邢台蓝天救援队、蓝田蓝天救援队、横峰蓝天救援队、安塞蓝天救援队等几十支队伍日常会组织体能大拉练。

(4) 特色专项体能训练。例如：济南蓝天救援协调中心、固始红十字蓝天救援队、政和蓝天救援队、湘阴蓝天救援队、济宁蓝天救援队等队伍。济南蓝天救援协调中心体能训练项目包括：队列训练、轮胎负重跑步、举轮胎、轮胎仰卧起坐、死亡爬行、千斤压顶、共奔前程、两公里拉练等。固始红十字蓝天救援体能训练项目包括：3 000 m 跑、蛙跳、俯卧撑、仰卧起坐等。政和蓝天救援队体能训练项目包括：在沙场五圈跑步、翻滚轮胎，扛圆木等。湘阴蓝天救援队体能训练项目包括：水上操艇训练、游泳训练(蛙泳基础练习、泳姿强化训练、救生员基础训练)、力量训练、跑步训练等。济宁蓝天救援队体能训练项目包括：男 5 000 m 跑、女 3 000 m 跑、仰卧起坐、俯卧撑、蛙跳、水上声呐探测救援、操舟、水上翻舟救援等。

下面将对有明确训练大纲的队伍进行探讨分析，具体训练计划见表 3-1～表 3-3。

通过表 3-1 可以发现，平凉蓝天救援队的体能训练计划书设计得非常详细，同时，也注意到了体能训练的合理性，体能训练至少隔天一次。训练主要以力量训练和有氧耐力训练为主。

表 3-1 平凉蓝天救援队 2016 年体能训练计划书

时间	第一阶段 第一季度	第二阶段 第二季度	第三阶段 第三季度	第四阶段 第四季度	备注
体能训练项目	匀速跑 1 000 m	匀速跑 2 000 m，增加山地慢跑、跑台阶	匀速跑 3 000 m，山地慢跑、跑台阶	匀速跑 3 000 m 以内	注意事项：体能训练至少隔天 1 次。各位队员平时根据个人条件进行自我训练，户外拉练统一安排
	提踵，20～30 次	立卧撑起跳，15～20 个/组，2 组	提踵，3 组，20～30 次/组	立卧撑起跳，2 组 15～20 个/组	
	立卧撑起跳，15～20 个	提踵，2 组，20～30 次/组	立卧撑起跳，15～20 个/组，3～5 组	提踵，2 组，20～30 次/组	
	兔子跳，25～30 个	俯卧撑 15～20 个	兔子跳，25～30 个/组，3～5 组	俯卧撑 15～20 个	
周末拉练项目	户外轻装徒步	男子负重 10 kg 以上，山地环境徒步	负重山地环境徒步，搜救	引体向上 15～20 个	

表 3-2 清晰地展现了四川蓝天救援队的体能训练周期计划，把训练计划按照热身、耐力训练、速度训练、力量训练四部分进行设计，同时，明确了训练的内容以及训练要求，可以较好地指导队员们进行体能训练。

表 3-2 四川蓝天救援队 2016 年体能训练周期计划

项目	训练内容及要求
热身	400 m 操场(建议男 5 圈，女 3 圈) 压腿 15 个×2 组；高抬腿跑 20 m×2 组；跨步跳 50 m×2 组；后踢跑 20 m×2 组；加速跑：男 70 m×3 组，女 60 m×3 组
耐力训练	男：400 m×5 圈。要求：前 2 圈，每圈用时不可低于 1′40″；后 2 圈，每圈用时不可低于 2′15″；最后 1 圈，每圈用时不可低于 2′
	女：400 m×3 圈。要求：第 1 圈，每圈用时不可低于 2′15″；后 1 圈，每圈用时不可低于 2′50″；最后 1 圈，用时不可低于 3′10″。(完成途中可慢跑，不能走)完成后慢走 2 圈
速度训练	周二 男：100 m×5 组 女：100 m×4 组(尽力)
	周三 男：200 m×3 组 女：200 m×2 组(同上)
	周四 男：400 m×3 组 女：400 m×2 组(同上)
力量训练	引体向上：男 7 个×3 组，女 5 个×2 组。 俯卧撑：男 25 个×3 组，女 18 个×2 组
	周一、周五跑完圈之后。 50 cm 高台阶跳：男 30 个×4 组，女 25 个×3 组。 周三蛙跳：男 30 m×3 组，女 20 m×3 组
	背卧起：男 20 个×2 组，女 15 个×2 组。 仰卧起：男 30 个×3 组，女 20 个×2 组

注：为加强救援队志愿者、预备队员及队员的体能锻炼，提高队员身体素质，救援队针对目前队里大部分成员身体状况，制订了这份体能训练初步计划。

表 3-3 汾阳市蓝天救援队体能训练计划

序号	项目	内容
1	有氧耐力长跑/km	3
2	10 m 变速跑/次	10
3	1 km 变速跑/次	3
4	俯卧撑/次	60
5	贴墙半蹲/s	60
6	卷腹/s	50
7	仰卧起坐/次	50
8	平板支撑/s	30
9	军姿/min	5
10	蛙跳/次	100

通过对平凉蓝天救援队、四川蓝天救援队、汾阳市蓝天救援队等队伍的体能训练计划的分析发现，蓝天救援队的体能训练主要以力量训练、有氧耐心训练为主，训练强度不大，主要靠大家利用空余时间加强锻炼，为救援行动提供最基本的身体保障。

二、蓝天救援队体能考核内容

研究发现，蓝天救援各个地区的队伍的体能考核标准也各有不同。

一部分地区的蓝天救援队以《国家综合性消防救援队伍体能考核标准》为准则，例如扬州蓝天救援队。测试内容主要包括：男子：10 m×5 往返跑、3 000 m 跑、俯卧撑、双腿深蹲起立、立卧撑、屈腿仰卧起坐、平板支撑、负重上 10 楼或 100 m 负重跑，女子：10 m×5 往返跑、1 500 m 跑、跳绳、双腿深蹲起立、屈腿仰卧起坐、平板支撑、负重上 10 楼或 100 m 负重跑。

一部分地区的蓝天救援队有自己制定的明确的体能考核标准，下面将通过表 3-4、表 3-5、表 3-6、表 3-7 详细进行介绍。

表 3-4 是江苏蓝天救援队 2021 年体能测试考核内容，主要包括 2 min 俯卧撑（男）、平板支撑（女）、2 min 原地蹲起的力量训练，6×50 m 负重折返跑、2 min 跳绳等测试项目。

表 3-4 江苏蓝天救援队 2021 年体能测试考核内容

项目	优	良	差
2 min 俯卧撑（男）/个	50 以上	30～50	30 以下
平板支撑（女）/min	2 以上	1～2	1 以下
2 min 原地蹲起/次	60 以上	40～60	40 以下
6×50 m 负重折返跑	1′以内	1～1′45″	超过 1′45″
2 min 跳绳（男）/个	240 以上	100～240	100 以下
2 min 跳绳（女）/个	260 以上	100～260	120 以下

表 3-5 是青海蓝天救援队 2019 年体能考核内容，主要包括 5 000 m 跑、3 000 m 跑、负重上 10 楼、200 m 游泳、200 m 搬运重物折返跑、单杠卷身上、绳索攀爬等内容。

表 3-5 青海蓝天救援队 2019 年体能考核内容

项目	男	女	说明
5 000 m 跑	30 min 内完成(不负重)	—	考核细则： 新人选择其中 2 项考核，老志愿者 6 项全部考核。 考核办法： (1) 队员考核未通过，降级为志愿者，三个月内备考第二次，如仍不能完成考核，将予以清退。 (2) 志愿者考核不能通过的清退
3 000 m 跑	—	15 min 内完成(不负重)	
负重上 10 楼	负重 10 kg(3 min)	负重 5 kg(5 min)	
200 m 游泳	40 岁以下 6 min 内 40 岁以上 10 min 内	40 岁以下 10 min 内 40 岁以上 15 min 内	
200 m 搬运重物折返跑	40 岁以下 1 min 内 40 岁以上 2 min 内	40 岁以下 1.5 min 内 40 岁以上 3 min 内	
单杠卷身上	10 个及格(不限时)	5 个及格(不限时)	
绳索攀爬	50 s 15 m	50 s 10 m	

表 3-6 是通州蓝天救援队体能 2019 年男子测试标准，主要包括俯卧撑、仰卧起坐、引体向上、蛙跳等内容。

表 3-6 通州蓝天救援队体能 2019 年测试标准(男子)

男子组										
项目	标准	预备阶段			正式队员					
					保障组			搜救组		
总分 30 分	3 min 内完成	40 岁以下	40～49 岁	50 岁以上	40 岁以下	40～49 岁	50 岁以上	40 岁以下	40～49 岁	50 岁以上
俯卧撑/个	积 5 分	27	24	21	35	30	25	45	40	35
仰卧起坐/个		30	27	24	40	35	30	50	45	40
引体向上/个		6	5	4	6	5	4	10	8	6
蛙跳/m		36	33	30	50	45	40	60	55	50
3 000 m 跑 /min	积 5 分	21	22	24	19	20	21	15	16	17
徒步 15 km	负重 10 kg	4 h 10 min	4 h 20 min	4 h 30 min	3 h 30 min	3 h 45 min	4 h	—	—	—
徒步 30 km	积 5 分	—	—	—	—	—	—	7 h 30 min	8 h	8 h 30 min

表 3-7 是通州蓝天救援队体能 2019 年女子测试标准，主要包括屈腿俯卧撑、仰卧起坐、引体向上、蛙跳等内容。

表 3-7　通州蓝天救援队体能 2019 年测试标准(女子)

女子组										
项目	标准	预备阶段			正式队员					
					保障组			搜救组		
总分 30 分	3 min 内完成	40 岁以下	40～49 岁	50 岁以上	40 岁以下	40～49 岁	50 岁以上	40 岁以下	40～49 岁	50 岁以上
屈腿俯卧撑/个	积 5 分	27	24	21	35	30	25	45	40	35
仰卧起坐/个		25	22	20	35	30	25	45	40	35
引体向上/个		4	3	2	5	4	3	8	6	4
蛙跳/m		36	33	30	50	45	40	60	55	50
3 000 m 跑/min	积 5 分	22	23	25	20	21	22	16	17	18
徒步 15 km	负重 10 kg	4 h 10 min	4 h 20 min	4 h 30 min	3 h 30 min	3 h 45 min	4 h	—	—	—
徒步 30 km	积 5 分	—	—	—	—	—	—	7 h 30 min	8 h	8 h 30 min

注:预备队员不低于 15 分,正式队员不低于 20 分,则视为通过。每项设有加分项目,达到优秀指标予以加分。体能项目 3 000 m 跑或徒步(二选一)为必选项,技能项目绳索和医疗为必过项。正式或预备阶段成员,每年度测评一次。测评未通过申请复核,进入年度考察群组参加培训。队长、副队长适用于正式队员基础测评标准。

优秀加分指标:俯卧撑 80 个加 2 分,3 000 m 跑 11 min 加 2 分,引体向上 15 个加 2 分,或具备其他相关特长,可向评测组申请加分。

分析表 3-4、表 3-5、表 3-6、表 3-7 发现,蓝天救援队对志愿者的体能要求较低,这和志愿者的任务分工有关。蓝天救援队对预备队员、正式队员的体能要求较高,需要坚持进行日常锻炼才能达标。在平时的日常训练中要注意多进行上肢、核心、下肢力量训练,同时也要注意多进行有氧耐力的训练。在实际救援过程中,时间就是生命。救援人员会面临各种极端情况,只有平时严格要求,把体能提高上去才能在救援行动中发挥出自己最大的能力,竭尽全力去挽救生命。2016 年沈阳蓝天志愿航空救援队志愿者体能选拔标准见表 3-8。

表 3-8　2016 年沈阳蓝天志愿航空救援队志愿者体能选拔标准

(一) 甲组:25 岁以下

俯卧撑(1 min)/个	两头起/个	单杠引体向上/个	双杠臂屈伸/个	单杠卷身上/个	4×10 m	5 000 m	游泳 1 000 m	项目分数
35	35	17	19	10	9″6	21′10″	22′00″	100
34	34				9″8	21′15″	22′30″	95
33	33	16	18	9	10″0	21′45″	23′00″	90
32	32				10″2	22′00″	23′30″	85

表 3-8(续)

俯卧撑(1 min)/个	两头起/个	单杠引体向上/个	双杠臂屈伸/个	单杠卷身上/个	4×10 m	5 000 m	游泳 1 000 m	项目分数
31	31	15	17	8	10″4	22′15″	24′00″	80
30	30				10”7	22′45″	24′30″	75
29	29	14	16	7	11″0	23′00″	25′00″	70
28	28				11″3	23′15″	25′30″	65
27	27	13	15	6	11″6	23′45″	26′00″	60

(二）乙组:26～30 岁

俯卧撑(1 min)/个	两头起/个	单杠引体向上/个	双杠臂屈伸/个	单杠卷身上/个	4×10 m	5 000 m	游泳 1 000 m	项目分数
34	34	16	18	9	10″4	21′15″	22′30″	100
33	33				10″6	21′45″	23′00″	95
32	32	15	17	8	10″8	22′00″	23′30″	90
30	31				11″0	22′15″	24′00″	85
29	30	14	16	7	11″3	22′45″	24′30″	80
28	29				11″6	23′00″	25′00″	75
27	28	13	15	6	11″9	23′15″	25′30″	70
26	27				12″2	23′45″	26′00″	65
25	26	12	14	5	12″5	24′00″	26′30″	60

(三）丙组:31～35 岁

俯卧撑(1 min)/个	两头起/个	单杠引体向上/个	双杠臂屈伸/个	单杠卷身上/个	4×10 m	5 000 m	游泳 1 000 m	项目分数
33	33	15	17	8	10″6	21′45″	23′00″	100
32	32				10″8	22′00″	23′30″	95
31	31	14	16	7	11″0	22′15″	24′00″	90
30	30				11″3	22′45″	24′30″	85
29	29	13	15	6	11″6	23′00″	25′00″	80
28	28				11″9	23′15″	25′30″	75
27	27	12	14	5	12″2	23′45″	26′00″	70
26	26				12″5	24′00″	26′30″	65
25	25	11	13	4	12″8	24′15″	27′00″	60

(四）丁组:36～40 岁

俯卧撑(1 min)/个	两头起/个	单杠引体向上/个	双杠臂屈伸/个	单杠卷身上/个	4×10 m	5 000 m	游泳 1 000 m	项目分数
32	32	14	16	7	10″8	22′00″	23′30″	100
31	31				11″0	22′15″	24′00″	95

表 3-8(续)

俯卧撑(1 min)/个	两头起/个	单杠引体向上/个	双杠臂屈伸/个	单杠卷身上/个	4×10 m	5 000 m	游泳 1 000 m	项目分数
30	30	13	15	6	11″3	22′45″	24′30″	90
29	29				11″6	23′00″	25′00″	85
28	28	12	14	5	11″9	23′15″	25′30″	80
27	27				12″2	23′45″	26′00″	75
26	26	11	13	4	12″5	24′00″	26′30″	70
25	25				12″8	24′15″	27′00″	65

体能测试采取百分制评分方法，每个项目的测试成绩，按评分表换算成分数。根据个人得分的平均成绩(平均成绩=个人总分/应测项数)，确定及格、良好、优秀三个等级。及格：60～69 分；良好：70～84 分；优秀：85～100 分。单项成绩有不及格的，总评不得评为良好；单项成绩有及格的，总评成绩不得评为优秀。

通过表 3-8 我们可以发现，2016 年沈阳蓝天志愿航空救援队的志愿者体能选拔的标准制定得非常详细，按照年龄段的不同分为甲乙丙丁四组，按照不同的测试标准进行测试，可以较为合理地反映出测试者的体能水平。体能测试的项目以力量素质、速度素质、耐力素质、灵敏素质为主进行测试。通过体能测试筛选出适合的志愿者，这样才能将志愿者的能力发挥到最佳，更好地为救援任务服务。

第四章　地震灾害紧急救援队

第一节　地震灾害紧急救援队简介

一、地震灾害紧急救援队起源与背景

我国是地震多发的国家，也是地震灾害损失最为严重的国家之一。1976 年河北唐山 7.8 级大地震造成 24 万多人死亡，2008 年的四川汶川 8.0 级特大地震有 7 万多人遇难。救人成为大震发生后最重要和最急迫的任务，无论是灾区群众，还是迅速赶来的救援人员，都尽全力寻找、抢救，绝不放弃任何一点希望。可是，面对现代化城市震后坍塌的废墟，救援行动仅靠勇气和双手是远远不够的，必须沉着应对、科学施救，才能尽最大可能抢救生命。所以，为了应对复杂的救援现场条件，必须建设专业化的救援队伍。

2000 年，时任国务院副总理的温家宝提出防震减灾工作要建立三大体系：一是监测预报工作体系，二是震灾防御体系，三是紧急救援体系。建立第三个体系的重要举措之一就是建立专业化的队伍，即组建国内第一支，也是唯一一支专业化的国家救援队伍。2001 年 4 月 27 日，国家地震灾害紧急救援队（对外称中国国际救援队，英文名称 China International Search & Rescue Team，CISAR）正式成立。国家地震救援队实施了多次国外地震紧急救援行动，如阿尔及利亚 6.9 级地震、伊朗巴姆 7.0 级地震、印度洋 8.7 级地震海啸、巴基斯坦 7.8 级地震、印尼日惹 6.4 级地震等重大地震灾害的救援，获得了国际社会的赞誉。

我国已经建立了国家地震紧急救援队，部分省、自治区、直辖市也建立了省级地震紧急救援队，本节以我国国家地震灾害紧急救援队为例进行介绍。

二、地震灾害紧急救援队现状

（一）地震灾害紧急救援基本概况

地震灾害应急救援队是应对突发地震灾害的专业救援队。地震灾害紧急救援队整合了搜救、医疗、工程、地震等多方面的力量和专家，是以抢救因地震或工程灾害导致的被埋压人员生命为主要任务的救援队。地震灾害紧急救援队配有生命搜索、工程破拆、医疗急救、通信、照明等先进的专业设备，有的救援队还配有训练有素的搜救犬，用于搜索埋压在废墟中的人员。国内外地震灾害应急救援实践表明，地震灾情复杂，救援难度大，技术要求高；由于灾区范围广，参与救援的队伍多，且队伍能力、技术和方法、装备、信息和安全管理各异，往往导致救援行动协调难度大、效率低、安全风险高。地震灾害紧急救援行动的基本原则是以人为本，科学施救，安全第一，营救与医疗救援相结合。地震灾害紧急救援队的主要任务是对因地震或其他突发事件造成建（构）筑物倒塌而被压埋的人员实施搜索和营救。

（二）分级与规模

地震灾害应急救援队分为轻型、中型和重型三级。

(1) 轻型救援队具备在砖混建筑结构、轻型框架结构建筑物倒塌环境下进行搜索和救援的能力。轻型救援队规模一般不少于30人。

(2) 中型救援队除具备轻型救援队行动能力外,还应具备在重型木质结构、无钢筋的砖石、有钢筋的砖石和脊型屋顶的混凝土结构建筑物倒塌和破坏环境下进行搜索和救援的能力。中型救援队规模一般不少于60人。

(3) 重型救援队除具备中型救援队行动能力外,还应具备在钢筋混凝土或钢框架结构建筑物倒塌和破坏环境下进行搜索和救援的能力。重型救援队规模一般不少于120人。

地震灾害紧急救援队分级的基本要求见表4-1。

表4-1 地震灾害紧急救援队能力分级表

功能	能力		重型	中型	轻型
管理	队伍领导		√	√	√
	队伍配备安全员和警卫人员		√	√	√
	选择并任命执行任务的联络员		√	√	√
	建立地震信息搜集和灾害分析系统		√	√	√
	与现场行动协调中心和地方应急事务管理机构协调能力		√	√	√
	能够启动临时接待、撤离中心和临时现场行动协调中心的运作		√	√	不要求
	对所有操作任务准备充分,并有详细的行动计划		√	√	√
	建立同地方政府主管部门交流灾害信息的机制		√	√	√
	通过虚拟现场行动协调中心同其他救援队伍交流信息		√	√	√
	完成并递交救援队伍信息资料		√	√	√
	正式的评估和搜救结果总结报告,并且每天能向虚拟现场行动协调中心及时更新		√	√	√
	按照相关要求确保救援人员得到培训		√	√	√
保障	行动基地	饮用水储藏/过滤能力	√	√	√
		食品保障能力			
		人员和设备庇护所搭建能力			
		公共卫生保障能力			
		安全保障能力			
		维护能力			
	在请求援助后2 h之内出发		√	√	√
	执行任务期间能够自给自足		√	√	√
	在受灾地区持续工作时间		24 h/10天	24 h/7天	12 h/3天
	运输工具(能够往返和在受灾区活动的空中或地面交通方式)		√	√	不要求
	队伍必须具备一定的沟通信息能力(队伍内部、队伍之间、国内)		√	√	√
	执行任务时确保互联网的畅通		√	√	不要求
	确保GPS的连接和使用畅通		√	√	√

表 4-1(续)

<table>
<tr><th>功能</th><th colspan="2">能力</th><th>重型</th><th>中型</th><th>轻型</th></tr>
<tr><td rowspan="4">搜索</td><td colspan="2">人工搜索能力</td><td>√</td><td>√</td><td>√</td></tr>
<tr><td colspan="2">犬搜索能力</td><td>√</td><td rowspan="2">其中之一或两者</td><td rowspan="2">不要求</td></tr>
<tr><td colspan="2">技术仪器搜索能力</td><td>√</td></tr>
<tr><td colspan="2">使用专业标记和信号系统能力</td><td>√</td><td>√</td><td>√</td></tr>
<tr><td rowspan="17">营救</td><td rowspan="3">破拆</td><td>从上向下穿透
进入狭小空间</td><td>√</td><td>√</td><td>不要求</td></tr>
<tr><td>从下向上穿透
进入狭小空间</td><td>√</td><td>√</td><td>不要求</td></tr>
<tr><td>横向穿透墙体
进入狭小空间</td><td>√</td><td>√</td><td>不要求</td></tr>
<tr><td rowspan="4">切割</td><td>混凝土切割能力</td><td>√</td><td>√</td><td>不要求</td></tr>
<tr><td>结构钢切割能力</td><td>√</td><td>不要求</td><td>不要求</td></tr>
<tr><td>合金钢切割能力</td><td>√</td><td>不要求</td><td>不要求</td></tr>
<tr><td>木料切割能力</td><td>√</td><td>√</td><td>√</td></tr>
<tr><td rowspan="3">升降
和搬运</td><td>复合升降能力</td><td>245 MT</td><td>50 MT</td><td>不要求</td></tr>
<tr><td>能够水平移动荷载的能力</td><td>2.5 MT</td><td>1 MT</td><td>不要求</td></tr>
<tr><td>能够利用当地起重设备升降负荷能力</td><td>20 MT</td><td>12 MT</td><td>不要求</td></tr>
<tr><td rowspan="3">支撑</td><td>脚手架和楔子支撑能力</td><td>√</td><td>√</td><td>√</td></tr>
<tr><td>垂直门窗支撑能力</td><td>√</td><td>√</td><td>不要求</td></tr>
<tr><td>斜向支撑能力</td><td>√</td><td>不要求</td><td>不要求</td></tr>
<tr><td rowspan="2">绳索</td><td>建立并使用垂直升降系统能力</td><td>√</td><td>√</td><td>√</td></tr>
<tr><td>建立并使用水平移动系统能力</td><td>√</td><td>√</td><td>√</td></tr>
<tr><td colspan="2">多点同时作业</td><td>4 个作业点</td><td>2 个作业点</td><td>1 个作业点</td></tr>
<tr><td colspan="2">在受限空间内作业</td><td>√</td><td>√</td><td>不要求</td></tr>
<tr><td rowspan="2">医护</td><td colspan="2">队伍和搜索犬医护</td><td>高级生命支持</td><td>高级生命支持</td><td>基础生命支持</td></tr>
<tr><td colspan="2">受困者的急救</td><td>高级生命支持</td><td>高级生命支持</td><td>基础生命支持</td></tr>
<tr><td rowspan="4">安全评估</td><td colspan="2">建筑工程结构评估能力</td><td>√</td><td>√</td><td>不要求</td></tr>
<tr><td colspan="2">危险化学品检测能力</td><td>√</td><td>√</td><td>不要求</td></tr>
<tr><td colspan="2">危险化学品隔离能力</td><td>√</td><td>√</td><td>不要求</td></tr>
<tr><td colspan="2">地震引发的其他次生灾害评估能力</td><td>√</td><td>√</td><td>√</td></tr>
</table>

第二节 地震灾害紧急救援队工作职责

一、地震灾害紧急救援队基本功能

参照国际城市搜索救援顾问组的建议，依据地震灾害紧急救援队所涉任务，地震灾害紧急救援队应具备如下基本功能：① 评估和监控受到损坏的房屋建筑物和构筑物在救援期间的危险性。② 侦检地震灾害所波及的危险物资。③ 实施物理搜索、电子搜索和犬搜索等技术方法搜索被困人员。④ 熟练运用破拆、顶升和支撑等营救技术开展营救行动。⑤ 为地震伤员提供紧急医疗处置、救治和转移。

二、地震灾害紧急救援队的组成及任务分工

参照国际城市搜索与救援咨询团（International Search and Rescue Advisory Group，INSARAG）和世界各国城市灾害搜索与救援队的组织结构，结合我国实际情况，特别是多次大地震救援行动的经验教训，地震灾害紧急救援队由管理组和下设的6个专业组（分队）组成，按专业划分组有助于救援人员业务素质的提升与考核，有助于明确各类救援人员在灾害发生时自身所应尽职责，同时也有助于促进一专多能。每一个专业组也可扩充为分队，如搜索分队、营救分队等。

（一）管理组

管理组为救援队的指挥决策机构，由救援队正、副队长、安全官和联络官各一人组成。

（1）负责救援队日常工作和接受上级机关的命令。

（2）负责制订并实施救援队发展规划、救援人员培训考核计划。

（3）负责制订装备采购和更新计划。

（4）接受上级分配的任务。

（5）负责组建救援行动队，任命救援行动队长。

（6）组织现场救援行动。

（7）发布救援队相关信息。

（二）搜索组

（1）参与制订搜索仪器更新计划和负责搜索仪器维护保养。

（2）参与制订搜索犬购买、繁殖计划，负责搜索犬的驯养。

（3）负责灾害现场组织并实施物理搜索、仪器搜索和犬搜索行动。

（三）营救组

（1）参与制订救援装备报废、更新计划，负责救援装备维护保养。

（2）负责对拟进入建筑物的勘察、评估和支护。

（3）负责救援通道建立、瓦砾移除等灾害场地营救行动。

（4）协助医疗队对伤员紧急处置和转移。

（5）负责重型营救装备调动、使用。

（四）有害物质检测组

（1）负责制订侦检仪器、设备购置和更新计划。

（2）负责灾害现场环境调查和有毒有害物质（包括易燃、易爆物质和杀伤性武器）监测与评估。

（3）制定清除有害物质方案和防护措施。

（4）负责侦检仪器使用和维护保养。

（五）医疗组

医疗组由内科医生、外科医生、护士等医务人员组成。

（1）负责制订紧急医疗救治所需仪器、器材、药品的购置、储备和更新计划，负责医疗器

材的使用和维护保养、负责药品的使用、周转。

(2) 负责救援人员的日常医疗保健、疫苗注射和健康档案。

(3) 负责灾害现场伤员紧急医疗处置和救治。

(4) 指导和协助营救人员营救被困人员。

(5) 负责灾害现场救援人员、伤员紧急医疗处置,为搜索犬提供基本医疗服务。

(6) 负责灾害现场医疗设备的使用和维护保养。

(六) 后勤保障组

(1) 负责制订救援装备更新计划、实施采购,装备储备管理、定期维护保养。

(2) 负责装备发放、救援行动装备包装运输,负责提出灾害现场资源调用计划。

(3) 负责灾害现场装备管理、分配与协调、负责当地资源调用。

(4) 负责行动基地和现场所有的通信(包括现场数据与图像传输,评估当地基本通信设备)活动。

(5) 负责行动基地建设、运行和救援保障。

(6) 负责与当地相关部门建立联系。

(七) 技术组

(1) 负责向管理组提供国内外城市搜索救援最新发展动态、协助管理机构制订救援队发展规划和救援人员培训、考核计划。

(2) 负责灾害信息(灾害性质与程度、灾害地区人文信息、基础设施和建筑物结构以及建筑物破坏等相关文件和资料)获取、分析整理与编辑。

(3) 协助指挥部制定灾害现场救援方案,救援策略。

(4) 负责灾害现场救援目标的安全性评定和监控。

(5) 协助营救组制定建筑物支护方案(支撑、破拆、加固等)。

三、地震灾害紧急救援队救援任务技术分析

(一) 支撑技术

在进行搜索和救援工作时,为了减少受害者和救援人员的危险,通常需要对那些局部受到破坏或者倒塌的结构做临时的支撑。支撑技术就是把一些原木或支柱竖起来以加固门窗、墙或楼板。其目的是防止已遭破坏的、不稳定的建筑物进一步倒塌,避免危及救援人员的安全。救援支撑是一个临时的措施,为暴露在结构坍塌危险中的救援人员提供一定程度的安全保障。当需要对墙或楼板进行支撑时,救援人员需要认真地设计和施工。当采用支柱支撑时,或在其附近工作时,需要专人对建筑物全程不间断地加以监测。

(二) 破拆技术

破拆技术是指对创建营救通道过程中遇到的不能移动的建筑废墟构件,或压在幸存者身体上的构件进行安全有效的切割、钻凿、扩张、剪断等方法。破拆的对象通常为倒塌废墟中的墙体、楼板、门窗等。破拆具体可分为水平破拆和垂直破拆。水平破拆是从水平方向接近幸存者过程中常用的方法,其操作对象多为各种墙体。垂直破拆是从垂直方向接近幸存者过程中的常用方法,其操作对象多为有稳固支撑的未破坏或局部破坏的混凝土楼板。

(三) 顶撑技术

顶撑技术是指对创建营救通道过程中遇到的可移动(或部分移动)的强度高且重量大(或上覆物较多)的废墟构件,需对其采取垂直、水平或其他方向的顶升与扩张方法。同破拆

技术一样，顶撑操作也是以创建通道口、清除营救通道阻碍物、救出幸存者为目的。顶撑的对象通常包括倒塌的混凝土墙体、柱、梁和层叠状的楼板等。

（四）瓦砾移除技术

瓦砾移除技术是指在创建通道过程中移开体积较大的障碍物和清除废墟瓦砾的方法。行动前应注意确定建筑物的倒塌方式和评估废墟的稳定状况；注意移除一个废墟构件前须估算其重量，评估其移开的后果并设计移除方法。为了移动被压住的碎块，必须进行必要的支撑或破拆；避免移动承重墙体结构；不要移动那些影响废墟或者瓦砾堆稳定性的构件；当有疑问时，应与结构工程师进行讨论。

（五）绳索救援技术

绳索救援技术主要应用在高空救援和井下救援行动中。其中井下救援一般利用救援三脚架、缓降器和井中担架等设备，将身陷于井下狭小空间的幸存者营救出来；而高空救援常通过建立和应用救援绳索系统来营救高空位置上的幸存者。绳索救援是救援实践中非常重要的一项技术，应当定期进行培训加以巩固。

（六）搜索技术

搜索技术就是地震灾害紧急救援队在地震灾害现场，针对现场的具体情况，综合运用人工搜索、犬搜索、仪器搜索等手段开展搜索行动应遵守的技术、方法、程序和步骤的统称。其中，人工搜索是在救援初期，在倒塌废墟外面或可安全进入的建筑物内开展人工搜索。通过寻访幸存者，对所有在表面或易于接近的被困者进行快速搜索，搜索人员直接进入灾害现场或建筑物内，通过感官直接寻找被困人员。在搜索过程中可以直接救出的立即救出，对需要移动瓦砾等破拆工作方法方可救出的须做标识，并向救援队长报告。

第三节　地震灾害紧急救援队体能训练现状

一、专业设置及体能训练课程设置

参考国际地震灾害城市搜索救援工作内容及法国、德国、瑞士、俄罗斯和新加坡等国的民防系统训练基地专业设置，根据我国地震灾害紧急救援队工作目标和任务，设置指挥、搜索、营救、结构、通信、医疗救助、公共教育等 7 个专业。其中，指挥、搜索、营救、结构、通信、医疗救助 6 个专业均设置体能训练课程，面向志愿者群体的公共教育专业未设置体能训练课程。

体能训练课程内容为以体育游戏为载体，以体育锻炼为基本手段，以丰富的体育项目为资源，以提高学员的身体素质、体能及耐力，为做好地震紧急救援工作打好坚实的基础。重点学习体育训练常识、越野障碍跑、器械体操（单杠、双杠、木马等）、拳术、爬山、攀登、旋梯、浪木、游泳等。其计划学时为每天 2 课时，占用业余时间进行训练。体能训练课程的考核标准是以单项达标为标准，进行课程的保障条件为单杠、双杠、木马、体能训练梯、浪木以及适宜的攀登设施和游泳环境。

国家地震救援训练基地，位于北京西郊凤凰岭，于 2005 年在北京西部破土动工，2008 年 7 月进入试运行阶段；基地占地近 13 hm^2，功能齐全、设施先进、专业化、规模化、现代化、国际化的国家地震紧急救援训练基地。在这里，可以模拟多种救灾环境和场所，开展搜索、营救、紧急处置、指挥等内容的培训。基地的主要培训职能和任务是轮训国家地震灾害紧急救援队队员、省级和地区级救援队的业务骨干、各级政府应急管理人员、社区地震救援志愿者和承担国际地震应急救援培训交流任务；为各级救援和政府应急管理人员提供了一套适应多种突发公共事件处置需要的具有较高科技含量的体验式培训和演练基地。针对救援人员的体能素质训练同样是国家地震救援训练基地所承载的重要任务之一，国家地震救援训练基地体能素质训练的目标、内容、方法等培训规定如下所示：

(1) 目标：达到规定体能测试标准。

(2) 内容：① 体能训练常识；② 俯卧撑；③ 爬山；④ 游泳；⑤ 球类运动；⑥ 健身房辅助练习；⑦ 其他体育锻炼。

(3) 方法：① 集体练习。② 个人练习。③ 考核。④ 时间：1 课时/天。⑤ 保障：a. 室内教学设施；b. 个人防护装备；c. 体能训练场；d. 健身房。⑥ 标准：按体能测试标准执行。⑦ 考核：合格率不低于 80%。

二、国家地震灾害紧急救援队体能训练考核标准

通过对该标准中体能训练项目进行分析，对救援人员男女体能考核，并实地观察救援队日常体能训练，明确了每个训练项目的开展和考核的准确实施办法，如举重的形式、蹲起的数量有不同。不同的救援队需要根据自己的具体情况（如救援任务的类型、队员的体能水平等）来设定适合自己的体能考核标准。相关训练标准见表 4-2～表 4-4。

表 4-2　救援人员体能训练标准

序号	项目男	女	
1	俯卧撑	50 次/2 min	10 次/2 min
2	仰卧起坐	50 次/3 min	40 次/3 min
3	举重	举起自身重量的 80%（女 60%）	
4	单腿深蹲起立	6 次	3 次
5	爬杆（绳）	6 m/20 s	4 m/20 s
6	100 m 负重（空气呼吸器）跑	18 s	22 s
7	立体体前屈	双拳同时触地，保持 2 min	双掌同时触地，保持 2 min
8	100 m 跑	15 s	17 s
9	游泳	游 300 m 或在水中保持 3 min 不下沉	
10	沿楼梯攀爬 10 层楼	1′	1′30″
11	爬山		
12	球类运动		
13	多功能体能综合 训练器械练习		

注：40 岁（含）以上队员参照指挥员体能训练标准执行。

表 4-3　应急救援大队专职队员体能测试评分标准

分数	项目		
	1 500 m 跑/s	单杠引体向上/次	俯卧撑/个
100	5′09″	12	30
95	5′16″		29

表 4-3(续)

分数	项目		
	1 500 m 跑/s	单杠引体向上/次	俯卧撑/个
90	5′23″	11	28
85	5′30″		27
80	5′37″	10	26
75	5′44″		25
70	5′51″	9	24
65	5′58″		23
60	6′05″	8	22
55	6′12″		21
50	6′19″	7	20
45	6′26″	6	19
40	6′33″	5	18
35	6′40″	4	17
30	6′47″	3	16
25	6′54″	2	15
20	7′01″	1	14
15	7′08″		13
10	7′15″		12
5	7′22″		11

说明:1. 如 1 500 m 跑项目成绩为 5′13″,则该项目得分为 95 分,依此类推。

2. 体能测试三项分数之和除 3 为体能测试成绩。

表 4-4 指挥员体能训练标准

序号	项目男	女	
1	俯卧撑	40 次/3 min	8 次/3 min
2	仰卧起坐	40 次/3 min	30 次/3 min
3	立体体前屈	双手同时触地,保持 2 min	双拳同时触地,保持 2 min
4	100 m 跑	15.5 s	17.5 s
5	游泳	游 300 m 或在水中保持 3 min 不下沉	
6	组合练习	1′40″	2′10″

通过明确考核要求的体能素质,发现国家对于救援人员综合体质的训练与考核项以力量、耐力、速度三项素质为主,其中,以速度耐力和力量耐力为核心,即耐力是最核心的体能素质需求。

第五章　应急救援队体能需求及案例分析

第一节　体能需求分析

一、力量素质和耐力素质

消防救援工作需要在各种复杂危险环境中进行，包括火场、高空、水域等环境，常常需要用力量来对抗身上佩戴的救援装备和环境带来的阻力，是高强度、长时间的体力劳动工作。消防员在进行灭火作战时无氧运动所消耗的体力约占 40%。实战中消防员体内血液的乳酸浓度可高达 25 mmol/L 以上，过高的乳酸浓度会使消防员迅速感到疲劳，影响灭火救援能力。因此，消防员需要具备优秀的有氧耐力和力量耐力，合理地分配体力，预防体力不支的危险情况，才能确保任务安全完成。

地震救援通常是持续时间久而且强度高的工作，包括搜救、救护、抢险等任务。因此，优秀的有氧耐力和力量耐力是保障长时间顺利和安全从事工作的核心体能素质需求，耐力性运动在很大程度上依靠有氧氧化产生能量，因此，心肺功能的增强对于耐力素质的提升至关重要。应加强训练消防员在恶劣环境下 72 h 的生存和救援工作能力。

矿山救援任务通常需要在恶劣的环境中持续进行，如低氧、高温或封闭空间等。救援人员需具备良好的心肺功能，得以在极端条件下高效、持久地行动和工作。同时，在矿山救援任务中通常需要携带沉重的装备长时间行动，这就要求下肢和背部具有一定的力量素质以维持躯体负重平稳行动；也需要具备足够的最大力量和爆发力，用来搬运重型设备、移动障碍物或拖拽被困人员。

危险化学品救援任务通常需要在恶劣的环境中持续进行，如毒气、高温、密闭空间等，进行灭火、拆破、搬运任务，这就要求下肢和背部具有一定的力量耐力以维持躯体负重平稳行动，得以在极端条件下高效、持久地行动和工作。危险化学品救援人员在进行拆破行动时，需要搬运墙体、钢筋等解救被困人员，需要强大的爆发力。救援任务中通常需要携带沉重的装备长时间行动，救援人员需要具备良好的心肺功能。

因此，针对力量素质和耐力素质的需求，救援人员需要进行有氧耐力、无氧耐力的训练，其中也包含心理素质和毅力的训练。亦需要针对救援动作制定合理有效的力量训练，包括最大力量、相对力量、速度力量以及力量耐力训练。

二、灵敏素质和速度素质

火灾地点的火势蔓延速度迅猛，每一秒都至关重要，消防人员越快抵达火场启动救援行动，越能减少受困人员面临的危险。他们可能会进行冲刺、迅速爬梯、穿越障碍物和破门窗等行动，需要具备一定的爆发力——动作速度。火灾等危险救援场所的局势变化极快，消防人员常需要综合局势对眼前的危机即刻做出判断，此时需要强大的心理抗压能力，尽力保持头脑冷静、集中注意力并且迅速做出合理行动——反应速度。而其中，灵敏素质是指迅速改变体位、转换动作和随机应变的能力；速度素质和灵敏素质密不可分。

其他救援人员亦需要具备快速反应和应对紧急情况的能力，要能保持冷静，对突发状况进行快速而精准的判断，使得意识和动作协调地实行救援工作。主要训练快速反应、迅速掌握和实施各种动作，提高大脑皮质神经反应的灵活性。

因此，针对灵敏素质和速度素质的需求，救援人员需要在日常训练中注意训练的多样性、随机性，提高对神经系统训练的重视，模拟真实救援环境训练反应能力，而非仅仅专注于力量和耐力素质。

三、柔韧素质和协调素质

消防救援任务中需要进行各种身体动作，如攀爬、跳跃、躲避等。因此，消防员需要具备良好的柔韧性、灵活性和协调性，能够在狭小空间或复杂环境中迅速行动。

地震救援环境狭小局促，需要救援人员有强大的柔韧素质以通过一些狭窄通道。

矿山环境复杂，需要救援人员在狭小、不规则的空间中行动，救援人员需要提高身体的柔韧性，要能够改变自身动作姿态以应对复杂多变的地形环境。

在危化救援任务中，救援人员要能够协调灵活地改变自身动作姿态以应对复杂多变的地形环境。

因此针对柔韧和协调素质的需求，应急救援人员可以进行主动拉伸与被动拉伸的放松训练，从而提高柔韧素质并加强训练计划中的协调性训练内容。

第二节　案例分析

一、概述

2015 年 8 月 12 日 22 时 51 分 46 秒，位于天津市滨海新区吉运二道 95 号的瑞海公司危险品仓库运抵区最先起火，23 时 34 分 06 秒发生第一次爆炸，23 时 34 分 37 秒发生第二次更剧烈的爆炸。事故现场形成 6 处大火点及数十个小火点，8 月 14 日 16 时 40 分，现场明火被扑灭。

二、事故救援情况

8 月 12 日 22 时 52 分，天津市公安局 110 指挥中心接到瑞海公司火灾报警，立即转警给天津港公安局消防支队，与此同时，天津市公安消防总队 119 指挥中心也接到群众报警。接警后，天津港公安局消防支队立即调派与瑞海公司仅一路之隔的消防四大队紧急赶赴现场，天津市公安消防总队也快速调派开发区公安消防支队三大街中队赶赴增援。

22 时 56 分，天津港公安局消防四大队首先到场，指挥员侦查发现瑞海公司运抵区南侧一垛集装箱火势猛烈，且通道被集装箱堵塞，消防车无法靠近灭火。指挥员向瑞海公司现场工作人员询问具体起火物质，但现场工作人员均不知情。随后，组织现场吊车清理被集装箱占用的消防通道，以便消防车靠近灭火，但未果。在这种情况下，为阻止火势蔓延，消防员利用水枪、车载炮冷却保护毗邻集装箱堆垛。后因现场火势猛烈、辐射热太高，指挥员命令所有消防车和人员立即撤出运抵区，在外围利用车载炮射水控制火势蔓延，根据现场情况，指挥员又向天津港公安局消防支队请求增援，天津港公安局消防支队立即调派五大队、一大队赶赴现场。

与此同时，天津市公安消防总队119指挥中心根据报警量激增的情况，立即增派开发区公安消防支队全勤指挥部及其所属特勤队、八大街中队，保税区公安消防支队天保大道中队，滨海新区公安消防支队响螺湾中队、新北路中队前往增援。其间，连续3次向天津港公安局消防支队119指挥中心询问灾情，并告知力量增援情况。至此，天津港公安局消防支队和天津市公安消防总队共向现场调派了3个大队、6个中队、36辆消防车、200人参与灭火救援。

23时08分，天津市开发区公安消防支队八大街中队到场，指挥员立即开展火情侦查，并组织在瑞海公司东门外侧建立供水线路，利用车载炮对集装箱进行泡沫覆盖保护。23时13分，天津市开发区公安消防支队特勤中队、三大街中队等增援力量陆续到场，分别在跃进路、吉运二道建立供水线路，在运抵区外围利用车载炮对集装箱堆垛进行射水冷却和泡沫覆盖保护。同时，组织疏散瑞海公司和相邻企业在场工作人员以及附近群众100余人。

事故现场指挥部组织各方面力量，有力有序、科学有效推进现场清理工作。按照排查、检测、洗消、清运、登记、回炉等程序，科学慎重清理危险化学品，逐箱甄别确定危险化学品种类和数量，做到一品一策、安全处置，并对进出中心现场的人员、车辆进行全面洗消；对事故中心区的污水，第一时间采取“前堵后封、中间处理”的措施，在事故中心区周围构筑1 m高围埝，封堵4处排海口、3处地表水沟渠和12处雨污排水管道，把污水封闭在事故中心区内。同时，对事故中心区及周边大气、水、土壤、海洋环境实行24 h不间断监测，采取针对性防范处置措施，防止环境污染扩大。9月13日，现场处置清理任务全部完成，累计搜救出有生命迹象人员17人，搜寻出遇难者遗体157具，清运危险化学品1 176 t、汽车7 641辆、集装箱13 834个、货物14 000 t。

三、案例评述

通过查阅值班记录、出警命令记录，调查了解到，不管是天津港消防支队，还是天津市公安消防总队，初期响应是及时的、行动是迅速的。

从监控视频分析和向幸存消防员、企业员工询问了解到，首批消防力量到场后，指挥员立即开展火情侦查，并向在场的企业员工了解情况，但均未被告知究竟是什么物质着火。在这种情况下，为避免火势继续扩大、威胁周边危险品集装箱，指挥员命令采取“冷却控制、疏散群众”的措施。在现场火势越发猛烈、威胁救援人员安全的情况下，指挥员果断下达撤退命令，全部撤离至运抵区外围，利用水炮、泡沫炮远程冷却、覆盖保护，并紧急疏散周围群众和企业员工，避免了更大的人员伤亡。

事故导致24名公安现役消防队员和75名天津港消防员壮烈牺牲，5名天津港消防人员失踪，代价惨痛，教训深刻。主要原因一是事故企业违规超量储存易燃易爆、剧毒等危险化学品，远远超出设计上限，尤其是严重违规存放大量不允许存放的硝酸铵，埋下巨大隐患。二是消防力量对事故企业储存的危险货物底数不清、情况不明，致使先期处置的一些措施针对性、有效性不强。事故发生后，到场的指挥员立即向企业现场人员了解有关着火物质的情况，但企业人员未能提供准确信息，尤其是没有告知货场内存有大量硝酸铵，致使指挥员难以对火场状况做出危险预估。三是从幸存消防员、企业在场人员了解的情况和现场监控视频分析，爆炸发生前现场火势始终处于稳定燃烧状态，在毫无征兆的情况下，短时间内接连发生了两次大爆炸，消防人员虽然已经撤离发生火灾的运抵区，但仍处于爆炸核心区，猝不及防，造成了大量人员伤亡。

消防部门总结教训，为提升灭火救援能力，提出了以下措施：进一步提升处置危化品火灾爆炸事故的专业能力；加强火场侦查装备、远程灭火装备、个人防护装备等特殊装备建设；加强企业专职队伍建设，增强早发现、处置初期火的能力；建立危险化学品企业、监管部门、消防部门信息共享机制。

调研发现，在灭火救援现场一线作战的消防员全部处于高温作业环境中。消防员在灭火救援现场的高温主要来自两方面，一方面是由于火灾现场的热量通过传导、对流、辐射进行传播，加之灭火用水遇热大量蒸发，使整个火场内部形成高温、高湿环境，消防员在灭火作战过程中要承受火焰或高温物体的辐射热和高温高湿环境，这是产生于火场外部环境的高温；另一方面是消防员为了抵御各种火焰、毒气、烟雾等的伤害，佩戴灭火防护服、防化服、避火服以及空气呼吸器、氧气呼吸器等防护装备，这些防护装备由于较重、封闭较严或与大气完全隔绝，使人自身产生的热量和汗液不能及时有效散发，从而造成体温升高及其他生理变化，对消防员的体温调节能力以及高温环境下肌肉工作能力进行考验，在日常生活中应当加强救援人员的热习服训练以提升消防员对高温环境的适应能力。长时间的防护装备佩戴以及搬运活动对消防员的耐力素质提出考验，应当加强消防员的力量素质和耐力素质的同步训练，以达到运动员只需要动用更少的肌肉力量就可以完成同样的工作内容来提高耐力以及耐力素质本身的提高。

火场高温能强烈地刺激消防员的神经活动，强化兴奋过程，削弱抑制过程，易造成动作在时间和空间上的失调，是影响消防员灭火救援行动的重要因素。在灭火救援现场，消防员时刻处于高温环境中，需要有效应对高温对灭火救援的影响。在日常训练中应加强救援人员的灵敏和协调能力的训练，同时还应加强反应速度素质和动作位移速度素质的训练。日常训练中不应忽略对消防员神经机能以及神经肌肉配合的训练，而应当将反应速度训练融合到常规的力量训练中。

第二篇　机　理　篇

第六章　应急救援与运动系统

运动系统由骨、关节和骨骼肌三部分组成。骨以不同形式连接在一起，构成骨骼，形成了人体的基本形态，并为肌肉提供附着点。在神经支配下，肌肉收缩，牵拉其所附着的骨，以可动的骨连结为枢纽，产生杠杆运动。

运动系统的主要功能是运动。简单的移位和高级活动如语言、书写等，都是由骨、骨连结和骨骼肌实现的。运动系统的第二个功能是支持。构成人体基本形态、头、颈、胸、腹、四肢，并维持体姿。运动系统的第三个功能是保护。由骨、骨连结和骨骼肌形成了多个体腔，包括颅腔、胸腔、腹腔和盆腔，从而达到保护脏器的作用。

任何运动都需要强大的运动系统作为支撑，应急救援是针对突发、具有破坏力的紧急事件采取预防、预备、响应和恢复的活动，要求救援人员迅速且及时地作出反应并采取快速的行动，因此运动系统对应急救援的重要性不言而喻。

复杂的应急救援任务需要救援人员拥有优秀的运动系统为依托，要求他们具有出色的骨骼肌系统、足够的关节硬度及稳定性、强健的骨质结构作为底层基础从而保持基本的运动，同时配合良好的神经-肌肉协调性以及运动中枢的灵活性来保持救援人员应当具备的力量、速度、耐力、协调、灵敏及柔韧等素质，从而在复杂且险峻的救援环境中高效率地完成应急救援任务，高水平的运动系统往往是决定救援效率的主要因素，是保障人员生命安全的关键一环。可见，运动系统与应急救援能力关系密切，注重救援人员运动系统能力的提升已成为应急救援队最应当关注的焦点之一。

第一节　力 量 素 质

一、骨骼肌结构类型

骨骼肌按其基本构成和特点可分为三类：慢缩红肌（Ⅰ类）、快缩红肌（Ⅱ类 a）和快缩白肌（Ⅱ类 b）。

① Ⅰ类骨骼肌纤维。Ⅰ类骨骼肌纤维通常在耐力性运动中发挥重要的作用。这类纤维通常称为慢肌纤维，具有很高的有氧耐力与抗疲劳能力，主要的能量来源是脂肪，但是，其糖酵解（无氧）能力差、收缩速度慢、运动单位肌力较低，属于低强度、长时间运动的肌肉类型。慢肌纤维富含肌红蛋白，呈红色，故也称慢缩红肌。慢肌纤维在运动时收缩较慢，爆发力不强，但持久性好。

② Ⅱ类骨骼肌纤维。Ⅱ类骨骼肌纤维可以分成两类：快缩红肌（Ⅱ类 a）和快缩白肌（Ⅱ类 b）。这类纤维主要在力量性活动和爆发力活动中发挥作用。Ⅱ类 a 纤维富含肌红蛋白，所以颜色略呈红色，称快缩红肌。它位于快肌纤维和慢肌纤维之间。虽然比慢肌纤维快，但不适合耐力性运动。Ⅱ类 b 纤维才是真正意义上的快肌纤维，它含较多的肌原纤维，肌红蛋

白和细胞色素较少，称快缩白肌，它在运动时收缩的速度快而有力，爆发力强，但持久力较差。快缩白肌具有最高的糖酵解(无氧)能力，但是，在有氧耐力方面较差，属于高强度、短时间运动的肌肉类型，Ⅱ类 b 纤维容易使乳酸堆积，如果不注重恢复，最终会导致肌体疲劳。肌纤维分类及特点对比见表 6-1。

表 6-1　肌纤维分类及特点对比

指标	类型		
	慢缩红肌(Ⅰ类)	快缩红肌(Ⅱ类 a)	快缩白肌(Ⅱ类 b)
肌纤维尺寸	小	中	大
毛细血管供应	高	中	低
线粒体含量	高	中	低
氧化能力	强	中	弱
糖酵解能力	弱	中	强
收缩速度	慢	中	快
收缩力	弱	中	强
抗疲劳性	强	中	弱

二、骨骼肌收缩类型

骨骼肌收缩有三种类型，分别是向心收缩、离心收缩和等长收缩，通过这三种收缩形式肌肉才得以克服外界阻力而做功。

① 向心收缩。第一种类型为向心收缩，发生于肌肉对抗外部负荷时。本身收缩力量大于外来力量，因而造成肌肉向中心移动缩短。这种缩短状态下的肌肉收缩称为向心收缩，见图 6-1。

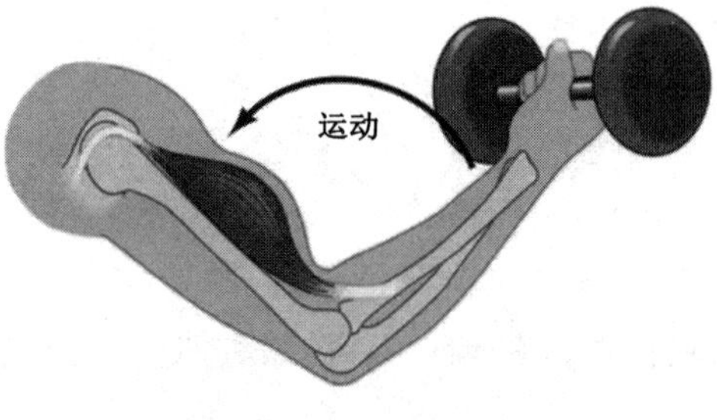

图 6-1　向心收缩示意图

② 离心收缩。第二种类型为离心收缩，当外部负荷的阻力大于肌肉收缩的力量时，肌肉在施力过程中是被拉长而不是缩短，这种被拉长状态下的肌肉收缩被称为离心收缩，见图 6-2。

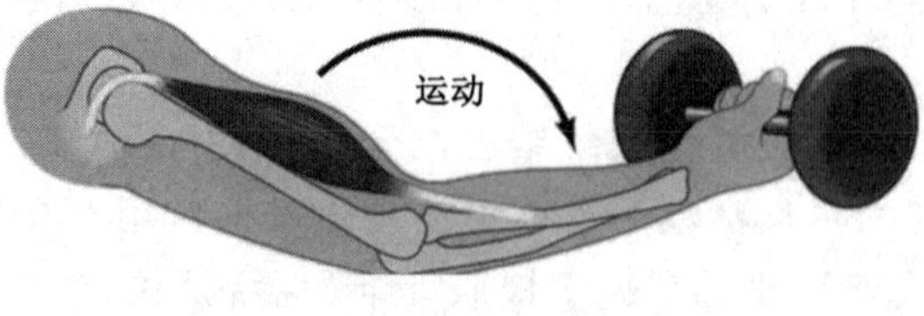

图 6-2　离心收缩示意图

③ 等长收缩。如果肌肉收缩的力量与外来的阻力相等时，即肌肉为对抗外力而处于相对长度不变的状态，称为等长收缩。这意味着肌肉虽然收缩，但长度维持不变，见图 6-3。

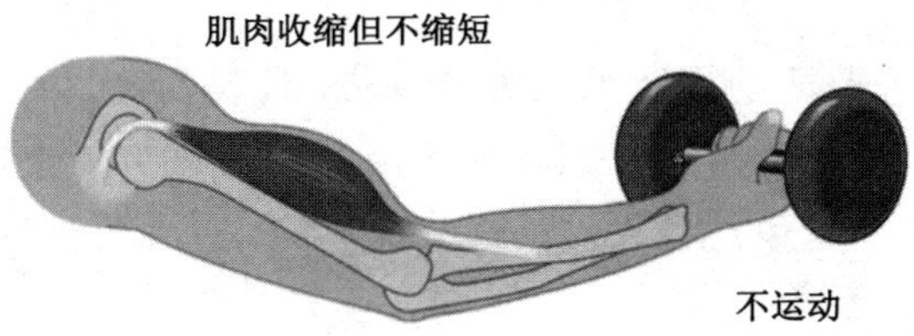

图 6-3　等长收缩示意图

三种收缩类型都常被使用于抗阻力量训练当中。例如，使用哑铃进行肱二头肌力量训练时，哑铃从起始位置向肩膀方向移动，肘关节屈曲，肱二头肌处于向心收缩状态；将哑铃慢慢降回（肱二头肌持续用力）至起始位置时，肘关节则因外力而较大程度伸展，此时肱二头肌被拉长称为离心收缩；当哑铃处于较低位置时，肱二头肌保持相对收缩状态且静止不动称为等长收缩。

三、应急救援力量素质需求

在应急救援过程中，每时每刻都需要用到身体各关节的肌肉，如执行井下负重行进任务时，需要用到下肢及核心部位的肌肉，具体有腹直肌、腹横肌、股四头肌、比目鱼肌、腓肠肌等，如果救援人员的肌肉力量不发达，则无法很好地进行负重行进、重物或伤员的搬运等，所以需要发展救援人员的力量素质，包括最大力量、力量耐力、快速力量等。对某一具体肌群来说，力量的大小主要取决于较强壮的肌纤维的力量，而全部的肌纤维对于肌肉围度都有影响。即使对同一肌纤维来说，力量和围度也不成正比。力量主要取决于肌纤维内活化横桥数目的多少，而围度主要取决于肌纤维横截面的大小。横桥的增多也会在一定程度上使肌纤维更加粗大，但肌纤维也完全可以在横桥数量不变的情况下变得加倍肥大。从整体来看，力量还在很大程度上取决于各大肌群协调发力的能力，不同人的这种能力有很大差别。深蹲是个相对简单的动作，但也需要股四头肌、臀大肌、股二头肌协调发力。

进行力量训练前要注意以下几点：

(1) 热身以及伸展运动。例如跑步 10 min 或是踩脚踏车以及做体操运动。缺乏热身和伸展活动，很容易导致受伤。力量训练前的热身，可以先用一半的重量练一组。让肌肉、血液和关节先活动一下，再开始正式的训练。

(2) 要配合呼吸，以卧推（仰卧推举杠铃）来说，向下把气吸饱可以充盈胸廓、升肋，使躯体更稳定。向上推时吐气可以收紧核心，有助于力的传导。一般力量训练的原则是放松吸气，发力吐气。

(3) 一组以 8～14 次为标准，先热身一组（重量为一般重量的一半）再在能力范围内选用 70％～85％的负荷进行训练。一天同一部位选择 2～3 个动作，每个动作练 3～4 组为最佳。每组间隔 1 min，训练时要专注控制，注重肌肉感受，保证每组做到力竭，这样效果才会达到最佳。

第二节 柔韧素质

柔韧素质是指人体关节活动幅度以及关节韧带、肌腱、肌肉、皮肤和其他组织的弹性和伸展能力，即关节和关节系统的活动范围。对于应急救援人员来说，需要长时间在井下等狭窄空间进行作业，需要救援人员具备良好的肌肉柔韧素质，灵活改变自身体位，合理救援，保障救援顺利进行。

一、柔韧素质的主要影响因素

柔韧素质受关节的解剖结构特点，韧带、肌肉和肌腱甚至皮肤的伸展性及关节周围软组织的限制。其中关节的解剖结构是先天或遗传因素决定的，而韧带、肌肉和肌腱的伸展性是可变的。因此，从生物学反应与适应角度看，柔韧素质主要取决于肌肉、肌腱与韧带中结缔组织的特性与肌肉和肌腱内的反射活动。

（一）影响柔韧素质的解剖学因素

关节的解剖结构决定了所有关节的活动范围的界限。由于关节的结构的限制，不能使关节的活动超过其活动范围限度，否则将造成损伤。在关节的解剖学结构中，决定关节活动范围界限的主要因素是关节面的结构。它是影响柔韧素质诸因素中最不容易改变的因素，其本质上由遗传决定。但目前已有研究证明，训练可以使关节软骨增厚从而在一定程度上改变关节的柔韧素质。

（二）影响柔韧素质的生理因素

正常骨骼肌的伸展性由肌小节的伸展性和肌肉内结缔组织的伸展性决定。肌腱与韧带的伸展性也取决于结缔组织的特性。一般情况下，肌肉-肌腱单元可增长或缩短其长度以适应关节活动范围的需要。通过适当的准备活动提高肌肉温度可降低肌肉内部的黏滞性，从而使柔韧素质出现高达20%的增加。随着年龄增长、损伤而出现的结缔组织的弹性和可塑性变化将限制关节活动的范围。

肌肉体积可在一定程度上限制关节的运动。例如，粗大的二头肌和三角肌或使伸展三头肌出现困难。过多的脂肪通过增加运动时的阻力和导致相邻身体结构表面间的过早的接触而降低关节活动范围。

影响肌肉伸展性的另一个重要生理因素是肌肉-肌腱单元的反射活动。肌肉内部的长度感受器肌缩和肌腱内部的张力感受器高尔基腱器可以反射性地启动或阻止肌肉的收缩。当肌肉拉伸时，关节对侧的肌群会阻止其拉长。

总结来说，影响柔韧素质即关节活动范围的因素有：关节骨结构，关节周围组织的体积，韧带、肌腱、肌肉和皮肤的伸展性；其中，肌肉的伸展性对提高柔韧素质关系最大。

二、柔韧素质与运动能力

较高的柔韧素质允许关节有更大的运动范围，而应急救援中的许多动作要求救援人员用力旋转关节，并常常用到关节活动范围的极端位置，因此，大多数人认为柔韧素质与运动能力间存在着必然的联系，普遍习惯将活动前的伸展练习作为准备活动常规的一部分。但伸展对运动能力的短期改善作用只有少量的证据。最近已有许多研究表明，准备活动中动态伸展，如果与随后的运动能力测试的动作相关，可在短期内改善肌肉的运动能力，而静态伸展可引起多种肌肉运动能力出现短期的降低，并持续相当长的时间。实际上，按运动的特征，较低的静态柔韧素质实际上可能有益于运动能力。例如，较低的静态柔韧素质与较高的跑步经济性相关联。

动态柔韧素质反映了肌肉拉长时阻抗的增加，因此被假定与运动能力的关系更加密切。已有一些研究发现：较低的肌肉硬度能更有效地利用在牵拉-缩短环式运动中的弹性势能，硬度较高的肌肉在等长收缩和向心收缩中可能更有优势。

不当的负重训练技术可能限制关节的活动范围。如在有限的关节活动范围内进行大量的阻抗练习可能限制关节的活动范围。过多地练习一个肌群而忽视拮抗肌群间的联系导致的不平衡将限制柔韧素质。而通过在整个关节活动范围内完成负重练习，既在主动肌又在拮抗肌完整活动范围内，如持杠铃进行全幅度弯举时则能提高肘关节的活动范围。如研究发现，年龄超过 62 岁的女性进行 10 周综合性抗阻训练，其间不进行任何柔韧素质练习，结果导致柔韧素质在总体上增加 13%。此外，通过改变负重训练的程序而减少肌肉体积的增加也可影响负重训练对关节活动范围的作用。

因此，日常身体活动状况或训练对柔韧素质有一定的影响。经常活动或训练的个体的柔韧素质更好。惯于久坐的生活方式可导致肌肉和韧带缩短而限制关节活动范围，不良的姿势、长时间地保持坐姿或站姿，或肢体固定也有相似的后果。有规律的拉伸活动可使肌腱和韧带持久地被延长。随着肌肉伸展性的增加，在准备活动和拉伸程序中，肌肉组织出现临时性的长度延长。即使是年长的成年人，通过在整个关节活动范围内拉伸肌肉，也可提高柔韧素质。如研究发现，通过注重在整个关节活动范围内伸展的伸展练习计划，年龄超过 65 岁的不活动的男性的柔韧素质出现了明显的增加。但是，不当的拉伸程序会降低关节的活动范围。目前认为，最有效的拉伸方法是：每次在一般性准备活动时进行 8～12 min 拉伸，在整理活动时再进行 4～5 min 拉伸，每周保持 3～4 次练习。

第七章 应急救援与心肺功能

第一节 应急救援与心脏

运动对于心血管系统的改善作用已经被大家广泛认可。系统科学的体能训练可以有效提升心血管功能，主要体现在改善心输出量和每搏输出量、增强心脏心肌收缩力量以及提升心脏泵血功能等方面。这对于提高应急救援人员在特殊环境下的工作能力具有重要意义。此外，心血管系统的一些指标可以用来监测应急救援人员的生理状况。例如，及时了解特种作业中救援人员心率的变化可以作为评估其机能状态的客观生理指标，从而减少救援行动中的死亡风险。另外，在应急救援人员负荷前后监测血压和心率的升降幅度，以及次日晨起静息状态下的生理指标，能够及时评估应急救援人员的心血管机能和恢复状况，并做出恰当的判断。对于设计合理的体能训练方案以及心血管疾病预防等方面，了解系统科学中运动与心血管功能的生理学知识是非常有价值的，能够为应急救援人员提供可靠的依据。综上所述，通过运动和系统科学的结合，可以有效改善应急救援人员的心血管功能，提高其在特殊环境下的工作能力，并为他们的体能训练和心血管健康管理提供科学依据。

一、运动时心血管功能的变化

（一）运动时心率的变化

运动可导致心率明显增高。运动时心率变化速率与幅度因运动强度和时间而异。较小强度运动时，心率在运动初期迅速上升，达到一定水平后较长时间维持在一个波动不大的范围，提示这段时间各系统机能处于相对稳定状态。随着运动的持续，机体各系统机能平衡被破坏后，心率将出现再次增高直至达到最大心率，此次心率的升高可视为机体的运动疲劳点。大强度运动时，由于机体代谢水平很高，各系统机能水平不能保持在相对稳定的状态，因此心率的变化将持续增高至最大心率。

运动时心率或脉搏的变化情况可以作为评定运动强度的生理负荷指标，通常将心率从185次/min（或190次/min）到最大心率的运动强度称为极限强度，170～184次/min（或189次/min）为亚极限强度，150～169次/min为大强度，120～149次/min为中等强度。对于应急救援人员来说，无论是平日的体能训练，还是在特种环境作业下，监测应急救援人员的心率状况对于控制运动强度从而减少实际环境中出现损伤的概率具有重要意义。此外，心率亦可作为评定应急救援人员机能状态的客观生理指标，如通过测定基础脉搏（晨脉）、运动前心率、定量运动负荷后心率、最大心率及心率恢复速率等指标可在一定程度上反映机体的机能水平。主观体力感觉等级与心率对应关系见表7-1。

表 7-1 主观体力感觉等级与心率对应关系表

<table>
<tr><th>主观疲劳感知评估</th><th>主观运动感觉</th><th>对应参考心率/(次/min)</th></tr>
<tr><td>6</td><td>安静、不费力</td><td>静息心率</td></tr>
<tr><td>7</td><td rowspan="2">极其轻松</td><td rowspan="2">70</td></tr>
<tr><td>8</td></tr>
<tr><td>9</td><td>很轻松</td><td rowspan="2">90</td></tr>
<tr><td>10</td><td rowspan="2">轻松</td></tr>
<tr><td>11</td><td rowspan="2">110</td></tr>
<tr><td>12</td><td rowspan="3">有点吃力</td></tr>
<tr><td>13</td><td rowspan="2">130</td></tr>
<tr><td>14</td></tr>
<tr><td>15</td><td>吃力</td><td rowspan="2">150</td></tr>
<tr><td>16</td><td rowspan="3">非常吃力</td></tr>
<tr><td>17</td><td rowspan="2">170</td></tr>
<tr><td>18</td></tr>
<tr><td>19</td><td>极其吃力</td><td>195</td></tr>
<tr><td>20</td><td>精疲力竭</td><td>最大心率</td></tr>
</table>

(二) 运动时每搏输出量和心输出量的变化

运动训练可明显提高每搏输出量和心输出量。其原因是,运动引起血流速度加快,静脉回心血量增加,从而使心室舒张末期容积提高,每搏输出量显著增加。同时通过交感神经兴奋及儿茶酚胺的分泌增加使心肌收缩力增强,使心室收缩末期余血量减少,二者共同作用导致每搏输出量明显增加,每搏输出量的增加和心率的加快使心输出量显著加大。当心率超过 150～160 次/min 时,由于心舒期缩短导致静脉回心血量减少,心肌收缩力的增强程度有限,使得搏出量逐渐减少。当心率超过 180 次/min 时,由于搏出量的大幅度减少,使得心输出量亦可能随之下降。心输出量在一定范围内增加可以提高运动表现,每搏输出量反映了心肌的收缩功能,心肌收缩力越强,每搏输出量越大,因此每搏输出量和心输出量可以作为应急救援人员心肌收缩能力的指标,这对于系统科学的体能训练方案设定和提高其工作能力具有重要意义。

(三) 运动时动脉血压的变化

运动导致动脉血压的收缩压显著增高,在剧烈运动时收缩压可高达 190 mmHg 甚至更高。不同形式运动时动脉血压的舒张压变化情况不同。动力性运动时收缩压明显升高,舒张压的变化相对较小,甚至可能略有下降。主要原因是动力性运动导致心脏收缩增强,血流速度加快,使血压增高,但同时运动中交感神经兴奋使外周血管扩张,加之肌肉收缩的推挤加快静脉回流,使动静脉压力差增加,促进了动脉血外流,使得外周阻力相对下降,以上升压和降压两种因素的共同作用使得舒张压变化幅度较小。静力性运动时由于憋气使胸腔压力增大,后负荷增高,搏出量有所下降,心室余血量较多,静脉回流阻力亦增加,加之肌肉紧张性收缩对外周血管的静力性压迫,外周血流不畅,外周阻力显著增高,结果使收缩压的升高幅度相对较小,而舒张压十分明显地增高,对小血管造成很大的压力。中老年人由于血管硬化程度增加，弹性下降，脆性增加，因此在大强度静力性运动时因外周阻力过大易发生小血管的破裂，故应尽量少进行大强度静力性运动，这对应急救援人员体能训练方案的设计具有指导意义。

测定清晨卧床血压和一般安静血压对训练程度和运动疲劳的判定具有重要参考价值。随着训练水平的提高，练习者安静时的血压可略有降低。如果清晨卧床血压较平时高15％～20％，可能是运动负荷过大或运动疲劳所致。此外，经过系统训练后，心血管系统对特定的运动强度产生适应性，若定量运动后血压仍上升则判定机体功能水平下降。因此，测定晨起卧床血压及定量负荷后血压的升降情况可对应急救援人员的心血管机能状态做出恰当的判断。

（四）运动与心率变异性

1．心率变异性的概念与内涵

心跳间期有节律的波动被称作心率变异性(heart rate variability，HRV)。HRV 分析是一种无创性检测心脏自主神经张力的方法，反映自主神经系统对心血管系统的调控及该系统对各种因素的应答。HRV 是定量判断心脏自主神经功能状态的一项非常有意义的指标。

2．心率变异性在运动训练监控的应用

(1) 应用 HRV 评定运动能力

HRV 是较为简单的非侵入的方法，HRV 的时域分析值可以用来评估通气阈；HRV 第二峰值可以作为心率拐点的良好替代用来评估无氧阈；将 HRV 的变化模式作为表征运动功率的函数可以对练习者的身体工作能力进行评估，为亚极量运动中个体的身体工作能力提供了新的参数，同时避免了传统方法中得到的最大心率本身不准确造成的影响。

运动负荷强度不同能够改变机体自主神经张力，根据心率变异性分析结果得出结论：长期有规律的有氧耐力运动能够提高心脏自主神经调节功能，提升心脏的适应能力。

(2) 应用 HRV 提高运动表现

在高强度的跑步活动中，HRV 可以反映运动节奏。由于呼吸、循环和运动之间是相互作用的，所以呼吸的协调能够优化运动表现，而且控制步伐的过程中呼吸频率随着步频同步变化。那么在训练中对步频的控制就可以对呼吸进行调整，从而使自主神经的活动达到适应运动节奏的理想状态。

(3) 以 HRV 评估和预防过度训练

有研究表明，当练习者处于过度训练时，其自主神经系统会出现功能性的失衡和紊乱。运动训练过程监控能够有效地评估训练效果和练习者的机能变化，防止出现过度训练而引发机体功能性紊乱和其他病理状态。因此，利用 HRV 指标合理控制运动量加强医务监督，提高人们对运动性猝死的预防能力。

二、运动心脏的特点与应急救援人员的适应

1899 年，瑞典医师 Henschen 发现滑雪运动员出现心脏肥大的特征，并将其称之为运动员心脏或运动心脏。运动心脏是指机体长期接受系统运动刺激后逐渐形成的具有明显结构功能特征的心脏。长期以来对运动心脏的研究从宏观水平逐步深入到心肌组织、细胞及分子水平。对运动心脏的评定由最初临床医学的否定质疑到现在运动医学的普遍肯定。与一般心脏相比，运动心脏表现出特有的结构功能特点。

（一）运动性心脏肥大

长期系统的运动训练使运动员心脏发生明显的增大，称为运动性心脏肥大。普通人心脏体积约为本人的拳头大小，重量为200～300 g。运动心脏通常明显超过这一重量，有的甚至超重一倍以上，以耐力性运动员和力量型运动员尤其明显，速度型运动员心脏的肥大程度较小。运动性心脏肥大按其特点可分为运动性心脏扩大和运动性心肌肥厚。

运动性心腔扩大主要是由于经常性的长时间耐力运动刺激使静脉回心血量增加，逐渐引起心肌纤维肌小节数量和长度增加，导致心腔由功能性扩大转化为器质性扩大。由于运动强度不是很大，其运动后负荷增加较小，心肌收缩阻力增加也较小，故心肌的肥厚程度较小。运动性心肌肥厚主要是机体在克服高阻力负荷时，肌肉收缩紧张性高，运动性憋气等因素使心脏收缩时的后负荷增加，引起搏出量减少，机体只能通过加强心肌的收缩力来保证心脏的供血，心肌代谢水平的增高使消耗增多，运动后合成代谢特别是心肌收缩蛋白的合成亦更加旺盛。长期训练使心肌细胞收缩蛋白数量增加，肌原纤维增多，心肌细胞增粗。

运动性心肌肥厚是心肌细胞对运动刺激的一种良好适应性反应，是一种功能性代偿，它和临床上冠心病、肺心病和风湿性心脏病后期常出现的病理性心脏肥大明显不同。前者心肌收缩功能增强，泵血效率显著提高，每搏量增大，且终止运动后一段时间，肥大的心脏可逐步恢复到正常状态（可重塑性）；后者心肌收缩功能减弱，每搏量减少，心室余血量增加。对于应急救援人员来说，系统科学的体能训练可以带来心脏的良性适应，进而提高机体的供血供氧能力，提升救援人员在特种环境中作业的工作能力。

（二）运动性心动徐缓

具备运动心脏者普遍出现安静心率明显低于正常值的现象，称为运动性心动徐缓。在优秀耐力性运动员中特别明显，心率常降到每分钟40～50次，最低者竟达每分钟21次。运动性心动徐缓是安静状态心迷走神经紧张性相对增高所致。心交感神经和心迷走神经功能的动态平衡维持心率在特定水平。长期的运动训练使机体对高心率刺激逐渐产生适应，同样强度的运动刺激，其心率增加幅度降低。当机体处于安静状态时，交感神经对心迷走神经的抑制作用减弱，导致安静状态下植物性神经系统功能平衡点向副交感神经系统方面移动，使心率降低。

与普通心脏相比，运动心脏安静时心率虽然较低，但其以较高的每搏输出量而保持相同的供血量，表现出能量的节省化现象，而普通人则以较低的每搏量和较高的心率来保证供血，二者在安静状态下的供血量并无明显差异。研究发现，安静状态下运动员主要因较大的静脉回心血量而使每搏量增加，剧烈运动时通过增加心肌收缩力、减小收缩末期心室余血量来保证每搏量不因高心率降低静脉回心血量而使每搏量下降，而普通人在运动中主要靠提高心肌收缩力，减小收缩末期心室余血量来增加每搏量。应急救援人员通过系统科学的训练可使心脏功能产生适应性变化，提升心脏的泵血效率，从而在复杂的救援环境中保持良好的应急状态。

（三）心脏泵血功能改善

运动心脏与普通心脏相比，主要从以下几方面表现出心脏泵血功能的改善。

在安静状态下，两类心脏的供血量并无显著区别，但普通心脏以较高的心率和较小的每搏量来保证机体供血，而运动心脏则以较低的心率及较大的每搏量保证供血，以较小的能量消耗保证了同样的供血量。同时，安静状态下低心率使运动心脏的心率贮备增大，有助于应

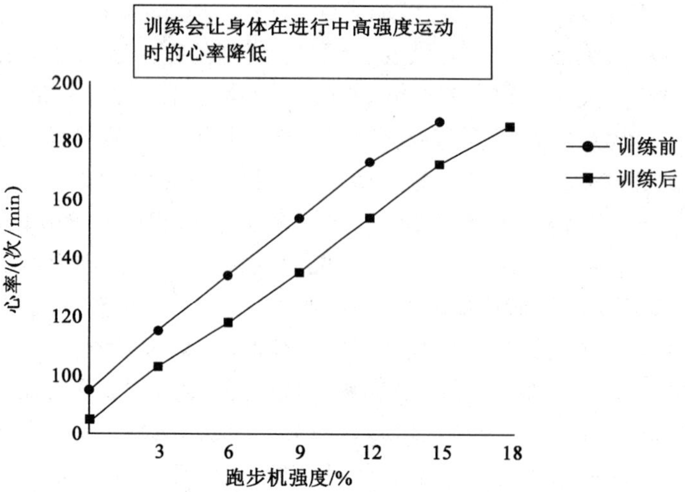

图 7-1 长期运动训练对中高强度运动中心率的影响

对较大的工作强度和工作量。

在规定的强度和时间完成定量负荷运动时，运动心脏较普通心脏泵血功能变化幅度小，主要是因为运动员运动能力强，完成同样的运动更轻松，从而表现出较小的生理反应。在完成最大负荷运动时，其代谢水平更高，心泵功能将表现出更高水平。普通人心脏体积较小，运动时的最大每搏量较小，约 100 mL，且维持最大值的时间短。而优秀运动员尤其是耐力型运动员一方面心脏扩大，舒张末期容积大；另一方面心肌收缩力较强，运动中搏出量可增至 200 mL 左右。普通人剧烈运动时的最大心输出量为 20～30 L/min，而运动员最大心输出量可超过 40 L/min，可见运动心脏心泵功能的良好表现主要反映在运动过程中。经过长时间规律训练的应急救援人员会具备运动心脏的结构和功能特征，从而在复杂的抢险救援一线表现出较高的运动水平和耐受能力。

三、应急救援人员体能训练与心血管疾病的预防

（一）运动在心血管疾病防治中的作用及机制

适当运动可增加体能，在对心血管疾病的防治上具有重要意义。研究表明，运动可以预防和控制高血压病，可以延缓动脉粥样斑块的进展，增加冠状动脉的血流贮备，在冠心病的康复中有重要作用。以前对心功能不全的病人，多主张绝对卧床休息。近年研究表明，除急性期外，一般情况下适当的运动可使病人体能及症状改善，运动能提高上述心血管病人的生活质量和存活率。体能训练作为更为复杂和全面的运动形式，其对心血管疾病预防和改善的益处更是不言而喻，健康的体魄及心血管功能是应急救援人员进行救援任务的前提条件，了解体能训练对于心血管疾病预防及改善的效果以及其作用机制较为重要，尤其对于患有基础疾病的应急救援人员来说更是有较大的参考价值。

运动对心血管疾病防治作用的机制可归纳为以下几方面：

(1) 维持或增加心肌氧的供应，减少心肌工作氧耗量。运动可预防或延缓冠脉粥样硬化的进展，并且能增加冠脉侧支循环，增加冠脉直径，从而改善心肌的血液灌注和分布。运动训练能降低安静心率和动脉血压，减少循环血液中儿茶酚胺水平，从而使心脏的做功减少，心脏的氧耗量下降。

(2) 提高心肌功能和电稳定性。运动可增加休息和运动时的每搏输出量及射血分数，提高心肌抗缺氧能力，从而增加心肌收缩力和心电稳定性。

(3) 血管贮备力增强。运动训练可使肌肉内毛细血管数增加；运动训练后血管舒张功能增强，血管内皮可产生内皮舒张因子(EDRF)，参与心血管功能的调节；另外，运动后血管对缩血管物质的反应性减弱，从而造成心脏负荷降低，心功能改善。

(4) 运动通过增加高密度脂蛋白与低密度脂蛋白比值、改善糖代谢、增加胰岛素敏感性、减少血小板聚集性、增加纤溶酶活性、减轻肥胖等变化，从而提高抗动脉粥样硬化能力。

(二) 慢性心血管病患者运动时的注意事项

(1) 患者的锻炼项目、运动量应与疾病性质和功能水平相适应，可以用简易生理指标，如心率和血压的变化控制运动量，保持心率和血压适当增高而不引起症状。患者应学会测量脉搏，同时注意自我感觉，判断个人的疲劳程度，在出现症状前停止活动。

(2) 有氧活动较好，等长肌肉活动宜采用低负荷、多重复的训练法，避免以增强力量为主的一般力量训练。

(3) 从小运动量开始，运动量随机体功能状态的改善而逐渐增加，然后维持适宜运动量并经常进行运动。

(4) 鼓励参加集体活动，这样在发生运动损伤或心脏意外等情况时有同伴在场，可给予帮助。但集体项目的运动量不宜个别对待，因此要妥善安排。

(5) 要区别对待，根据个人运动习惯、运动能力、机能状态、年龄及性别等特点安排运动活动计划，特别要注意与病情相适应，不要参加激烈比赛，注意安全。

(6) 参加运动的同时，要注意饮食、生活方式及用药等问题。

(7) 与医生保持联系，并在医生指导下学习一些急救知识。

第二节　应急救援与呼吸系统

一、呼吸系统与呼吸过程

(一) 名词解释

呼吸系统是执行机体和外界进行气体交换的器官，由呼吸道和肺两部分组成。呼吸道包括鼻腔、咽、喉、气管和支气管，临床上将鼻腔、咽、喉称为上呼吸道，气管和支气管称为下呼吸道，呼吸道的壁内有骨或软骨支持以保证气流的畅通。肺主要由支气管反复分支及其末端形成的肺泡共同构成，气体进入肺泡内，在此与肺泡周围毛细血管内的血液进行气体交换。吸入空气中的氧气，透过肺泡进入毛细血管，通过血液循环，输送到全身各个器官组织，供给各器官氧化过程的所需，各器官组织产生的代谢产物，如二氧化碳再经过血液循环运送到肺，然后经呼吸道呼出体外。

(二) 呼吸的过程

呼吸是由外呼吸、气体运输、内呼吸三个环节构成的。

外呼吸是在肺部实现的外界环境与血液之间的气体交换，它包括肺通气(外界环境与肺之间的气体交换过程)和肺换气(肺与毛细血管中血液之间的气体交换过程)。气体运输是气体由血液载运。血液在肺部获得的氧气，经循环被运送到组织毛细血管；组织细胞代谢产生的二氧化碳经过毛细血管进入血液，经循环被运送到肺部。内呼吸是组织毛细血管中血液通过组织液与组织细胞间实现的气体交换(组织换气)。气体交换示意图见图 7-2。

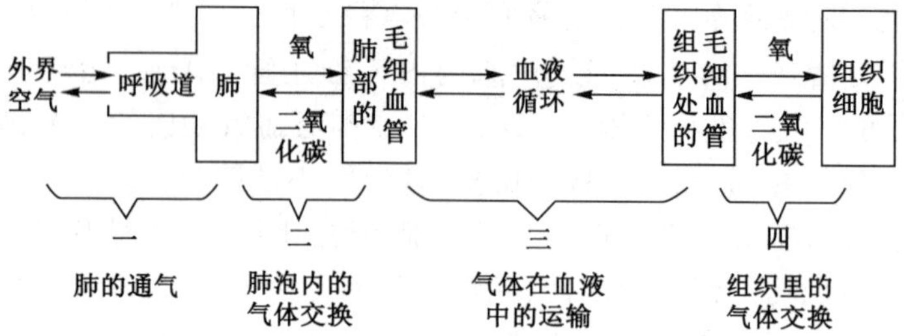

图 7-2　气体交换示意图

二、运动与呼吸系统

运动时机体代谢增高,血液循环和呼吸系统都会发生变化来适应机体代谢变化的需要。这时,呼吸加深加快,通气量可从安静时的 500 mL 升至 2 000 mL,呼吸频率由 12～18 次/min 升至 50 次/min,每分通气量达到 100 L 以上。经研究发现,正常成年人呼吸频率大约 16～20 次/min,且随着年龄的增长逐渐减慢,呼吸频率超过 24 次/min 称为呼吸过速(可能导致发热、疼痛、贫血、甲状腺功能亢进及心力衰竭等)。呼吸与脉搏比是 1∶4,即每呼吸 1 次,脉搏搏动 4 次。运动中呼吸与脉搏比约为 1∶2,即每呼吸 1 次,脉搏搏动 2 次。消防员极量运动后脉搏搏动约为 195 次,其呼吸频率为 93 次/min。

通过计算分析得出当消防员作战时,呼吸频率高于 50 次/min,即为机体疲劳呼吸频率,应当注意提醒并及时撤离。

最大摄氧量(VO_{2max})是人体在进行有大量肌肉群参加的长时间剧烈运动中,当心肺功能和肌肉利用氧的能力达到本人的极限水平时,每分钟所能摄取的氧量就称为最大摄氧量。最大摄氧量是有氧耐力评定的金标准,也是心肺耐力的标准测量指标。强大的心脏功能、肺功能和顺畅的血液循环能力,可以为肌肉提供运动所需的氧气。最大摄氧量数值越大,则说明机体利用氧气的能力越强,有氧耐力的水平和潜力越高。有氧运动是提升最大摄氧量的最佳运动方式,在训练的前 6 个月最大摄氧量可升高 10%～30%。耐力运动员较无氧运动或混合运动方式锻炼的运动员最大摄氧量高。男子耐力运动员(越野滑雪、长跑和自行车运动员)最大摄氧量较混合型(足球和篮球运动员)和力量型运动员(健美运动员和举重运动员)明显要高。最大摄氧量的影响因素包括运动方式、性别、年龄、体型和遗传因素。其中,遗传因素对最大摄氧量的贡献率为 20%～50%。最大摄氧量的成绩估算见表 7-2,评价标准见表 7-3。

表 7-2　最大摄氧量的成绩估算

最大摄氧量/(kg·min)	马拉松	半程马拉松	10 km 跑	5 km 跑	1 km 跑
30	4:49:17	2:21:04	1:03:46	30:40	9:11
36	4:10:19	2:01:19	54:44	26:22	7:49
54	3:40:43	1:46:27	48:01	23:09	6:49
66	3:17:29	1:34:53	42:50	20:39	6:03
72	2:58:47	1:25:40	38:42	18:40	5:27

表 7-2(续)

最大摄氧量/(kg·min)	马拉松	半程马拉松	10 km 跑	5 km 跑	1 km 跑
78	2:43:25	1:18:09	35:22	17:03	4:47
84	2:30:36	1:11:56	32:35	15:42	4:33
30	2:19:44	1:06:42	30:16	14:33	4:13
36	2:10:27	1:02:15	28:17	13:35	3:56
54	2:02:24	58:25	26:34	12:45	3:41

表 7-3　最大摄氧量的评价标准

基于最大摄氧量划分男性健康水平

年龄/岁		差	较差		合格		良		好		优秀
大于等于	小于	低于	高于等于	低于	高于等于	低于	高于等于	低于	高于等于	低于	高于
20	29	36.7	38.0	41.0	41.7	44.8	45.6	48.5	51.1	54.0	55.5
30	39	35.2	36.7	39.5	40.7	43.9	44.1	47.0	48.3	51.7	54.1
40	49	33.8	34.8	37.6	38.4	41.0	42.4	44.9	46.4	49.6	52.5
50	59	30.9	32.0	34.8	35.5	38.1	39.0	41.8	43.3	46.8	49.0
60	69	27.3	28.7	31.6	32.3	34.9	35.6	38.3	39.6	42.7	45.7
70	79	24.6	25.7	28.4	29.4	31.6	32.4	35.2	36.7	39.5	43.9

基于最大摄氧量划分女性健康水平

年龄/岁		差	较差		合格		良		好		优秀
大于等于	小于	低于	高于等于	低于	高于等于	低于	高于等于	低于	高于等于	低于	高于
20	29	30.9	32.3	35.2	36.1	38.5	39.5	42.4	43.9	46.8	49.6
30	39	29.4	30.9	33.8	34.2	36.9	37.7	41.0	42.4	45.3	47.4
40	49	28.2	29.4	32.3	32.8	35.2	35.9	38.6	39.6	43.1	45.3
50	59	25.8	26.8	29.4	29.9	32.3	32.6	35.2	36.7	38.8	41.0
60	69	23.9	24.6	26.6	27.3	29.4	29.7	32.3	32.7	35.9	37.8
70	79	22.2	23.5	25.3	25.9	28.0	28.1	29.8	30.6	32.5	37.2

无氧运动对最大摄氧量增加的影响较小，伴随长时间间歇训练的无氧训练在组间心率可恢复，较难达到可引起训练人群最大摄氧量增加的阈值水平。有氧耐力较差的个人，采用无氧训练可增加最大摄氧量，奥运会举重训练计划和重复举重训练可使最大摄氧量增加8%。无氧训练增加最大摄氧量时，负重应较轻，其负荷小于有氧训练；无氧和有氧训练有机结合的训练方式，有助于增加最大摄氧量；由中等强度递增到大强度和大运动量、参与运动肌群增加、休息间歇缩短时，最大摄氧量可增加。短跑训练也可提升最大摄氧量，尤其是运动时间相对较长而间歇时间短的运动效果较明显，但刺激仍不如有氧训练。

综上所述，通过判断运动中呼吸频率可对身体机能状况和耐力水平进行大致的评定，呼吸系统中的最大摄氧量指标是衡量运动者有氧耐力水平高低的“标尺”，可采用单纯有氧运动或者有氧及无氧混合训练的方式来对其进行训练。由于最大摄氧量受遗传因素的影响相对较大，故可将其作为救援人员入队选拔时的重要指标。

呼吸系统的改善可以采用持续训练法与间歇训练法。

（1）持续训练法：

① 负荷强度：30%～40% VO_{2max}，心率 145～170 次/min。

② 负荷量：发展有氧耐力训练的时间不能少于 20 min。

③ 训练方式：采用跑步机、划船机、功率自行车等器材进行有氧训练。

（2）间歇训练法：

① 负荷强度：70%～80% VO_{2max}，心率 170～180 次/min。

② 负荷量：单组训练持续时间不超过 1 min，少则仅有几秒。

③ 间歇时间：严格控制间歇时间，一般要求机体尚未完全恢复，但心率恢复到 120 次/min 时，便可进行下一组训练。

④ 休息方式：两组之间应采用积极休息，有利于恢复。

⑤ 总时间：总时间需 30 min 以上，时间过短难以取得理想效果。

三、肺通气功能的评定

肺通气功能的强弱可用一次呼气或一定时间内进出肺的气体量来衡量。

① 肺总容量：肺所能容纳的最大气体量，是最大吸气末肺内气体的总量（潮气量＋补吸气量＋补呼气量＋余气量）。

② 肺活量：最大吸气后，尽力所能呼出的最大气量为肺活量（潮气量＋补吸气量＋补呼气量），男性一般为 3 500 mL，女性一般为 2 500 mL。

③ 时间肺活量：在一次尽力吸气后，再用力并以最快速度呼气，计算第 1 s、2 s、3 s 末的呼出量占肺活量的百分数，分别为第 1 s、2 s、3 s 的时间肺活量。正常人 1 s、2 s、3 s 的时间肺活量分别为 83%、96%、99%，其中以第 1 s 的时间肺活量意义最大。时间肺活量既反映了肺的容量，又反映了肺通气的速度和呼吸道的畅通程度，是一个较好的动态指标。

④ 每分通气量：每分钟吸入或呼出的气体总量为每分通气量（潮气量×每分钟呼吸频率）。

⑤ 每分最大通气量：在递增负荷的运动中，每分通气量随运动强度的增加而增加，其所能达到的最大通气量为每分钟最大通气量。

⑥ 肺泡通气量：静息状态下单位时间内进入肺泡的新鲜空气量。它能确切反映有效通气的增加或减少。

四、应急救援中呼吸系统的损伤及预防

火灾中 85%以上的死亡是由于吸入烟气中有毒有害物质而致死的，即使不是直接致死，也会由于吸入有毒烟气后丧失逃逸能力而被烧死。因此，了解火灾烟气的危害性对于帮助救援人员做好个人防护以及帮助救治火场伤员有着极大的帮助。

火灾烟气的毒害作用主要来自燃烧产生的大量有毒有害气体，包括无机类有毒有害气体和有机类有毒有害气体。根据可燃物的不同，产生的烟气成分和浓度会有较大差别。总的来说，有毒气体的毒害作用主要表现在两方面，即窒息性和刺激性。火灾烟气中常见的气体主要是通过不同机制引起机体缺氧导致窒息发生，从而危及生命。二氧化碳可使空气中的氧含量明显降低，使机体难以从空气中获得足够的氧气供应而导致机体缺氧窒息。事实上，当火灾充分燃烧后，二氧化碳含量会急剧上升，氧气含量明显下降，进一步加剧缺氧风险。由于机体大脑及心脏等重要器官对氧气的依赖性较大，火灾烟气的窒息性作用常常是火场人员快速伤亡的主要原因。

火灾中常见的刺激性损伤主要来自燃烧产生的刺激性气体。这一类气体在火场环境中主要对眼、呼吸道黏膜及皮肤产生强烈的刺激性，造成视觉受限、眼球损伤、呼吸道损伤等危害。高浓度时，某些刺激性气体会快速引起黏膜充血水肿，导致气道阻塞，严重时会危及生命。如一氧化碳中毒者，氧离曲线左移，组织细胞摄取氧更为困难。在燃烧的房间内，空气中氧的含量一般可从21%下降到10%以下，导致呼吸系统吸入氧的张力降低，动脉血氧含量减少。尼龙、柏油、羊毛、丝绸和多碳化合物在燃烧时产生氰化物，它是一种细胞毒素，可抑制氧化还原酶的活性，使细胞发生内呼吸障碍，中断细胞内氧化过程，表现出代谢性酸中毒、休克缺氧及脑神经的症状。很多新的化学合成材料燃烧后也对中枢神经系统有毒性，有的类似酒精中毒症状。

火灾烟气中，除了有毒有害气体的直接损伤外，烟气中的大量燃烧颗粒和一些金属烟雾也会给人员生命安全带来威胁。

根据粒径大小的不同，火灾颗粒物在人体呼吸系统中的分布不同，所引起的危害也因此不同。颗粒物对呼吸系统伤害的可能性以及粒子穿透的深度会随着粒径的减少而增加。直径超过10 μm的大颗粒，将会停留在鼻腔，而直径小于10 μm的粒子，由于太小而无法被人体呼吸系统过滤，它们可以穿过上呼吸道(鼻子和嘴)，并进入下呼吸道。颗粒物对呼吸系统的危害作用主要表现为阻止气体交换、炎症反应和引起液体渗出。粒径小于0.5 μm的物质可以进入肺间隙，引起肺间质水肿。水肿液可能破坏肺表面活性物质的分布，引起肺泡坍塌。

火灾事故后，呼吸道的炎症会导致急性支气管炎，伴随喉咙和胸部不适，支气管收缩和呼吸困难，症状因人而异，可能持续数天到数周。在患有呼吸系统疾病的患者中，这种影响可能更为明显持久。火灾也会导致永久性的呼吸系统疾病，如哮喘(由于吸入了烟雾中的致敏剂)和反应性呼吸道疾病综合征。

火场环境还存在高温热烟。通常，火灾中由于可燃物多，火势发展迅猛，火场气体温度升高很快。据报道，着火中心的温度在起火5 min后即可达到500 ℃以上。然而，人体呼吸系统中鼻腔、气管及支气管黏膜和肺泡组织在温度超过70 ℃时，就会发生充血、水肿、组织坏死，并引起肺不张、肺水肿，从而导致死亡。

总之，浓烟浓雾中所包含的化学性物质会因为使呼吸道、肺部等部位出现局部病变而极大地影响肺通气以及肺换气的效率，致使组织器官利用氧气的效率骤降，从而增加应急救援过程中死亡的风险。再者，浓烟环境中不同直径的分子颗粒也会导致呼吸系统出现不同程度的病变。

消防救援人员为了避免出现相关损伤，应采取措施进行预防。

要充分利用现有的排烟设施，积极创造排烟条件。此外，还可以使用喷雾水枪排烟。喷雾水流在火场上大约有90%以上能够汽化，除有驱赶烟和沉降烟雾的作用外，还有冷却降温作用。

从部署战斗考虑，水枪位置应低到能射到火场最不利点为原则，同时应采用跪射和卧射姿势。所有人员都要系安全绳，绳上应配有用手就能摸清的导向标记，保证顺利返回，并在入口处设置安全员，检查记录氧气量，限定返回时间，在行进中，要尽量避免直立行走，以提高能见距离。在较长时间战斗时，消防员要组成多梯队，定期轮换，一般来说，浓烟区工作一般不超过 15～20 min。扑救露天火灾时，应将水枪设在下风方向侧面，以提高扑救中的能见度。要强调浓烟区必须佩戴消防防毒面具，并要严格选择使用，消防防毒面具直接关系到消防员的生命安全，由于火灾中燃烧物质不同，有毒气体成分也不同，因此佩戴时，要谨慎选择。

从消防员角度考虑，在灭火过程中应注意以下几点：① 在掌握有毒物品的状况和具体危险情况后（如射水时产生有毒气体、高温时爆炸、与其他物质接触产生有毒气体）要尽可能用多个检测器多点测定，确定没有危险，方可投入灭火行动。② 参战人员一般可用口罩或用湿毛巾掩护好呼吸部位，有条件的最好戴上防毒面具或氧气呼吸器。如出现头昏、恶心、呼吸困难等症状时，应及时进行救护。③ 在房间内发觉有毒气或异常气味时，应尽快打开门窗，进行自然通风。④ 对已经出现的各种有毒气体，可用喷雾水进行驱赶；驱赶时应尽量站在上风方向，借助风的作用增强驱赶效果，防止人员中毒。⑤ 身体受污染或吸入有毒气体时，应迅速用水冲洗，同时尽快送医院抢救。⑥ 污染的防护服、内衣等应立即脱下，用肥皂水或清洁水冲洗。⑦ 无法判定危险性的物品和需要做特殊处理的物品，应在专门技术人员的协助下进行。

第八章　应急救援与其他系统

第一节　应急救援与血液

血液是一种由血浆和血细胞组成的液态组织，在心血管系统内循环流动。它具有运输、缓冲、防御等多种生理功能，对于内环境稳态的维持及机体各种生理功能的正常进行起着极其重要的作用。内环境相对稳定，细胞新陈代谢才能正常进行，才有可能保持细胞的正常兴奋性和各器官的正常机能活动。因此，在应急救援活动中，保证救援人员的内环境稳定是救援人员生命活动基础保障的必要条件。在救援活动中，监测救援人员的血液变化可以更好地保障救援人员的生命安全；在日常训练中，对救援人员的血液进行监测可以更好地为训练周期、强度等提供依据从而合理地制定体能训练方案，并为救援人员身体素质改变提供比较依据，量化体能训练的效果；在救援人员选材时，血液检测是科学的选材手段，可以筛选出具备先天优势的救援补充人员。因此，了解应急救援与血液的关系对于保障救援人员生命安全，提高救援人员专业素质和选材具有重要意义。

一、应急救援对血量的影响

正常成年人的血量占体重的7％～8％。人体在安静状态下，大部分的血量都在心血管中迅速流动，这部分血量称为循环血量。还有一部分血量滞留在肝、脾等处，流动缓慢，血浆较少，红细胞较多，这部分血量称为贮存血量。

运动中的高能量消耗会导致贮存的血液被动员，使循环血量增加。当人体在特殊环境下作业时，通常会在多个运动平面动员多关节进行活动，这就需要不同的肌群协同发力来满足应急救援行动的特定需求。在肌肉发力时，由于各部位血管口径发生了变化，使血液大部分流向工作肌。有科学数据表明，运动时骨骼肌血流量比安静时可增加4～20倍，心肌可增加3～5倍，而内脏、皮肤等部位的血流量却比安静时减少2～5倍。

应急救援行动过程中有时需短时间大强度地执行任务，此时血浆容量和血细胞容量都明显增加，而血细胞容量的增加相对较为明显。例如在地震灾害救援中涉及短时间大功率的运动，人工抬升重瓦砾，这具备短时间运动的代谢特征，会使得机体总血容量增加，主要是由于储血库里的血被动员循环，使循环血量增加；而短时间特种作业会使得血液相对浓缩，其原因可能由于储血库的血中血浆量相对较少，血细胞容量较大，进入循环血中使血细胞浓度相对增高。

耐力素质对于各类特种行业的应急救援人员来说至关重要，耐力素质甚至可以决定长时间特种环境作业下应急救援人员的生命安全。在长时间耐力性应急作业时，血容量的改变，主要由血浆水分转移情况所决定。如果血浆中的水分从毛细血管中渗出到组织间液或排出体外，将引起血浆容量减少，产生血液浓缩现象。反之，如果组织间液的水分渗入毛细血管，血浆容量增加，则血液稀释。

应急救援人员经过长时间的特种环境作业其体内产热明显增加，通常以排汗的方式散热。汗液中水分占99%以上。环境温度在35 ℃时每蒸发1 g汗，释放0.58 kcal的热量。温度越高，运动强度越大，或运动时间越长，血浆中的水分损失也越多。资料报道，高温环境运动脱水时，若体重下降3%～8%，血浆容量可减少6%～25%。脱水将使人体心输出量及有氧耐力下降，代谢产物堆积增多，疲劳加剧，运动能力下降。在特种行业中受高温影响最突出的类别之一便是消防员，由于其工作任务包含各类场所的灭火属性，因此消防员在高温环境下作业的生理状况监控以及如何应对高温环境展开具有针对性的训练尤其重要。

二、应急救援与血液监控物

应急救援同竞技运动相类似，对体能的需求都非常高，但长期以来科学界的研究方向一直关注于竞技体育与血液监控物的关系，而忽视了应急救援与血液监控物的关系。竞技运动是在相对舒适的环境下进行的，而应急救援行动往往要面对着复杂的特种环境，例如粉尘、浓烟、火灾、低氧、高压等，因此，在复杂的作业环境下，血液监控物的监测对保障应急救援人员的训练科学性甚至生命安全具有重要意义。例如红细胞压积的变化和血黏度可作为评定应急救援人员耐力素质机能的参考指标；对于训练或特种作业后红细胞流变性的监测可以及时了解应急救援人员训练或作业强度的适应情况并有助于提高体能训练方案制定及安排的科学性；对于血红蛋白指标水平的监测可以评估应急救援人员阶段性训练量和强度对应急救援人员机能状态的影响，并且有助于应急救援人员选材与分工；通过了解应急救援训练或特种作业对于机体白细胞水平变化的影响有助于了解应急救援人员的机体免疫情况；通过对应急救援人员体能训练或特种作业后血小板的监测过程可以了解到特种环境作业下血小板对血管微细损伤的修复和通透性的调节是否存在改变，对后续的应急救援人员损伤修复具有重要意义。由此可见，从竞技体育对血液监控物影响的评价迁移到应急救援人群中，对应急救援人员体能训练的科学性具有重要的指导作用，可以进一步保障应急救援人员的生命安全。

（一）红细胞

成熟的红细胞(red blood cell，RBC)没有细胞核，形状圆而扁，边缘较厚(约2 μm)，中央薄(约1 μm)，直径为6～9 μm。红细胞的作用是运输氧和二氧化碳、缓冲血液的酸碱度。

1. 急性运动对应急救援人员红细胞数量的影响

红细胞数目因运动而发生变化，其数量变化与运动的种类、运动强度和持续时间有关。有报道称在100%最大摄氧量强度运动后即刻，红细胞数目比运动前增加10%左右，运动后30 min也还有5%的增加。应急救援行动中涉及长时间大负荷的身体活动，应急救援任务和平日里针对此类人群的特种体能训练会对红细胞的数量产生不同程度的影响。

进行短时间大强度运动比进行长时间耐力运动红细胞增加得更为明显。在同样的运动时间下，运动量越大，红细胞增加越多，这种增多在很大程度上是与血浆的相对和绝对减少有关。

运动后即刻观察到的红细胞数增多，主要是由于血液重新分布的变化所引起。应急救援人员的长时间特种环境作业，特别是在消防灭火救援任务中，排汗增多会引起血液浓缩，从而使红细胞数量相对增多。急性运动时肌细胞中的代谢产物如乳酸、无机磷酸盐等浓度升高会使细胞内渗透压增高，并与毛细血管中血浆渗透压梯度增大，因而钾离子进入细胞外液，肌肉毛细血管舒张，使血液浓缩增加，红细胞相对增多。在进行短时间的静力性或动力性运动时，肌肉持续紧张收缩使静脉受到压迫，血液外周阻力增大，则舒张末期潴留在动脉中的血液增多，毛细血管内压升高，血浆中的水分渗出，也会使血液相对浓缩，红细胞数量相对增多。对于运动中红细胞数量暂时性增加的情况，运动停止后便开始自行恢复，待 1～2 h 后可恢复到正常水平。

2. 长期体能训练对应急救援人员红细胞数量的影响

经过长时间、系统的体能训练，尤其是注重发展耐力素质的应急救援人员在安静时，其红细胞数并不比一般人高，有的甚至会低于正常值，被诊断为运动性贫血。区别真贫血和假性贫血的问题，须具体加以分析才能判定。目前国内在专业运动员群体所采用的检测贫血的指标是按照临床医学的方法和标准，即以单位容积中血红蛋白的含量(g/dl)和以单位体积中红细胞的数量进行评定。此方法同样可以应用于应急救援人员群体中，监测应急救援人员的生理健康。

安静时，经长期系统专业化训练的运动员的红细胞浓度下降和红细胞压积下降具有一定的意义，因为血黏度降低，减少血循环的阻力，减轻了心脏负荷。而在肌肉运动时，血浆的水分丧失使血液比安静时相对浓缩，保证血红蛋白含量的相对提高，但又不至于明显影响血液的流变性。在运动员群体中，优秀运动员在运动中血黏度、红细胞压积等指标没有明显变化。这表明，他们能承受血液中较大幅度的工作性变化而使血液能维持在正常状态，并且对于提高氧的运输能力上仍有较大的机能潜力。

由于长期运动训练造成的红细胞数量偏低或血红蛋白含量下降而诊断出的运动性贫血，我们称之为假性贫血，是红细胞机能性稀释的反应，是一种适应及健康的表现，不能误认为是“贫血”，这也需要在应急救援人员的红细胞数量或血红蛋白含量监测时格外注意。另外也不能忽视还有一些人是由于运动性贫血而造成真实的红细胞数量和血红蛋白含量下降，虽然血液某些指标的测定结果有相似之处，但发生机制和机能反应是与假性贫血有区别的。

3. 应急救援行动对红细胞压积的影响

红细胞压积，又称红细胞比容，是指一定量的抗凝全血经离心沉淀后，测得下沉的红细胞占全血的容积比。运动时红细胞数量的变化直接影响到红细胞压积的变化，且红细胞压积值的变化基本与红细胞数量的变化相一致。

运动中红细胞数量和红细胞压积的变化与训练水平有关。长期训练的人员与一般人之间有差别，优秀运动员与训练水平较低的应急救援人员之间也有差别。在竞技运动员群体中，优秀运动员运动前后红细胞压积没有明显变化，而训练水平较低的运动员红细胞压积在运动后即刻明显增加。这提示：训练水平较低的运动员，运动时由于红细胞压积增加(血液浓缩)，使血黏度增加，致使循环阻力增加和心脏负担加重，从而限制或降低了运动能力。当然，血黏度增加的同时还引起一系列的连锁反应，如清除代谢产物、调节体温和运送营养物质的能力降低等，这些因素都会加速运动性疲劳的发生。因此，红细胞压积的变化和血黏度可作为评定耐力运动员机能的参考指标。

4. 应急救援行动对红细胞流变性的影响

正常情况下红细胞各自呈分散状态存在于流动的血液中，并在切应力的作用下很容易变形，即被动地适应于血流状况而发生相应的改变，以减少血流的阻力。红细胞的这一特性称为细胞的流变性。红细胞的高度变形能力，使它能顺利通过小于自身直径的微血管和狭窄部位。因此，红细胞的流变性是影响血液流动的重要因素，也是影响体内红细胞寿命和微循环有效灌注的重要因素。此外，红细胞膜的不断变形运动，还有助于促进细胞内成分的充分扩散转运，大大提高氧气的转运效率。

红细胞流变性可通过测定红细胞渗透脆性、红细胞悬液黏度、红细胞滤过率、红细胞压积和红细胞电泳率等指标反映出来。

运动时红细胞流变性因运动强度不同、运动持续时间不同和训练水平不同而有所差别。一次性极限强度运动会使红细胞滤过率下降、悬浮黏度增加、红细胞变形性降低。并且这种变化可持续 1 h 以上。对马拉松长跑等超长距离项目运动员的血液流变学研究结果发现，马拉松运动员跑后红细胞滤过能力降低（10%～20%），血浆渗透压升高。血浆渗透压升高是红细胞变形能力降低的主要原因。

红细胞变形性降低会导致血液流变性降低，并影响组织供氧、加重心脏负荷，使运动成绩下降，对运动后恢复也有不良影响。运动后心血管意外的发生可能与此有关。因此，无训练者不宜进行一次性高强度的极限运动。基于此，对于运动后红细胞流变性的监测可以及时了解应急救援人员训练强度的适应与否，若出现红细胞流变性降低的生理现象应及时调整应急救援人员的体能训练强度，科学施教。

此外，经过系统训练的运动员安静时红细胞变形能力增加。有人认为，这是因为运动加快了对衰老红细胞的淘汰，代替了年轻的红细胞，降低了红细胞膜的刚性，增加了红细胞膜的弹性。由此可见，对应急救援人员进行专业系统的科学体能训练对于应急救援人员的生理健康具有重要意义。

（二）血红蛋白

血红蛋白（Hemoglobin，Hb）是红细胞内的主要成分，是一种结合蛋白质。每一血红蛋白分子由一分子的珠蛋白和四分子亚铁血红素组成，珠蛋白约占 96%，血红素占 4%。红细胞携带氧气和二氧化碳这一机能是靠红细胞内的血红蛋白来完成的。血红蛋白中的亚铁（Fe^{2+}）在氧分压高时（肺内），易与氧结合，生成氧合血红蛋白（HbO_2），这种现象称氧合作用。在氧分压低时（组织内），易与氧分离，把氧释放出来，供细胞代谢之需要，这种现象称为氧离作用。

由于血红蛋白指标相对稳定，又能较敏感地反映身体机能状态，所以运动训练中经常利用这一指标评定运动员机能状态、训练水平，预测运动能力。

经过系统体能训练的人员，血液的有形成分会发生一些变化。正常情况下，血红蛋白的变化与红细胞的变化是一致的，运动中凡能影响红细胞的因素都能影响血红蛋白。

1．应急救援人员血红蛋白正常值的评定

我国成年男性血红蛋白浓度为 120～160 g/L，成年女性为 110～150 g/L。血红蛋白过低或过高都会影响应急救援人员的运动能力。血红蛋白低于正常值，即出现贫血，氧和营养物质供给不足，必然导致工作能力下降。血红蛋白值高于正常值，血液中红细胞数量和压积也必然增加。这样，血流的黏滞性增大，造成血流阻力增加和心脏负担加重，使血流动力学改变，也会引起身体一系列的不适应和紊乱。当血红蛋白为 140 g/L 时，血黏度为 4 单位；血红蛋白为 200 g/L 时，血黏度为 6 单位。正常生理活动应保持血黏度在 4～5 单位。因此，保持血红蛋白值在最适程度范围，可使应急救援人员达到最佳机能状态，这也是科学地进行体能训练的有效途径之一。

目前缺少对应急救援人员关于血红蛋白评定方面的研究，但是由于该群体工作环境的特殊性以及对体能需求的迫切性与竞技运动员群体极为相似，所以本小结以竞技运动员与血红蛋白浓度之间的关系进行举例论述。

运动员血红蛋白值存在个体差异，不能用一个统一的正常值标准来评定运动员血红蛋白含量，应针对每一个体情况进行测定和分析。通过观察和分析运动员血红蛋白含量的变动，掌握运动员机能状态情况，调整运动员身体机能以达到最佳状态。

在应用血红蛋白指标时应注意以下几点：

① 冬训期间评价标准应略低，女运动员月经期间亦稍低，这是正常的生理波动。

② 运动员血红蛋白含量存在个体差异。每个运动员存在季节、生物周期等的周期性差异。

③ 虽然血红蛋白含量存在个体差异，但一般男运动员血红蛋白值不得超过 170 g/L，女运动员不得超过 160 g/L。最低值不得低于本人全年平均的 80%。同一次检测中，如果个别运动员血红蛋白值与同队平均值相差过大时，应引起注意。

④ 运动员在大运动量后的调整期，血红蛋白由低向高恢复时，运动员的自我感觉与运动成绩也最好，可能这一时期是运动员身体机能状态“最佳期”。这个“最佳期”并不是出现在人们想象的“超量恢复期”。

⑤ 血红蛋白指标主要用于评定某个训练周期或阶段，如根据 1～2 周时间内运动员对运动量和运动强度的反应来评定运动员的机能状态等，而不能用于评定每次训练课的情况。在观察分析血红蛋白指标变化时，应结合其他指标（如无氧阈、尿蛋白、心率等），以及运动员的自我感觉和运动能力进行综合分析。

⑥ 血红蛋白指标的应用主要针对有氧工作为主的项目，其他项目只能以此作为参考指标。

2. 血红蛋白指标与应急救援人员选材

实践证明，按每个运动员的血红蛋白平均值，可将血红蛋白值的个体差异分为三个类型：偏高型、正常型和偏低型。每一个基本类型中又可分为两个亚型，即按标准差（SD）大于 10 g/L 为波动大者，小于 10 g/L 为波动小者。借鉴竞技运动员依据血红蛋白平均值的划分标准，理论上可以把应急救援人员血红蛋白的个体差异分为六个类型。但在竞技运动领域的实际工作中经常遇到的只有四种类型：即偏高波动小者、正常波动大者、正常波动小者和偏低波动小者。竞技运动训练实践证明，以血红蛋白值高、波动小者为最佳。这种类型运动员能耐受大负荷运动训练，从事耐力性项目运动较好。而以血红蛋白值偏低、波动小者为较差。应急救援人员由于特种工作环境的特殊性，对体能的依赖性极大，通过科学选材手段选拔优秀的应急救援人员从事难度系数高的应急救援工作对救援的成功率具有重要意义。

从竞技运动员的角度出发，训练期间每周或每隔一周测定一次血红蛋白，在 1～2 个月左右就可以基本判定运动员属于哪种类型。但也要注意，分析时应根据运动训练的实际情况综合分析，并和同队的其他队员进行横向比较才较为客观。这个指标在耐力性项目或速度耐力性项目运动员选材时可作参考。通过阶段性血红蛋白浓度水平的测定可以提高应急救援人员选材的科学性，该工作亟须得到推广。

（三）白细胞

白细胞（white blood cell，WBC）无色，有核，体积比红细胞大。根据形态、功能和来源可分为粒细胞、单核细胞和淋巴细胞。粒细胞又分为中性粒细胞、嗜酸性粒细胞和嗜碱性粒细胞。各种白细胞在白细胞总数中所占的百分比叫白细胞分类计数，简称白细胞分类。白细胞是机体实施免疫功能的最重要成分，白细胞数量的变化，直接影响机体的免疫功能。

监测应急救援人员白细胞水平对于科学实施体能训练计划具有重要意义，因为体能训练后所发生的白细胞数量变化能否影响机体免疫功能，主要取决于白细胞数量变化的幅度和持续的时间。如果变化幅度小且变化持续时间短，不会影响免疫功能；但如果变化幅度大，持续时间长（恢复慢），将对机体免疫功能产生深刻影响。下面将介绍体能训练对于白细胞水平变化的生理学要点：

1．运动时白细胞变化的三个时相

早在20世纪30年代就有人报道运动后外周血液中白细胞增多的现象，之后又有众多的研究观察到这一现象。苏联学者叶果罗夫和兰道斯把运动引起白细胞增多称为运动白细胞增多症，并将其分为三个时相，即淋巴时相、中性粒细胞时相和中毒时相。

淋巴时相的主要特点是白细胞总数略有增加，可达每立方毫米1万～1.2万个；淋巴细胞数增加到40％～50％，中性粒细胞相对减少了10％～15％，这些时相在肌肉始动工作时，短时间轻微体力活动后及赛前状态都可出现。

中性粒细胞时相的主要特点是白细胞数明显增加，可达每立方毫米1.6万～1.8万个。其中，中性粒细胞明显增加，淋巴细胞减少到10％～12％，嗜酸性粒细胞减少到1％～2％。此时相是有训练基础的运动员在进行长时间中等强度运动或大强度运动后出现的。

中毒时相可分为两个阶段：再生阶段和变质阶段。再生阶段的特点是白细胞总数大大增加，可达每立方毫米3万～5万个，嗜酸性粒细胞消失。变质阶段的血液中白细胞被破坏，白细胞总数开始减少。出现中毒时通常是没有训练基础的人在进行长时间的、大强度的力竭性运动时，引起造血器官机能下降的不良反应。

2．运动时白细胞的变化

研究表明，白细胞总数和淋巴细胞增加的最大幅度出现在最大负荷运动停止后即刻。其增加的幅度随最大负荷运动的持续时间延长而增加。以较低的强度运动时，无论是短时间（5 min）还是长时间（30 min），运动停止后即刻白细胞总数和淋巴细胞数的增加幅度都显著低于最大负荷运动后即刻。随着运动时间的延长，白细胞总数和淋巴细胞数的增加幅度反而减少。研究结果又表示，不同持续时间运动后淋巴细胞数量的增加幅度总是大于白细胞总数的增加幅度。这些结果说明，运动后即刻白细胞总数和淋巴细胞数的增加幅度主要与运动负荷有关，而与运动负荷的持续时间关系较小。在30 min以内的一次性运动后，无论运动的强度如何，白细胞增多的主要成分是淋巴细胞。

3．运动后白细胞的恢复

运动后白细胞的恢复与运动强度和持续时间有关。运动强度越大，持续时间越长，白细胞的恢复速度越慢。

许多学者在运动引起的白细胞数量变化对机体免疫功能的影响方面进行了较为深入的探讨。Edward等人发现，运动后外周血液中白细胞数增加的同时伴有淋巴T细胞百分比的下降，TH/TS细胞比例下降，这是细胞免疫功能下降的重要标志。

第二节　应急救援与内分泌功能

一、运动中激素的基本反应和适应特征

救援任务的高强度作业会对机体产生非常强烈的刺激，会引起全身各个系统、器官、组织甚至细胞的功能发生剧烈变化，导致机体的内环境也会发生明显变化。作为机体重要的调控系统之一，内分泌系统必然也会充分动员起来，同神经系统和免疫系统一起，整合性地调节着机体不同系统和器官的功能状态，维持机体的稳态。

应急救援活动对激素的影响分为两种情况：一种是急性运动的影响，一种是长期训练的影响，激素对前者会发生相应的应答性反应，对后者会产生相应的适应性变化。

急性运动期间，激素水平尤其是应激激素水平会发生剧烈的应答性反应。而在长期训练的影响下，内分泌功能必然也会通过自身形态、结构和机能的一系列适应性变化，对抗运动负荷对机体产生的强烈刺激。

二、激素对能量代谢的调控

在运动过程中，能量代谢明显加快，其中分解代谢占明显优势。促进能量代谢的激素种类很多，它们之间相互配合，相互协调，共同维持着救援过程中明显增高的能量代谢水平以及救援结束后能量物质恢复的需求。

（一）激素在运动中对能量代谢的调控

应激激素主要影响分解代谢，而胰岛素主要影响合成代谢，两种代谢维持着一种动态平衡关系。但大强度运动会打破这种平衡关系，表现在分解代谢明显占优势以满足运动过程中对能量的大量需求。在剧烈运动过程中，随着肌肉的不断运动和做功，身体的能耗明显增加，糖皮质激素、胰高血糖素、甲状腺素、肾上腺素、去甲肾上腺素、生长激素等在血中的浓度显著升高，而胰岛素则保持不变甚至降低。在此情况下，能量物质的分解代谢明显加强，以满足救援时的机体需求。

（二）激素在运动后对能量代谢的调控

运动结束后，由于身体的能耗基本恢复到安静水平，主要的应激激素水平急剧下降，而胰岛素水平则上升，有助于能量物质的再合成，合成代谢明显占优势。此时机体在运动中消耗的能量物质不仅得以恢复，而且会超过原有水平，即产生“超量补偿”现象，有利于在随后进行的训练和救援中得到更多的能量供应。这也是完成救援任务及训练取得效果的必然结果。

三、内分泌指标在应急救援实践中的运用

（一）睾酮

睾酮在运动实践中对人体形态和机能的改变，尤其对运动实践中的表现影响，有着重要作用，在考虑到年龄因素的前提下，可作为评定运动员机能状态和运动选材的重要指标。

一般来说，睾酮促进机体合成代谢，在身体机能良好时，血清睾酮水平变化不大，且随着体能增强逐渐增加。研究表明，一次性运动期间睾酮会出现小幅度升高，但长期训练会使男性睾酮水平的安静值降低。若一次性运动后，睾酮明显降低，应考虑疲劳、过度训练或机能状态不佳，及时对救援人员实施合理的恢复策略。

在救援任务完成后，睾酮数值可以提示人们机体是否处于健康的状态，应考虑合理运用

睾酮数值评估机体状态,从而制订下一步训练计划。

（二）皮质醇

皮质醇可以促进脂肪分解,增强脂肪酸在肝内的氧化过程,有利于糖异生作用,是代表机体分解代谢的指标,可用于训练负荷监控和运动员恢复能力的评估。

研究发现,急性运动后皮质醇大多呈明显上升状态,它受运动强度大小和持续时间长短的共同影响,在运动应激时反馈性提高,运动结束后能迅速降至基础值,加速疲劳恢复。

一个周期训练后,相同负荷运动时,血清皮质醇浓度上升的幅度下降,是适应运动量的表现,表明训练负荷适中;如上升幅度增加,表明训练负荷过大。运动后恢复期,血清皮质醇持续偏高,且恢复到正常水平的时间加长,表明机能状态差或对负荷不适应。

在连续完成救援任务或是体能训练后,可用皮质醇指标来监控救援人员的疲劳程度,以此来决定增减负荷或给予再生训练。

第三节　应急救援与泌尿系统

一、应急救援对泌尿系统的影响

应急救援对泌尿系统的影响主要表现为对肾脏机能的影响。应急救援人员参与救援任务时会引起肾脏机能改变,这些改变可以通过尿量和尿成分变化表现出来,从而为客观评定救援时肾脏机能和救援人员的身体机能状况提供依据。

（一）尿量

救援人员的尿量主要受气温、救援强度、救援持续时间、泌汗和饮水量等因素影响。救援人员在进行救援时,强度不大但是持续时间较长,会大量泌汗,故尿量会减少。

（二）尿乳酸

救援行动后尿中乳酸增多,其数量与糖酵解供能有关。尿乳酸随血乳酸的变化而变化,尿乳酸可衡量运动强度,可作为反映体内糖酵解程度的生理指标。

（三）运动性蛋白尿

运动性蛋白尿可作为评定救援负荷量、救援强度、评价救援人员身体机能状态的指标。尿蛋白量相对比较稳定,如果救援人员出现尿蛋白增多,往往是救援人员身体机能下降的表现。一般来讲,救援人员的运动强度越高、负荷量越大、训练水平越低、对运动负荷的适应能力越差,越容易出现运动性蛋白尿。

（四）运动性血尿

救援人员救援时肾脏容易受到挤压、打击,肾脏下垂,造成肾静脉压力增高,会导致红细胞渗出,产生血尿。救援强度过大,过度训练,在严寒条件和高原条件下的训练容易造成运动性血尿。

二、尿十项检测在应急救援中的运用

尿十项指标包括:尿糖、尿蛋白、胆红素、尿胆原、尿酸碱度、尿比重、尿潜血、尿酮体、亚硝酸盐和白细胞,参考值如表 8-1 所示。在救援行动后可通过尿十项检测判断救援人员的身体机能状况,为医护人员提供参考。例如:新鲜尿液为中性或微酸性,病理性变化可影响尿液酸碱度的改变。尿比重是指尿液与水的重量比,与尿液的溶质成正比,剧烈运动时大量的排汗失水可以造成尿液浓缩,尿比重随之升高,也可以作为身体机能评定指标。

表 8-1　尿十项监测指标

名称	缩写	参考值
尿糖	GLU	50 mg/dl 以下
尿蛋白	PRO	15 mg/dl 以下
胆红素	BIL	7～14 μmol/L
尿胆原	URO	2 mg/dl 以下
尿酸碱度	pH	6.5～7.0
尿比重	SG	1.002～1.030
尿潜血	BLD	—
尿酮体	KET	15 mg/dl 以下
亚硝酸盐	NIT	—
白细胞	LEU	25 u/ul 以下

(一) 尿比重(SG) 变化意义

(1) 尿比重增高,常见于腹水、糖尿病、心力衰竭、高热、周围循环衰竭、急性肾小球肾炎、泌尿系统梗阻、妊娠高血压综合征等。

(2) 尿比重减低,常见于慢性肾功能不全、慢性肾炎、慢性肾盂肾炎、肾小球损害、急性肾功能不全的多尿期、尿毒症多尿期、结缔组织病、蛋白质缺乏症、精神性糖尿症、尿崩症、肾性尿崩症、恶性高血压、肾性和原发性隐性糖尿病、精神性隐性糖尿病、低钙血症、锂中毒、先天性或获得性肾小管功能异常等。

(二) 尿酸碱度(pH) 变化意义

(1) 尿 pH 降低:酸中毒、慢性肾小球肾炎、痛风、糖尿病等排酸增加,尿液呈酸性;呼吸性酸中毒时,因二氧化碳潴留等因素,尿液多呈酸性。

(2) 尿 pH 升高:呕吐、服用重碳酸盐、尿路感染、换气过度及丢失二氧化碳过多的呼吸性碱中毒时,尿液呈碱性。

(三) 尿蛋白(PRO) 变化意义

尿蛋白的检测可用于初步判断肾脏的功能、协助诊断其他系统多种疾病、进行性疾病的动态观察及疗效评判等。一般来说,运动后尿检测显示蛋白质成分明显增高或者排尿后有大量泡沫出现且不能及时消除的情况,则提示肾脏的通透性改变、肾功能发生了明显变化。若增高幅度较小,无须特别处理便可自行恢复,属于负荷后身体的正常反应;若增高幅度较大,则提示运动负荷强度较大,负荷安排不合理,应及时进行调整并注重恢复手段的干预。

(四) 尿糖(GLU)变化意义

尿糖试验阳性不足以做出糖尿病的诊断,确诊需要做进一步检查。同时测定尿糖和血糖,则比单项尿糖或血糖检查更有意义。一般来说,运动后尿中不会出现葡萄糖成分,若运动后尿糖水平明显升高,则提示肾功能水平下降,应及时休息并调整运动量。

(五) 尿酮体(KET) 变化意义

尿酮体增加见于非糖尿病性酮尿和糖尿病性酮尿。尿酮体检测有助于糖尿病的监测,如任何时候检测均无尿酮体,可被认为糖尿病已被控制;反之,如尿酮体仍呈阳性则提示糖尿病尚未被控制。同样,运动后尿酮体指标明显增高,则提示肾脏功能发生改变,应及时进行调整。若尿酮体指标无任何变化，则提示身体机能良好，负荷强度和负荷量适中。

（六）尿胆原（URO）变化意义

尿胆原与尿胆红素一样，均作为黄疸鉴别的检查指标，但也需与血清胆红素、粪便粪胆原等检测结果一起综合分析肾功能的变化情况，从而判断身体机能状态。

（七）胆红素（BIL）变化意义

当血中胆红素浓度超过 15 mg/L 时即可出现于尿中（胆红素的肾阈值为 10 mg/L）。尿胆红素检测正常时为阴性，在溶血性黄疸时亦为阴性，肝细胞性黄疸为阳性，阻塞性黄疸为强阳性。若运动后尿中检测出胆红素且浓度较高，则表明肾功能出现紊乱，身体机能水平较差，应进行合理调整。

第四节　应急救援与昼夜节律

一、昼夜节律与生理机能变化特点

人类反复循环着白天工作晚间休息的活动规律，长期以来形成了一定的生命活动节律。它是人们在幼儿时期养成的，并且在整个生命活动中得到保持。由此，在人体生命活动中，各种生理机能指标诸如心率、摄氧量、神经体液调节、代谢、体温等，在一天 24 h 中形成节律性变化周期。人体机能的昼夜节律在常态下是相对稳定的，在一天不同的时间里有着不同的波动范围。一般情况下，人体机能活动在深夜 2:00～4:00 处于最低水平，而在白天逐渐上升达到最高，良好的生理过程在一定程度范围保持大约 13 h，直到晚上下降至最低。

通常人体生理机能的昼夜节律变化是比较稳定的。当外部环境发生变化时，人体原来的节律就会被干扰，出现生理机能与环境变化不同步的现象，甚至产生生理机能的紊乱，使人产生如失眠、不思饮食、反应迟钝、疲倦无力、情绪反常等不良反应，导致工作能力下降。这对以体能为主的中长跑运动员产生的影响很大。因此，实践中了解和掌握人体机能昼夜节律变化的规律，意义在于根据人体生理机能的昼夜变化规律，使救援人员的训练符合人体机能节律，提升日常及赛前调整训练的科学性。人体昼夜节律示意图如图 8-1 所示。

二、昼夜节律变化对应急救援人员有氧耐力的影响

（一）有氧工作能力和心血管机能的变化

有氧工作能力和心血管机能密切相关，它是有氧耐力需求者获得较高训练水平和提升自身有氧耐力的重要因素。通常认为有氧工作能力的大小是由最大摄氧量来决定的，并且与周期性耐力项目的运动成绩呈高度正相关。如果正常的昼夜节律发生了改变，有氧耐力需求者的有氧工作能力也会产生变化。有研究发现，在昼夜节律改变后，由于体内生理机能的节律和时间节律不一致，其心血管系统的机能也产生了一些变化。其中，心率增加 10～15 次/min；收缩压增加 800～133 Pa；红细胞沉降率增加 150%～160%。在昼夜节律改变后的第 2～3 天，间接测定其最大吸氧量下降 1.5 mL/kg 体质量，昼夜节律稳定后才可逐渐恢复。这些变化使得测量人员每搏输出量和心脏循环血液的回流量减少，血细胞运送氧的能力降低，导致心肌产生疲劳，有氧工作能力下降。由此而产生的结果是直接影响有氧耐力需求者的训练水平和竞技能力。

（二）体温与代谢的变化

体温是了解体能代谢和运动训练实践中的一个常用的生理指标。基础体温与人体生理

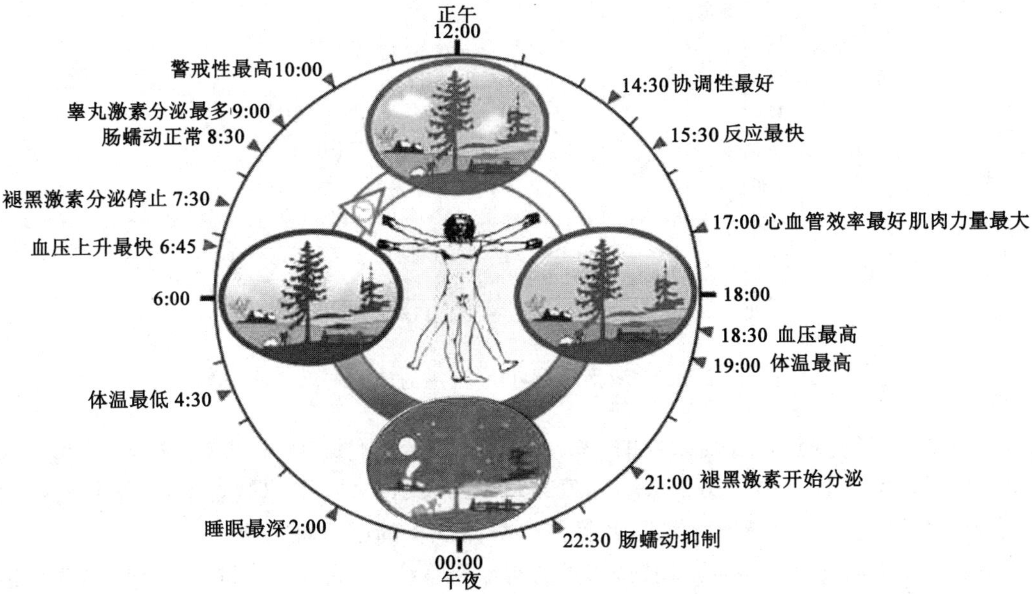

图 8-1　人体昼夜节律示意图

机能和运动能力有着非常密切的关系。生物体的神经系统由脑与植物性神经系统组成，下丘脑作为昼夜节律的调节中枢，能通过直接的神经投射和间接的神经递质扩散，以中枢带动外周同步改变的方式来调节植物性神经系统发挥作用，使机体适应外部环境的变化。在人体正常生物节律受到破坏后，由于体外时间（自然时间）与体内时间（生物钟）的节律不一致，原来的体温节律也发生明显变化。日本横崛荣等对 128 名男女运动员进行了时差 6 h 时间体温变化情况的实验，每天测定 4 次体温，结果表明，由于昼夜节律的改变，运动员第一天的体温曲线显示出紊乱无节律，适应后出现的新的节律是在 8 天以后。耐力性项目的运动员在昼夜节律改变后初始，体温由改变前的平均 35.7 ℃上升到 36.5 ℃，而且恢复时间较长。体温的变化必然会影响到机体的代谢，这无疑会对中长跑运动员的体能和竞技能力产生极大影响。中长跑运动对运动员的机体代谢要求比较高，它需要稳定、高效、适宜的代谢。昼夜节律的改变引起的基础代谢变化，使运动员在未适应形成新的昼夜节律而参加训练或比赛时，由于代谢水平不能保持相对稳定状态，使运动员的体能不能有效发挥，并会导致运动员在运动中生理负荷量加大、竞技能力下降。孙学川等人的研究也认为，人体体内温度和血清皮质醇均表现出明显的近似昼夜节律。在昼夜节律改变的情况下，习服 10 天，身体温度的相位迁移率为 51.2%，血清皮质醇的相位迁移率为 52.16%，完成适应则需要 15 天左右。这就说明运动员在节律改变未习服前，其内分泌也处于紊乱状态。这种变化对运动员参加以体能为主的中长跑运动训练和比赛的影响是非常大的。身体核心温度一天中的动态变化见图 8-2。

如上所述，人体昼夜节律特点与其改变后对有氧耐力需求者体能的影响，主要表现在体能发挥与节律不相适应，节律被打乱后正常体能规律也被破坏。

人体的心率、体温和摄氧量等生理指标均存在节律性的波动，这一现象被认为是由生物学摆动的昼夜节律。昼夜节律的改变通常会影响身体状况，而当灾害来临时，应急救援队的

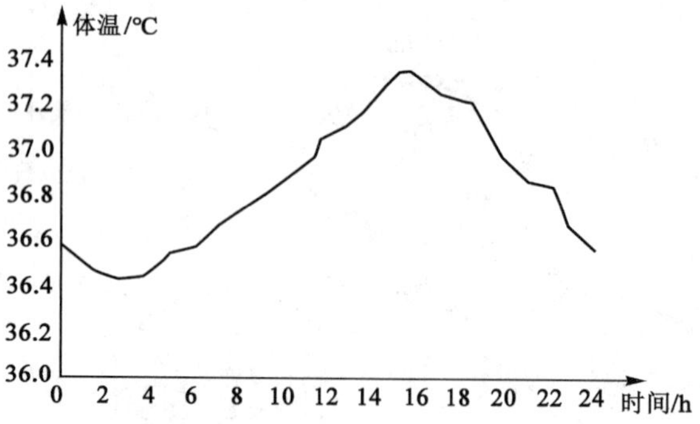

图 8-2　身体核心温度一天中的动态变化

工作任务是不可预测且带有复杂性的，紧急的应急救援事件就可能需要几个小时或几天的时间来应对。突如其来的救援任务会导致睡眠中断，致使昼夜节律被扰乱，并增加身体的负荷，导致工作能力的下降，产生疲劳，并且使得身体恢复的困难加大。

为防范灾害的突然来临，应急救援人员通常需要系统性、周期性地锻炼来保障自身体能储备工作，如在体能大周期遇突发事件，身体会处于疲劳状态。根据训练时的强度不同，疲劳状态可能会持续 24 h 才能完全恢复，尚未恢复活力的身体会使得工作效率必然下降，而且会加大受伤的风险。因此，如果是轮班制度，应急救援队的救援人员应尽量选择在轮休期进行体能训练。如果是全天候备战，就应采用合理的周期训练，来保障一定的体能储备。为了促进身体疲劳的恢复，在训练时、训练后应注意补充水分并摄取足够的碳水化合物和蛋白质。

对于应急救援人员来说，强化体能的过程，应减少训练透支疲劳的情况出现，应急救援人员应遵循循序渐进的原则，从较低强度逐步增加训练强度和训练量，此外，虽然规律性运动可提升免疫功能，但如果单次运动过于激烈，则可能会降低免疫功能，且需要更长的恢复时间。应急救援人员的体能训练需仔细选择训练时机，对其的训练干预计划和运动处方需要有弹性，适度降低训练强度和减少训练科目也是促进身体恢复的一种补充手段。刺激-疲劳-恢复-适应理论模型见图 8-3。

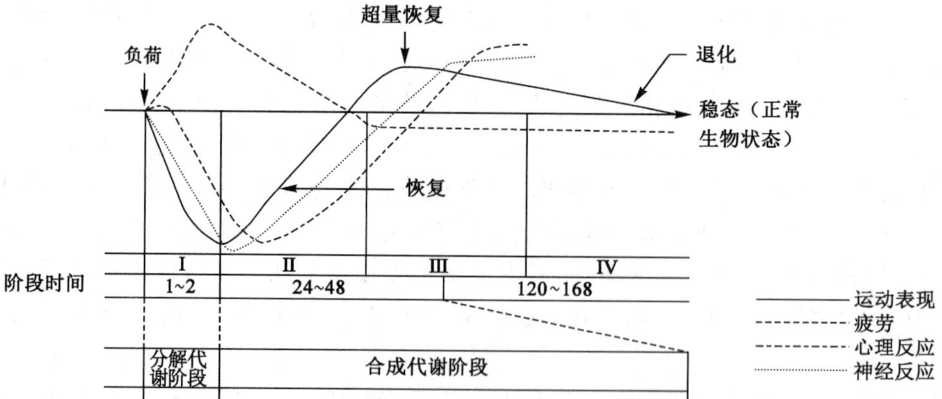

图 8-3　刺激-疲劳-恢复-适应理论模型

第九章　应急救援与特种环境

第一节　粉 尘 环 境

粉尘是指能较长时间悬浮在空气中的微小固体颗粒。一些自然灾害或其他突发事件，如沙尘暴、火灾、地震等，都会造成大量的粉尘飞扬，影响能见度和呼吸。在工业生产过程中，如冶金、有色、建材、机械、轻工、纺织、烟草等行业，会产生可燃性粉尘，如铝镁、木屑、煤尘等。这些粉尘在一定条件下，可能与空气混合形成爆炸性粉尘云，遇到点燃源就会发生粉尘爆炸事故，造成人员伤亡和财产损失。因此，应急救援人员在粉尘环境下开展救援工作常常面临巨大的风险。

在粉尘环境下的工作人员由于长期直接接触粉尘，会吸入大量微小的尘粒，从而引起呼吸道疾病，严重的会导致尘肺病的发生。尘肺病是全身性疾病，以肺部病变为主，还会累及中枢神经系统、消化腺（唾液腺、胃腺、胰腺）、上呼吸道、胃肠道的淋巴系统、心脏等部位。

目前，尘肺病是我国最严重的职业病，据统计，2010 年尘肺病病例中有 94.21％为煤工尘肺和矽肺，它不仅严重危害广大职工的身体健康，更制约着国民经济的发展。在露天煤矿生产作业过程中产生的粉尘如果浓度过高，会降低大气能见度，增大作业人员的工作难度，这同样也是事故发生的诱因之一。

一、粉尘环境对人的影响

（一）损伤呼吸系统

长期处于粉尘环境中，可能引发哮喘、胸闷甚至呼吸困难。这是由于尘肺引起的肺组织纤维化加重，导致呼吸面积明显减少，并影响通气血流比例，进而引发肺动脉高压，最终造成呼吸困难，严重降低有氧工作能力。

（二）损伤心血管系统

颗粒物不仅可以直接引起肺损伤，还会影响其他组织器官，尤其是心血管系统。颗粒物沉积在肺部，先引发低程度的炎症，随后导致肺泡和心血管系统的炎症反应。更小的颗粒则能直接进入血液循环，对心血管系统造成直接损伤。

（三）损伤眼角膜

在接触粉尘的过程中，如果是一些比较硬的粉尘，一旦触碰到眼睛就会损伤人们的眼角膜和结膜组织，在这种情况下就会导致患者出现角膜混浊的症状，甚至还有可能引发结膜炎。

（四）导致中毒

不同类型的粉尘对身体造成的危害各不相同，如果身体吸入了一些可溶性的粉尘，那么这些粉尘就会通过血液系统进入身体,从而引发中毒现象,严重的还可能危及患者的生命。

(五)影响皮肤健康

当粉尘接触到肌肤之后,就会引发皮肤干燥以及过敏等问题,甚至可能堵塞毛孔而限制机体散热。

二、尘肺病的预防、治疗及康复手段

对于长时间处于粉尘环境中的人们,尘肺病是致残性疾病。临床上多采取药物抗纤维化治疗、氧疗、肺灌洗治疗、加强呼吸肌及肢体呼吸辅助肌锻炼等方法,缓解呼吸肌疲劳,减轻呼吸困难,同时增强机体耐力。还需进行康复及对症治疗,以阻止病情发展、预防并发症的出现,提高生活质量。

(一)呼吸功能锻炼

加强胸、膈肌的肌力和耐力,有助于增加通气量,降低呼吸频率,还可增加咳嗽、咳痰能力,缓解呼吸困难症状。呼吸训练方法主要有腹式呼吸法和缩唇呼吸法。吸气时腹部凸起,吐气时腹部凹入的呼吸法称为腹式呼吸法,如图 9-1 所示。可选用立位、坐位或平卧位进行练习,初学者以半卧位最适合。两膝半屈(或在膝下垫一个小枕头)使腹肌放松,两手分别放在前胸和上腹部,用鼻子缓慢吸气,膈肌松弛,腹部的手有向上抬起的感觉,而胸部的手原位不动。呼气时,腹肌收缩,腹部的手有下降感。病人可每天进行练习,每次做 5～15 min,每次训练以5～7 次为宜,逐渐养成平稳而缓慢的腹式呼吸习惯。需要注意的是,呼吸要深长而缓慢,尽量用鼻而不用口。缩唇呼吸法就是以鼻吸气、缩唇呼气,即在呼气时,收腹、胸部前倾,口唇缩成吹口哨状,使气体通过缩窄的口型缓缓呼出。吸气与呼气时间比为 1∶2 或 1∶3。要尽量做到深吸慢呼,缩唇程度以不感到费力为宜。每分钟 7～8 次,每天锻炼两次,每次 10～20 min。大多数人一般只用浅层的胸式呼吸,因此只使用到 1/3 的肺,另外 2/3 的肺都沉积着旧空气,如果运用腹式呼吸法进行呼吸,肺就能够完全被使用,其通气和换气效率更高。

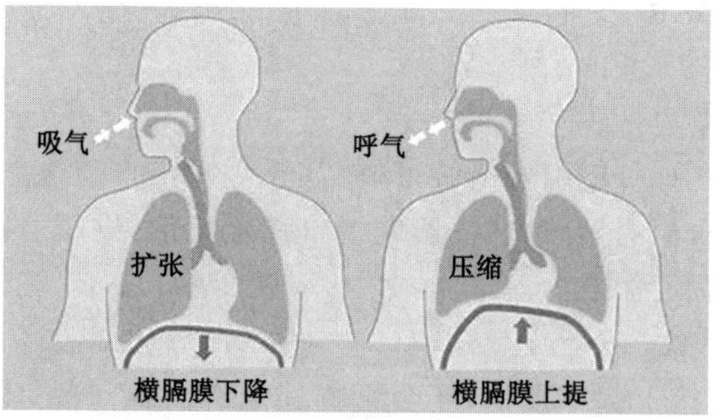

图 9-1　腹式呼吸法示意图

(二)肺康复

肺康复是为慢性呼吸损伤患者设置的。它是按照个体化原则设计的一个多学科的治疗计划,其目的是尽可能有效地促进患者躯体和社会功能及自主性得到改善。运动锻炼作为肺康复的核心,能有效改善运动能力、提高运动耐力;无创通气可减少呼吸做功,改善通气血流比,提高血氧含量,增加运动耐力并减少运动时的血清乳酸。研究表明,无创通气治疗对尘肺病患者的康复效果好于单纯的运动训练,而两者联合治疗的效果更为明显。无创通气作为一个为慢性肺疾病患者建立的长期有效的、非侵入性的康复手段，值得推广。但由于无创通气在使用过程中涉及的技术依赖性强且仪器购置费用昂贵，目前仅限院内康复使用。

第二节　热　环　境

一、热环境概述

热环境是由太阳辐射、周围物体表面温度、相对湿度与气流速度等物理因素组成的作用于人、影响人的冷热感和健康的环境。热刺激是消防应急救援人员经常要面对的环境挑战。穿着个人防护装备以及火场周围环境的热量累积，会增加身体在执行任务时肌肉收缩的能量代谢需求。研究建议，在 100 ℃的温度、热辐射限制为 1 kW/m 的状态下执行灭火任务，救援人员暴露时间不宜超过 25 min，如果环境条件更为恶劣，暴露时间应更短。在炎热的环境条件下，救援人员仍需穿着适当的个人防护装备，这些装备虽然可阻隔热源保护救援人员，但也会因为作业时流汗而导致内部衣物潮湿，增加救援人员感冒的风险。

运动时体温上升，能量代谢增加，而降低体温的主要方法是散热。救援人员穿着个人防护装备时的作业表现与体脂肪百分率、基础代谢率、心率等指标均呈现显著的相关性。多余的脂肪会增加热量储存，尤其是暴露在炎热的环境时，脂肪作为绝缘体会阻碍散热。美国蒙大拿大学人体表现实验室做过一项研究，探讨救援人员穿着个人防护装备对工作的干扰影响，在温度 38 ℃、30％相对湿度的热室中运动 3 h，发现穿着个人防护装备的救援人员体温显著上升，在穿着双层个人防护装备的测试中，9 名救援人员中有 5 名身体核心温度达到 40 ℃，被迫终止实验。因此，救援人员在与热有关的环境内执行任务时，必须采取预防措施以降低热刺激带来的冲击，包括物理降温和规律的体能训练提升机体耐热性。

研究证实，有氧耐力较好的人，其身体温度的调节能力会较好。不断维持和加强有氧耐力训练是救援人员保持热适应的重要方法。但同时也要注意，如果救援人员刚刚经历过热刺激，那么接下来的训练就需要修正训练量或延缓训练，因为救援人员工作能力可能会降低，甚至会有一些不适的症状。因此，救援人员应该意识到此类风险，在平时进行规律的体能训练以有效应对热刺激，提高机体对热环境的耐受能力，以避免救援人员机体出现不良反应。

二、应急救援热环境下的工作特点

按照救援人员所处环境将灭火战斗的高温条件归纳为以下三种基本类型。

（一）高温高湿的建筑室内火场环境

该环境主要是指封闭较好、空气流通不畅的建筑室内火灾现场。其特点是气温高、湿度大，而热辐射强度相对不大。据调查统计，此类环境占救援人员在火场高温环境的 60％～70％，也是救援人员作战环境最恶劣的情况。对建筑室内火灾现场的内部测定结果表明，火场中一般温度可达 80 ℃以上，相对湿度达到 95％以上。此环境蒸发散热极为困难，即使大量出汗也不能有效散热，导致救援人员体内热积蓄或水、电解质平衡失调，从而发生中暑等症状。这种火场内部除了高温高湿以外，还存在大量燃烧产生的浓烟，影响救援人员行动，造成中毒。

（二）高温强热辐射火场环境

该环境是指大型油罐、液化石油气、炼油厂等化工火灾现场以及露天堆垛火灾现场。这些火灾现场的特点是温度高，热辐射强度大，相对湿度较低，形成干热环境；危害特点是辐射热除作用于人的体表外，还作用于深部组织，因而加热作用非常快，强度非常大。救援人员一般在距离火焰几米至几十米范围内从事出水灭火、冷却等作战行动，身体或装备表面温度甚至超过 100 ℃，极易造成灼伤。此类火场作战时间较长，一般 6～8 h，甚至要连续作战 24 h 以上，高温严重加大了救援人员身体疲劳的程度。在露天堆垛火灾现场的消防人员，距离火焰 3～8 m，环境温度 50～70 ℃，但防护服正对火焰一侧表面温度超过 100 ℃，现场灭火消防车辆金属表面最高温度近 200 ℃，现场参战救援人员裸露的皮肤会感觉炙热难当，如果不采取防护措施，将会产生严重后果。在不同风向上，距火焰相同距离，上风、侧上风方向比下风、侧下风方向温度要低。同时测定的在后方从事供水保障的救援人员的工作环境，基本与当地的大气温度相同。

3. 大运动量、厚重的防护装备下的高温环境

应急救援装备示意图如图 9-2 所示。由于一线作战人员个人防护要求比较高，防护服封闭较严，加之环境温度相对较高，白天日照强烈，人员从事的是重体力或极重体力劳动，运动强度大，精神紧张，这使得人员运动产生的热量难以散发，在体内积蓄而产生高温。调查显示，在夏季的危险化学品处置现场，救援人员在穿着全封闭重型防护服作业仅 0.5 h 之后，防护服内积存的汗液可达 500 mL 以上。因此，这种情况的高温作业极易造成救援人员脱水、脱盐甚至中暑。

图 9-2　应急救援装备示意图

综上所述，应急救援人群在训练及工作中经常要面对来自环境的热刺激，且由于运动代谢的自身产热，以及防护装备内的热量积累，极易影响身体生理的各项指标，甚至产生中暑，影响训练及救援效率。目前，热习服训练是提高身体耐热能力最有效的方式。

三、热习服的生理习服过程

热习服也称热适应，是指机体在高温与热辐射的长期反复作用下，在一定范围内逐渐产生对这种特殊环境的适应，表现为机体对热的反射性调节功能逐步完善，各种生理功能达到一个新的水平。可缓解高温热环境引起的机体生理紧张，提高机体运动能力，减少训练伤害及过度疲劳的发生。

在热因子的反复作用下，机体为适应热环境而发生的生理习服过程可分三个阶段。

（一）原始反应阶段

机体受热，反射性引起皮肤血管极度舒张、心血管系统负荷高度紧张和分泌不适量的浓缩汗液（与细胞外液相似）。皮肤血流量增加几倍乃至10倍以上，心输出量增加，循环血量相对不足，随后大量出汗导致机体失水、血液浓缩，则心输出量减少、血压下降，当脑、运动肌肉供血不足和继发性缺氧发展时，则发生中暑先兆症状，心电图显示心肌相对缺氧。受热时出汗率可达1～4.2 L/h，汗盐浓度为0.39%左右，随汗会丢失大量钾和其他矿物盐、水溶性维生素和氨基酸，并引起水、电解质和酸碱平衡紊乱。如果深部体温上升，细胞代谢增强，呼吸加快甚至发生呼吸性碱中毒；体温中枢兴奋性增加，由于负诱导可出现共济失调、反应迟钝。

（二）代偿适应阶段

心血管功能改善高温环境下的劳动能力取决于循环系统对热紧张的代偿能力。热习服后劳动对心率、血压和体温影响极小，每搏、每分心输出量相应增加，而心输出量是反映热习服心血管功能的可靠指标；未习服时失水后心血管功能立即下降，习服后失水达体重5%时才下降。热习服还伴有机体各部循环血量的调整，肾血流量减少25%～75%，肝血流量也相应减少，而皮肤血流量增加。在热习服的第3～4天，静脉张力暂时性增加，这对习服初期调节循环代偿机能颇为重要。由于肾脏存储水盐，代偿性血容量和组织间液容量等渗性扩大，在热习服第5～14天最高，重新建立体液正常分布，提供了散热、出汗所需增加的皮肤血流和劳动所需增加的肌肉血流。汗分泌的增强是机体对热紧张防御能力提高的重要习服现象，热习服后出汗能力增强占降低体温、减少热容量的75%～90%；在热习服第3～4天，出汗体温阈值降低（低0.3～0.5 ℃），出汗潜伏期缩短；习服后期，汗腺分泌活动增强，同等体温时出汗率增加10%～40%，并长时间维持高出汗率、汗脂增加、汗液表面张力减小、汗液分布均匀，提高了汗液的有效蒸发率。汗盐浓度随热习服的进展而降低，如果补盐不足，则汗中钾、钠含量可降低57%～71%，而较稀的汗液容易蒸发，同时尿盐排出持续减少。热习服时皮温比肛温降得多，热梯度增大，体热容易向外周传递。

（三）调整巩固阶段

神经和内分泌系统产生了巩固而稳定的改变。热暴露时血液稀释更迅速、显著，减轻了高温运动引起的血钾增高，贮留组织钾和血管外钾，防止低血钾。出汗率较前阶段稍减而敏感性增加，出汗的皮肤温度阈值降低约2 ℃，汗中Na/K比降低；酶活性也发生适应性改变，产热酶活性和肝、肾氧耗量明显降低；代谢性化学热产生的抑制机制很发达，基础和劳动代谢率降低16%～17%，基础体温和高温劳动的体温较低。热习服是大脑皮层积极活动的结果，逐步形成新的综合性条件反射（动力定型）。下丘脑体温中枢的适应性变化和垂体-肾上腺皮质-甲状腺以及肾素-血管紧张素系统激素在热习服过程中起重要作用，通过降低代谢产热、调节水和电解质平衡、改善机体功能等促进热习服。杜桂仙等发现，热习服时兔的脑脊液中产生增进散热、降低体温的神经化学物质——致热适应因子。Holaday等提出了内啡肽参与热习服和保持正常体温的假说。有些报道强调，热习服对避免心血管机能紊乱较防止体温升高的意义更重要。

总之，热习服后对热应激的反应小，例如心率较慢、体温较低、血压稳定、出汗散热能力增强（男＞女），对较高体温的耐受力提高、常规体力活动后无不适感。

四、热习服训练方法

热习服训练方法分为自然热习服、被动热习服和主动热习服。

自然热习服是指长期居住在炎热气候的环境中从而提升耐热性；被动热习服是指使用外部(外源性)热量来引起适应，被动地提高体温，从而提高机体的耐热性；主动热习服是指在高温环境中进行一定强度的体力负荷训练，从而提高耐热性。这三种方法中主动热习服的效果更为明显。

《部队热习服指南》要求热习服的环境温度应高于 30 ℃。根据相关文献，热习服的最适宜温度为 35～40 ℃，相对湿度为 20%～60%。推荐方法为：温热气候中，可在日间炎热环境中进行热习服训练。温和气候时，可在房间里穿着汗衫进行热习服训练。春秋季节环境相对差距较大时，穿着毛衣、绒衣裤使体表微环境达到湿热标准。无论什么气候条件训练，都要求体感与湿热环境相同才能达到热习服训练对环境的要求。湿度分级：高湿度环境(相对湿度为 70%～100%)，中等湿度环境(相对湿度为 40%～69%)，干热环境(相对湿度为 0～39%)，热习服训练可以在干热或者中等湿度情况下训练。

除此之外，也可采用被动热习服的方法，如热水浸泡：在 40 ℃的水中浸泡 20～40 min，可以作为单独的训练或在基础训练后即刻进行。又如桑拿训练：在 80 ℃、20%相对湿度的桑拿房中暴露 20～40 min，可以作为单独的训练或在基础训练后即刻进行。训练频率为连续一天或每隔一天完成一次(2 周内最少进行 5 次)。

第三节　冷　环　境

一、冷应激

冷应激是指人体受到寒冷刺激而出现的生理变化。一般情况下，机体散热与风速和湿度有关。风速和湿度越大，机体散热越多，冷应激对机体的影响就越明显。在冷环境中，机体通过两种调节机制以防止体温下降：一是通过寒战以增加代谢产热；二是通过外周血管收缩以减少热量散失。如果这两种调节机制不能保持机体产热和散热的平衡，机体深部温度就会降低。

在低温环境中，体温下降会损害人体机能，也会影响运动能力。研究表明，温度每下降 10 ℃，神经传导速度降低 15 m/s。局部温度为 8～10 ℃时，神经传导即完全受阻，所以四肢受冷会使工作能力明显下降，严寒的冷水应激还会使最大摄氧量和心率显著降低；冷应激会使皮肤血管明显收缩，皮肤血流量明显减少。虽然对维持体内深部温度有利，但周围组织和皮肤热量减少，很容易使手指和脚趾冻伤；寒冷还会使骨骼肌的黏滞性增大，肌肉收缩速度减慢，动作灵活性和协调性变差，既使工作效率下降，又容易发生运动损伤。

寒冷刺激会影响人体免疫功能。如寒冷环境中运动员易患上呼吸道感染，而影响运动员的运动能力。但也有人体实验研究表明，急性冷环境暴露可使免疫球蛋白升高，增强免疫功能。在室温 5 ℃的房间内暴露 2 h，会导致机体深部体温下降，使白细胞总数和粒细胞增多，自然杀伤细胞(NK 细胞)活性上升，以及循环血中白细胞介素-6(IL-6)水平升高。在冷空气暴露之前进行中等强度运动(有热储存)，能进一步增强这些免疫指标的反应，并认为这种反应可能与血中去甲肾上腺素水平升高有关。

二、冷习服

研究表明，经常暴露在冷环境中，能引起机体对冷环境的适应。冷习服是指在冷环境中进行体育锻炼的一种适应，其基本特征是寒战产热减弱和外周血管收缩反应减弱。例如，职业潜水者如果每天潜入 10 ℃的冷水中 15 min，就会产生冷适应。在水温下降到 28.2 ℃时，有半数以上的人出现寒战，而潜水者才开始出现微弱的寒战反应，说明冷适应的人寒战阈值较高。长期生活在极端寒冷地区的人，基础代谢率比一般人高约 25%。重复对手或脚进行寒冷刺激，会使流经这些部位的血流增加而提高局部的冷习服，防止组织由于低温造成的损害。

评定人体冷习服有三种基本方法：

(1) 测定产生寒战的皮肤温度阈值。研究指出，人们处于较冷气温中几个星期后，寒战发生推迟。冷习服的人可以增加非寒战的产热过程以保证产热，使寒战减轻；增加去甲肾上腺素的分泌，引起氧化磷酸化脱耦联，即释放热而不生成 ATP。

(2) 测量手和足的温度。未经冷习服的人随着处于冷环境中的时间延长，手和足部的温度逐渐下降。已经冷习服的人能够保持基本正常的温度。

(3) 观察在寒冷中睡眠的能力。未经冷习服的人会因打寒战而不能入睡。研究表明，冷习服到一定程度时人们便可以在寒冷中入睡，要加强在寒冷中入睡的能力就要增加去甲肾上腺素的分泌，使非寒冷产热过程增强。

第四节　高压低氧环境

应急救援行动时所处的地形环境复杂多变，常会导致救援人员面临高压低氧环境，这类特殊环境包括高山救援环境、深海救援环境、矿井救援环境等。在这些环境下，应急救援人员需要经过特殊的培训和佩戴合适的装备，以确保他们能够适应高压低氧环境，保持自身安全并有效地执行救援任务，其中可能包括使用特殊的呼吸装置、合理规划适应性训练，以及采取其他措施来缓解高压低氧带来的影响。进行高原或模拟高原环境训练不仅可以使应急救援人员更好地适应高压低氧环境，当救援环境转变为平原时，其身体机能的提升可以使救援活动更加高效安全地开展。因此，进行高原训练对于处于非特殊环境下的救援人员的训练也有重要意义。

一、高压低氧环境对救援人员的影响

(一) 常见的高压低氧环境

(1) 高山救援环境：在高海拔地区，氧分压较低，气压较高，造成高压低氧环境。应急救援人员经常需要在这种环境条件下救援被困人员，这将使他们长期暴露在高压低氧环境中。

(2) 深海救援环境：深海潜水救援环境也满足高压低氧的条件，深海的水压会远高于海平面，同时氧气供应也可能受限，造成低氧环境。

(3) 矿井救援环境：矿井事故往往发生在封闭的地下空间中，由于通风不良或氧气供应中断，可能出现高压低氧的情况。

(二) 高压环境对救援人员的影响

1. 高压环境对救援人员机体的影响

高压环境会使救援人员的机体产生各种气压伤及挤压伤，其中主要包括：中耳气压伤、内耳气压伤、鼻窦气压伤、面部挤压伤、全身挤压伤、肺气压伤。

2. 高压环境引起的救援人员生理功能变化

在高气压环境下工作，救援人员所受外界因素的作用，并不仅限于"高压"，还有高温、高湿、寒冷、通风不良、有害气体、重劳动、水环境、密闭狭小空间等条件均同时作用于救援人员的机体。

在高压环境下进行救援，救援人员的血液系统功能的变化主要表现为：红细胞、血红蛋白、血小板减少，白细胞增多，红细胞沉降率增快。

心血管系统功能的变化主要表现为：心率减慢，收缩压下降或不变，每搏输出量与正常人相似，每分钟输出量减少。

呼吸系统功能的变化主要表现为：呼吸频率减慢、呼吸运动幅度和阻力增大。

肺通气功能的变化主要表现为：潮气量增加，呼吸阻力增大，最大通气量降低。

消化系统功能的变化主要表现为：有便意，常有口渴感，葡萄糖在小肠中吸收均见减少。

感觉机能的变化主要表现为：味觉明显下降、嗅觉丧失、温度舒适阈变得很窄。

神经系统功能的变化主要表现为：救援人员的工作能力、工作效率有所下降，高气压可直接对神经系统有损害作用，引起高压神经综合征、注意力集中困难、智力下降、反应迟钝、记忆力降低等。

泌尿系统功能的变化主要表现为：高气压引起救援人员高压性利尿，尿量明显增加，尿中电解质 K^+ 、Na^+、Ca^{2+} 的排出量增高。

机体代谢的变化主要表现为：氧耗量并无多大变化，在体力负荷时则有增加趋势、二氧化碳产生量有所增加、体重减轻。

内分泌功能的变化主要表现为：血浆皮质醇、尿液 17-羟皮质类固醇、17-酮类固醇的浓度水平增高、血清谷草转氨酶（SGOT）、谷丙转氨酶（SGPT）、乳酸脱氢酶（LDH）、儿茶酚胺、血清垂体激素、生长激素、尿促卵泡激素等含量亦有明显升高。

免疫系统功能的变化主要表现为：机体的细胞免疫及体液免疫均在一定程度上受抑制，可非特异性地引起各种免疫细胞（包括中性粒细胞、巨噬细胞、T 细胞、B 细胞）的损伤。

在其他方面的变化主要表现为：救援人员会有十分疲劳的感觉，并伴无力、困倦、厌食。

（三）低氧环境对救援人员的影响

1. 低氧环境对救援人员生理功能的影响

低氧环境对救援人员生理功能的影响体现在以下几个方面。

对中枢神经系统的影响主要体现在：大脑皮层在低氧环境下反应最为敏感，机体的高级神经活动会受到影响。轻度低氧时，皮层下中枢受低氧损害较轻，会出现肺通气量增大、心跳加快、心输出量增多、血流加快等机体反应。严重低氧时，由于皮质细胞发生严重营养代谢障碍，在心理活动上会有抑郁、迟钝、淡漠等症状的产生。

对呼吸系统的影响主要体现在：肺通气量明显增大，且随海拔的升高而增加，以提高肺泡气氧分压和血氧饱和度，增加组织摄氧量。

对心血管系统的影响主要体现在：心率加快、心输出量增加、肺动脉高压、肺水肿、右心室负荷增加，长时间低氧可引起右心室肥厚甚至衰竭。

对血液与造血系统的影响主要体现在：红细胞压积增加，血红蛋白含量增加，可增加血液携氧能力，提高动脉血氧饱和度。但增加过多，血液黏滞性增高，循环阻力加大，不利于机体对高原的习服。

对泌尿系统的影响主要体现在：轻度低氧时尿量增加，严重时则减少。

对消化功能的影响主要体现在：各种消化腺的分泌功能有不同程度的减弱。唾液分泌减少，胃酸活性虽正常，但缺乏游离酸，胃排空时间延长，肠蠕动减弱。

2. 救援人员的低氧适应（高原习服）

高原的低氧环境会给救援人员的呼吸循环机能带来不利的影响。但是在高原地区停留一定时期，机体通过对低氧环境产生各种适应性反应，提高对缺氧的耐受能力，这种现象称为高原习服。高原习服是循序渐进的，到达 2 300 m 高度约需两周的适应期，然后海拔每增加 610 m，需多一周的适应期。高原习服可分为短期习服（几天、几周或几个月）和长期习服（数年）。一般将人体对高原环境的长期习服过程称为高原适应。

高原的长期适应过程包括生理适应和代谢适应。最重要的调节机制包括：① 肺通气量增加和体内酸碱平衡调节的能力增强；② 红细胞生成增加以及局部循环和细胞代谢的变化。血液与局部循环方面的调节将明显有利于氧的运输和利用。高原低氧的急性反应与长期适应见表 9-1。

表 9-1　高原低氧的急性反应与长期适应

系统	急性反应	长期适应
肺部酸碱平衡	通气量增加 体液 pH 值升高，呈偏碱性	通气量增加 肾脏排出碳酸氢盐减少
心血管	心率加快 心输出量增加 每搏输出量不变或略减少 最大心输出量不变或略减少	心率仍然高 心输出量减少或低于平原水平 每搏输出量减少 最大心输出量减少
血液方面	—	血浆量减少 红细胞压积增加 血红蛋白浓度增加 红细胞数量增加 骨骼肌毛细血管增加 红细胞中 2，3-二磷酸甘油酸增多
局部	—	线粒体密度增加 肌肉氧化酶活性增高 体重和瘦体重减少

二、高原训练

（一）高原训练的生理学适应

高原训练是一种在低压、缺氧条件下的强化训练。这种训练有两种负荷：一种是运动本身所引起的缺氧负荷，即运动性缺氧负荷；另一种是高原性缺氧负荷。这两种负荷相加会造成比平原更为深度的缺氧刺激，以调动身体的机能潜力。高原训练的生理学适应主要表现在呼吸系统、血液系统、心血管系统、骨骼肌系统、免疫系统、内分泌系统以及代谢能力等方面的适应。

1. 呼吸系统

从平原进入高原后，最初反应是呼吸频率加快、肺通气量加大。运动时的肺通气量较在平原做同样负荷时增加23%或更多。经高原训练后，最大通气量有所增加，肺通气量、呼吸频率比初上高原时有所降低，肺活量显著增大。

2. 血液系统

(1) 血红蛋白和红细胞

到高原环境后血红蛋白和红细胞的含量明显增加。初上高原时，由于体液从血管内进入组织间和细胞内，血浆量减少使红细胞浓度增加。高原氧分压下降也刺激红细胞总数增加，即红细胞增多症。由于高原缺氧引起促红细胞生成素的释放，促进了红细胞的生成。在高原期间红细胞仍然保持上升趋势。

(2) 促红细胞生成素

研究发现，高原缺氧有促使体内促红细胞生成素增加的作用。当处于3 000 m高度并停留3 h后，体内促红细胞生成素的浓度升高约50%。

(3) 血液流变学指标

研究发现，随着海拔的不断增加，人的血液具有“浓”(红细胞压积增高)、“黏”(全血黏度增高)和“聚”(红细胞电泳时间延长)的典型特点。经过长期训练的人员，安静时红细胞渗透脆性、血液黏度、红细胞电泳时间和血沉比一般人明显下降，红细胞滤过率和红细胞变形能力比一般人明显增加。适宜的高原训练可控制红细胞压积在最适值范围内，使红细胞携氧能力达到较佳状态，且对血液黏度也无不利影响。因此，高原训练期间应急救援人员机体的血液流变性可能会得到改善，从而提高应急救援人员机体对低氧环境的耐受力。

(4) 红细胞变形能力

红细胞变形能力在很大程度上影响着组织的供氧能力。研究发现，高原训练一周后红细胞内的2,3-二磷酸甘油酸(2,3-DPG)开始提高，而血中2,3-二磷酸甘油酸能通过改善红细胞膜的机能状态使红细胞变形性增强，有利于氧的释放。

(5) 血乳酸变化

高原训练初期，由于高原缺氧使组织中线粒体氧化酶的活性下降，肌肉利用氧的能力降低。因此，运动时有氧代谢不能满足机体的能量需要，较多地动用了无氧代谢，产生大量乳酸，同时由于大强度运动使乳酸消除的速率也减慢，因而乳酸浓度会升高。

研究发现，机体在对高原习服的过程中，运动后血乳酸和肌乳酸存在下降的趋势，这是机体对缺氧环境的适应，也是机体代谢能力提高的反映。

3. 心血管系统

研究发现，高原训练可提高心脏泵血功能，即左心室收缩力增强，每搏输出量、射血分数增大，心输出量增加。

4. 骨骼肌系统

高原训练对骨骼肌系统有较深刻的影响，主要表现在以下几个方面。

(1) 骨骼肌的毛细血管和酶活性

研究发现，长期高原训练后骨骼肌毛细血管密度增高，糖酵解酶活性降低，氧化酶活性升高。

（2）肌红蛋白浓度

肌红蛋白是肌细胞内含铁的蛋白质，对氧的亲和力比血红蛋白大，其主要功能是贮存氧气。高原适应和训练的综合因素能引起骨骼肌中的肌红蛋白的浓度增加，训练强度较高、缺氧严重时，肌红蛋白增加明显。

（3）肌肉缓冲能力

高原训练后，肌肉缓冲能力有所改善，而耐力训练不能增加肌肉缓冲容量。

（4）体重和体成分

长期经受高原应激，体重明显下降，下降的大小与海拔密切相关。在高原上体重丢失的原因，一方面是脱水，另一方面是脂肪的丢失和骨骼肌质量的下降。此外，高原应激使能量摄入下降，小肠吸收率下降，基础代谢率明显升高，因而体重下降。

5. 免疫系统

高原训练对机体免疫功能会产生影响，使细胞免疫水平提高。提升高原训练的高度也是影响耐力运动员细胞免疫功能的因素之一。

6. 内分泌系统

（1）儿茶酚胺

儿茶酚胺具有在应激状态下增强机体适应能力的作用。缺氧结合运动训练，可使尿内儿茶酚胺排出量明显增高。在较高海拔进行同等负荷运动后，尿中去甲肾上腺素的排出量明显增加，肾上腺素的排出量明显减少。

（2）血清睾酮

研究发现，高原训练会使血清睾酮的含量降低，可能是长时间大强度训练使睾丸中产生的睾酮量下降所致。

7. 代谢能力

高原训练可提高机体的有氧代谢能力、改善心脏功能、提高红细胞和血红蛋白水平，从而增强氧的运输能力；骨骼肌毛细血管密度增加，增加了肌肉的氧供应；肌纤维线粒体中氧化酶活性升高，这些因素可提高机体运输氧和利用氧的能力，提高机体有氧代谢的能力。

（二）高原训练的要素

1. 适宜海拔

一般认为，高原训练的最佳高度应为 2 000～2 500 m。在 2 000～2 500 m 的高度进行训练，红细胞压积、血红蛋白及最大摄氧量均有显著增高。

2. 适宜训练强度

适宜训练强度是决定高原训练成败的关键。强度过低，刺激小，难以收到成效；强度过高，刺激大，对适应和恢复不利。

3. 训练持续时间

高原训练适宜的持续时间应为 3～8 周。因为从平原到高原会有一个适应过程，高原训练时间过短，不利于机体产生适应性变化；高原训练时间过长，则不利于机体回到平原后的适应性调整，所以安排高原训练的时间不宜很长。

4. 出现最佳训练效果的时间

下高原后，何时出现最佳训练效果，与个体的适应能力及高原训练的负荷有密切关系。高原训练的效果在下高原后可保持 3～5 周的时间。

第三篇　实　践　篇

第十章　耐力素质训练方法

第一节　有氧耐力训练方法

有氧耐力是心肺和循环系统把氧气输送到肌肉线粒体为人在做体力活动时提供能量的重要能力。现今许多运动方式均能发展有氧耐力，并促进人体心血管和呼吸系统产生适应性变化。例如自行车、长跑、铁人三项等项目均需要高水平的有氧耐力。本节将详细介绍有氧耐力的概念、影响因素及常见的有氧耐力练习方法及手段。

一、有氧耐力基本概念

（一）有氧耐力定义

有氧耐力是指机体在氧供充足条件下，能坚持长时间运动的能力。有氧耐力训练的目的在于提高练习者机体吸收、输送及利用氧气的能力，促进有机体的新陈代谢以及能源物质的恢复。在生物学背景下，人体肌肉运动的能量供应来自3个途径：磷酸原（ATP和CP）供能、糖酵解供能和有氧代谢供能。磷酸原与糖酵解供能都不需要氧的参与，但前者不产生乳酸，而后者产生乳酸，所以，磷酸原供能又被称为无氧无乳酸供能，糖酵解供能被称为无氧乳酸供能。有氧耐力则是能量物质（如碳水化合物和脂肪酸等）在氧供充足的情况下分解产生的能量供应肌肉收缩的能力。

（二）有氧耐力的影响因素

有氧耐力训练对机体的影响可以分为有氧训练的急性反应和有氧训练长期适应。一次有氧训练过程中，机体的能量需求量显著增加，特别是心血管系统和呼吸系统机能能力增强。多次、反复进行有氧运动的急性变化，会使机体的所有系统产生功能变化和反应。有氧运动的急性影响是长期适应的基础。有氧耐力的影响因素见表10-1。

表10-1　有氧耐力的影响因素

影响因素	注释
氧运输系统的功能	心脏的泵血功能与有氧耐力密切相关，心输出量是反映心脏泵血功能的重要指标，它受每搏输出量和心率的制约。其中，每搏输出量决定于心肌收缩力量和心室舒张末期容积，安静状态下心输出量越高，则有氧耐力水平越好。运动训练可使心脏的形态与机能出现适应性变化，主要表现为左心室内腔扩张，心容积增加，安静时心率减慢，每搏输出量增加等，从而使有氧耐力得到增强。此外，红细胞的数量也是影响耐力的因素之一，血液中红细胞所含的血红蛋白具有携带氧进行运输的能力
骨骼肌的特征	肌组织的有氧代谢机能影响有氧耐力，肌组织利用氧的能力主要与肌纤维类型和代谢特点有关，优秀的耐力练习者慢肌纤维百分比高，肌红蛋白、线粒体和氧化酶活性高，毛细血管数量增加，则有氧耐力强

表 10-1(续)

影响因素	注释
神经调节能力	大脑皮质神经过程的稳定性及中枢之间的协调性影响有氧耐力。长期的耐力训练可改善神经的调节能力，节省能量消耗，保持较长时间的肌肉活动
能量供应特点	糖和脂肪在有氧条件下能保持长时间供能的能力是影响有氧耐力的重要因素之一。耐力型项目运动时间长，强度较小，主要以有氧供能为主。随着运动时间的延长，脂肪供能比例增大、糖原利用减少。供能物质的储存、肌肉有氧氧化过程的效率、各种氧化酶的活性及动用脂肪供能的能力等，这些都是影响有氧耐力的因素，均可通过有氧耐力训练得到提高

二、有氧耐力训练方法

（一）持续训练法

持续训练法是指强度较低、持续时间较长且不间歇地进行训练的方法，主要用于提高心肺功能和发展有氧代谢能力。练习时间在 20～30 min 以上。

它能提高大脑皮层神经过程的均衡性和机能稳定性，改善参与运动的有关中枢间的协调关系，并能提高心肺功能及 VO_{2max}，引起慢肌纤维出现选择性肥大，肌红蛋白和毛细血管网的密度也有所增加。持续训练法见表 10-2。

表 10-2　持续训练法

基本类型	短时间持续练习	中时间持续练习	长时间持续练习
负荷时间	5～10 min	10～30 min	＞30 min
心率强度	170 次左右	160 次左右	150 次左右
间歇时间	没有	没有	没有
动作结构	基本稳定	基本稳定	基本稳定
有氧强度	最大	最大	次大

（二）乳酸阈强度训练法

血液的乳酸浓度会随运动强度递增，当达到某一运动强度时，血乳酸浓度会出现急剧上升，肌肉开始产生明显的疲劳和酸胀感。这一临界点即“乳酸阈”，一般对应的血乳酸值为 4 mmol/L。此时，机体从有氧代谢供能转入无氧代谢，控制在这个强度的训练即为乳酸阈强度训练(lactate threshold training)。在乳酸阈强度下持续运动 20～30 min，血乳酸不会进一步升高，机体也不会产生明显的高乳酸血症，故通常认为训练时采用 4 mmol/L 血乳酸值对应的强度是有氧耐力训练比较适合的强度。

（三）间歇训练法

间歇训练法是让机体在不完全恢复的情况下，反复进行练习的训练方法。其核心在于“间歇”，严格控制间歇的时间以及运动的恢复状态，确保练习者在一种不完全恢复的状态下进行下一组训练，并且又不能使练习者产生运动耗竭。已有的研究表明，间歇训练可以增强练习者的心脏功能和肺功能，增强输氧能力；可以增强机体糖酵解代谢供能能力或磷酸盐与糖酵解混合代谢供能能力，从而增强练习者的速度耐力；可以增强练习者在激烈对抗条件下的比赛能力，增强心理调适能力。间歇训练法按照负荷时间、负荷强度可以分为不同级别的间歇类型。间歇训练法见表 10-3。

表 10-3　间歇训练法

要素	高强度间歇训练	强化性间歇训练		发展性间歇训练
		A 型	B 型	
负荷时间	<40 s	40～90 s	90～180 s	>5 min
负荷强度	大	大	较大	中
心率指标/次	190	180	170	160 左右
间歇时间	很不充分	不充分		不充分
间歇方式	走、轻跑	走、轻跑		走、轻跑
每次心率/次	120～140	120～140		120
供能形式	糖酵解供能为主的混合代谢能力	糖酵解供能为主的混合代谢能力		有氧代谢为主的混合代谢供能

而在间歇类型中高强度间歇训练(high-intensity interval training，HIIT)无疑是现今竞技体育领域最受关注的研究热点之一。高强度间歇训练法是指以大于或等于无氧阈或最大乳酸稳态的负荷强度进行多次持续时间为几秒到几分钟的练习，且每两次练习之间的安排使练习者不足以完全恢复的训练方法。

从 HIIT 的定义来看，HIIT 包括负荷强度、负荷持续时间、间歇休息的强度、间歇休息持续时间和负荷次数 5 个因素。除此之外，HIIT 还包括运动方式、组数、多组持续时间、组间强度和组间持续时间。这 10 个与 HIIT 相关的指标都是影响 HIIT 训练效果的因素，在安排 HIIT 时都需要给予考虑。以往研究主要针对负荷强度、负荷持续时间、间歇休息的强度和间歇休息持续时间这 4 个因素，这 4 个因素也被认为是影响 HIIT 训练效果的主要因素。

（四）高原训练法

高原训练法是指有目的、有计划地将练习者组织到具有适宜海拔的地区，进行定期的专项运动训练的方法。其理论依据是，人体在高原低压、缺氧环境下训练，利用高原缺氧和运动双重刺激，使练习者产生强烈的应激反应，以调动人体的机能潜力，从而产生一系列有利于提高运动能力的抗缺氧生理反应。高原训练人体机能适应变化见表 10-4。

表 10-4　高原训练人体机能适应变化

即刻	长期
血浆量↓(下降幅度可达 25%)体内酸碱情况改变	体内酸碱情况改变过度换气
过度换气	次最大心率↑
次最大心率和心输出量↑	心输出量和每搏输出量↓
每搏输出量←→	儿茶酚胺↑
血压↑	血浆量↓

表 10-4(续)

即刻	长期
儿茶酚胺↑	血比容、红细胞数、2,3-DPG 和血红素↑
一次最大运动时血乳酸↑	毛细血管和线粒体密度↑
—	有氧代谢酶数量↑或↓
—	酵解酶↑或↓
—	体重和净重↓
—	VO↓
—	肌红蛋白↑
—	免疫功能↓
—	肝糖损耗量和组织损害程度↑
—	最大和次最大运动情况下血乳酸↓

三、有氧耐力训练手段

（一）匀速持续跑

① 训练方法：跑的距离尽可能远，运动时间在 1 h 以上，心率控制在 150 次/min。

② 训练要求：匀速连续地跑进。

（二）越野跑

① 训练方法：跑的速度可以适当变化，心率控制在 150～170 次/ min，运动时间在 1.5～2 h。

② 训练要求：在空气清新、相对松软、有弹性的路面进行。

（三）变速跑

① 训练方法：负荷强度由低到高，心率控制在 130～180 次/min，练习时间持续半小时以上。

② 训练要求：根据练习者的能力控制速度和距离。

（四）间歇跑

① 训练方法：训练负荷量较小，训练中每次练习持续时间不长，但负荷强度较大，心率达到 170～180 次/min，在机体尚未完全恢复前进行下一次练习。

② 训练要求：整个训练持续时间尽可能延长，至少半小时。练习期间采用积极性休息方式，如放松跑和慢走。

（五）法特莱克跑

① 训练方法：在野外、山坡、平原等地形条件下，由练习者自己掌握距离不等的快跑、慢跑、匀速跑及加速跑等方式交替进行的连续练习。

② 训练要求：多用于调整训练课或过渡训练期。

除了跑的练习外，有氧耐力训练手段还有很多，例如游泳、自行车、登山等运动都是提高练习者有氧耐力的有效手段，教练员可以根据训练条件选择合适的训练手段。

第二节　无氧耐力训练方法

耐力素质通常理解为人体长时间进行肌肉工作的运动能力或抗疲劳的能力。其中糖无氧酵解功能能力更多地决定了机体的无氧耐力。在日常的力量、速度、爆发力项目中无氧耐力强弱对最终比赛成绩的发挥起到了重要的影响作用。因此，本节系统介绍了无氧耐力的基本概念、影响因素、练习方法与手段，对应急救援人员的日常科学化训练具有十分重要的意义。

一、无氧耐力基本概念

（一）无氧耐力定义

无氧耐力是指机体以无氧代谢为主要供能形式，坚持较长时间工作和在最短时间内发挥最大力量和速度的能力。无氧耐力又可分为无氧无乳酸能力和无氧有乳酸能力，二者的区别主要在于能量机制。无氧无乳酸能力的供能机制是三磷酸腺苷和磷酸肌酸的无氧分解，而无氧有乳酸能力的供能机制是肌糖原的无氧酵解。

（二）无氧耐力的影响因素

进行无氧耐力训练后，神经系统、骨骼肌、结缔组织、内分泌系统和心血管、呼吸系统都会产生与提高运动表现相适应的重要生理适应。影响无氧耐力的主要因素有：

1. 神经系统

无氧耐力训练可以通过神经中枢到单个肌纤维的神经肌肉系统链诱发适应性变化，这些变化包括神经肌肉接头和神经肌肉反射增强作用等。

Deschenes 等人研究表明，不同强度的无氧耐力训练可以使神经肌肉接头产生较多的突触，神经末端分支长度增加。另一项研究显示，在 7 周的阻力训练后，突触后膜的长度和面积增加。因此，无氧耐力训练在神经接头处产生了形态学的变化，以此来增加神经传递。同时，无氧耐力训练增加反射（如肌梭和牵张反射）反应，从而提高肌肉力量的大小和肌肉速率。因此，神经系统的适应性改善与肌肉无氧代谢能力有较大关联。

2. 骨骼肌和结缔组织

在完成大强度无氧耐力训练后，骨骼肌的肌肉适应主要表现为肌肉体积的增加、肌纤维类型的转换、生化性质的提高和超微结构组成的变化等，这些适应性变化可以使人体获得更加出色的无氧耐力，这主要得益于无氧代谢能力较强的Ⅱ型肌纤维获得了选择性强化。在无氧耐力训练后，肌肉力量或者质量的增加必然引起骨密度的增加，同时，肌腱和韧带形成紧密的结构，这些适应性变化更加促进了练习者运动能力的表现。

3. 内分泌系统

内分泌系统对于无氧耐力训练的适应性反应包括四个方面：运动后和运动中的急性变化、休息时的慢性反应、测试时急性反应中的慢性变化、力竭时的急性反应和受体浓度的改变。

4. 心血管系统和呼吸系统

心血管系统在通过无氧耐力训练后可以产生急性和慢性反应。急性反应包括增加心输出量、每搏输出量、心率、摄氧量收缩压和运动肌肉的血流量。但是无氧耐力训练安静时心率没有显著性增加，血压稍微下降或者完全没有变化，但是心输出量增加，心肌的容积改变，心肌的耗氧量下降。

（三）无氧耐力对运动表现形式的影响

1. 运动单位的募集顺序和动员能力

运动单位的募集顺序，或者说激活顺序是固定的。也就是说，在肌肉收缩过程中，各个单位并不是同时收缩的，而是以一定的顺序进行收缩的。美国著名生理学家乔奇 A. 布茹克司等人指出：根据体积原则，细胞体积小的运动单位将首先募集，而且最常使用。细胞体积大的运动单位，在募集过程中列在最后，而且最少使用。尽管命名的时候使用了快慢的字眼，但是肌纤维的募集通常不是由运动的速度决定而是由完成运动所需的力量决定的。这进一步说明，低强度练习首先使用慢运动单位，随着运动强度的增加，肌肉的快运动单位得到募集。因此，为保证最大限度激活快运动单位，使更多快肌纤维参与收缩，就必须进行无氧耐力训练，以刺激运动单位产生适应并选择性募集。

2. 肌肉之间的协调性和控制神经类型的灵活性

肌肉之间的协调性是指在一定的动作过程中，有顺序地发挥所参与肌肉的力量。速度力量训练时的肌肉协调性发挥，得益于神经在空间和时间上的集中，以及改善主动肌、协同肌和对抗肌间的相互协调关系，使对抗肌协调放松，减少收缩的内部阻力，增加收缩力量。从生理学的角度看，速度力量的提高除肌肉负荷和收缩速度以外，与神经支配有一定的关系。对运动控制神经类型灵活性强的练习者，相对来说其速度力量较强。因此，我们可以通过一些刺激反应、动作速度和动作协调性等训练方法来提高练习者中枢神经系统的灵活性。

3. 机体对乳酸的适应能力

无氧耐力主要取决于肌肉内无氧糖酵解供能能力、消除乳酸的能力以及脑细胞对血液酸碱度变化的耐受能力。肌肉中无氧糖酵解供能能力的优劣，是无氧耐力强弱的重要因素之一。肌糖原贮量愈高，酵解酶活性愈高，糖酵解能力愈强。资料表明，快肌纤维中乳酸脱氢酶活性和肌糖原含量均高于慢肌纤维，且短跑队员高于中跑队员，中跑队员高于长跑队员。人体高强度、长时间奔跑，肌肉中会产生大量乳酸，它是肌糖原无氧酵解的产物。经常进行无氧耐力训练的练习者，碱贮备可增加 10％，血液中碳酸酐酶的活性将明显提高，这可有效缓冲肌组织中的酸性物质，从而提升机体对乳酸的耐受性。脑细胞对缺氧及血液 pH 值变化十分敏感，脑细胞对这些不利因素刺激的耐受力大小，是无氧耐力强弱的重要因素。受过无氧耐力训练的练习者，脑呼吸中枢对二氧化碳作用的敏感度下降，则脑细胞耐受酸性物质的能力提高。

二、无氧耐力训练分类

（一）非乳酸性无氧耐力训练

间歇练习法是提高非乳酸无氧耐力的一种有效手段。一般采用 95％～100％的强度，心率可达 180 次/min 以上。这种强度可造成机体供氧、供能困难，心舒张期明显缩短，冠状动脉供血不足，从而提高练习者承受“氧债”的能力，同时也能发展 ATP、CP 的再合成水平和提高肌肉中肌红蛋白的含量。训练不采用 100％的强度，这可保持一定的练习次数与组数，避免产生“速度障碍”，也有利于练习者掌握及改进技术。发展非乳酸性无氧耐力，一次负荷的持续时间一般为 3～8 s(20～70 m 跑、8～20 m 游泳等)，负荷时间超过 8 s，代谢性质就要发生改变，达不到发展非乳酸性无氧耐力的目的。发展非乳酸性无氧耐力训练的休息间歇，由于氧债的偿还速度相对较快，待机体氧债基本得到偿还时，就可进行下一次的练习，所以练习与练习间(次数间)的休息可相对短些，如 2～3 min。组与组之间的间歇时间可相对长些，如 4～5 min。这是因为肌肉中有磷酸、肌酸的储备量有限，有 3～4 次重复练习中差不多已耗尽，组间较长的间歇可促进能源物质的恢复。但间歇时间也不能太长，以免神经系统的兴奋性有本质性的下降。练习的重复次数与组数是以不降低中枢神经系统的兴奋性和工作的强度为原则。一般重复练习的次数比组数少些为宜，如重复练习 3～4 次，重复组数可达 5～6 组。

（二）耐乳酸性无氧耐力训练

练习者机体是以糖酵解方式供能，在糖酵解过程中产生乳酸。由于乳酸的产生改变了血液的酸碱度，使血液向偏酸方向变化，这可刺激神经系统和内分泌系统产生适应性变化，从而提高无氧代谢水平。为达此目的可以采用间歇练习法和重复练习法，负荷的强度应低于非乳酸无氧耐力训练，高于有氧耐力训练的强度，这个界限处于本人可以承受的最大强度的 85%～90%，心率处于 160～180 次/min。为了使乳酸达到一定值刺激机体能力的提高，应保持一定负荷的持续时间，负荷时间可控制在 1～2 min。研究表明，两次练习之间的间歇时间逐渐缩短比固定的间歇时间的效果要好。如第一次与第二次练习之间休息 7～8 min，第二与第三次练习之间休息 5～6 min，其结果乳酸不断增加。如果每次练习后都休息 4 min，结果乳酸上升比较少，甚至到后来可能还出现血乳酸下降现象。这是因为血乳酸的最高含量不是在练习刚结束时，而是在几分钟后才出现，随着练习的一次次重复，乳酸堆积的重复次数过多，加之休息时间又短，就必定会降低负荷的强度，达不到训练的目的。一般对有训练基础的练习者可安排 4～5 次、4～5 组，无训练基础的人要相对减少。组间的间歇时间应以能消除氧债为原则，为 15～20 min 。最高含量的出现就逐步靠近负荷结束阶段。练习间歇应越来越短，所以重复次数不可太多。

三、无氧耐力训练手段

（一）无氧耐力常用训练手段

1. 原地间歇高抬腿跑

原地做快速高抬腿练习。如发展非乳酸性无氧耐力，则可做每组 10～15 s 的快速高抬腿练习，做 6～8 组，间歇 2 min。强度为 90%～95%，要求越快越好。为发展乳酸性无氧耐力，则可做 1 min 练习或 100～150 次为一组，6～8 组，每组间歇 2～4 min。强度为 80%，要求动作规范，也可前支撑做高抬腿跑练习。

2. 高抬腿跑转加速跑

行进间高抬腿跑 20 m 左右转加速跑 80 m。重复 5～8 次，间歇 2～4 min。强度为 80%～85%。

3. 原地或行进间间歇车轮跑

原地或行进间做车轮跑。每组 50～70 次，重复 6～8 组，组间歇 2～4 min。强度为 75%～80%。

4. 间歇后蹬跑

行进间做后蹬跑。每组 30～40 次或 60～80 m，重复 6～8 组，间歇 2～3 min。强度为 80%。

5. 反复起跑

蹲踞式或站立式起跑 30～60 m。每组 3～4 次，重复 3～4 组，每次间歇 1 min，组间歇 3 min。

6. 反复跑

跑距为 60 m、80 m、100 m、120 m、150 m 等。重复次数应根据距离的长短及练习者水平而定。一般每组 3～5 次，重复 4～6 组，组间歇 3～5 min。强度一般的心率控制如短于专项的距离，练习时心率应达 180 次/min，间歇恢复至 120 次/min 时，就可进行下次练习。如发展乳酸耐力，距离要长些，强度小些。

7. 间歇行进间跑

行进间跑距为 30 m、60 m、80 m、100 m 等。计时进行。每组 2～3 次，重复 3～4 组，每一次间歇 2 min，组间歇 3～5 min，强度为 80%～90%。

8. 计时跑

可做短于专项距离的重复计时跑或长于专项距离的计时跑。重复 4～8 次（根据距离而定），间歇 3～5 min。强度为 70%～90%，根据练习者水平及跑距而定，距离短强度大些。

（二）无氧耐力练习的进阶训练手段

1. 间歇接力跑

跑道上四人成两组，相距 200 m 站立，听口令起跑，每人跑 200 m 交接棒，每人重复 8～10 次，要求每棒跑的时间。

2. 变速跑

变速快跑与慢跑结合进行。快跑段与慢跑段距离，应根据练习者专项而定。如发展非乳酸性无氧耐力，则常采用 50 m 快跑、50 m 慢跑、100 m 快跑、100 m 慢跑或直道快跑、弯道慢跑或弯道快跑、直道慢跑等。为发展乳酸性无氧耐力，常采用 400 m 快跑 200 m 慢跑，或 300 m 快跑 200 m 慢跑，或 600 m 快跑 200 m 慢跑等。强度为 60%～80%。

3. 反复连续跑台阶

在每组高 20 cm 的楼梯或高 50 cm 的看台上，连续跑 30～40 步台阶，每步 2 级，重复 6 次，每次间歇 5 min。强度为 65%～70%，要求动作不间断，也可定时完成。

4. 两人追逐跑

跑道上两人一组相距 10～20 m（根据水平不同）。听口令后起跑，后面人追赶前面人 800 m 内追上有效，间歇 3～5 min，下次交换位置。重复 4～6 次，强度为 65%～75%，也可以要求在最后 100 m 内追上方为有效。

5. 结合各专项动作循环练习

以各专项的专门练习或辅助练习等组成一套练习，反复循环进行。强度为 65%左右。

第三节　应急救援项目专项耐力训练方法

本节以矿山救援项目为例介绍在实践中应急救援人员的专项耐力能力。在应急救援体能训练考核中，耐力素质是重要的一项考核项目。应急救援专项耐力特指应急救援人员在特殊作业环境下，在佩戴专业设备的条件下克服极端物理环境，进行较长时间救援工作的能力。如矿山救援人员在高温浓烟环境下，佩戴氧气呼吸器负重 15 kg，4 h 行走 10 000 m，属于极限耐乳酸供能特征，此时有氧代谢占绝对优势，需要具备较为出色的心血管系统和呼吸系统的机能。

一、矿山救援人员负重设备专项耐力训练手段

(一) 佩戴呼吸器

人在呼吸过程中，呼吸肌为了克服呼吸阻力而实现肺通气所做的功，称之为呼吸功。通常以单位时间内压力变化乘以容积的变化来计算呼吸功，单位为 J。机体在平静呼吸时，呼吸功不大，每分钟为 2.9～5.9 J，当机体剧烈运动时，呼吸功每分钟可增至 98 J。

人体在平静呼吸时，呼吸肌消耗的能量仅占全身所耗能量的 3%左右。当机体剧烈运动时，尽管呼吸肌消耗的能量可以大幅度的增加，但由于此时机体全身总耗能量也大幅度的增加，因此，呼吸肌所耗能量仍占总耗能量的 3%左右。

佩戴呼吸器呼吸与人处在大气环境中呼吸不同，面罩内气压大于外界大气压(目前各矿山救护队所装备的均为正压氧气呼吸器)，所以，人在呼吸时呼吸肌还要克服呼吸器本身呼吸阻力(主要为呼气阻力)，能耗将大大增加，呼吸肌所耗能量占比远大于 3%。

(二) 负重行走 1 000 m

一般正压氧气呼吸器重量 15 kg，加上负重 15 kg，合计负重 30 kg。因为背部负重，所以人体重心后移，为维持平衡，在负重行走时，人体上身需前倾，同时，除腿部肌群外，人体核心肌群参与用力，以保持身体稳固，因此，负重行走是全身共同参与的训练，可锻炼人体腿部肌群、核心肌群力量，提升人体耐力水平及代谢水平。

在负重行走时，要牢固固定所佩用呼吸器及负重，避免在行进时与身体发生相对位移而消耗能量。为保证耐力锻炼考核达标，日常训练中，可加强耐力训练及腿部肌群、核心肌群、呼吸肌力量的训练。

(三) 拉检力器 100 次

检力器训练动作分为马步式和弓步式两种形式。

(1) 马步式

① 准备姿态：双手握拉手，双膝微曲，身体稍微前倾，上臂微微夹紧，与前臂保持约 120°夹角。

② 下拉膝关节、髋关节弯曲，依次利用身体重心下降、腰腹力量及上臂、肩部肌群力量，上臂后伸，方向向下，快速拉动重锤上升到顶位。

③ 重锤到达顶位后，随即伸展身体并将拉手送至定滑轮附近，而后重锤自由落体到底。

④ 在重锤撞击固定底座反弹瞬间，再次拉动重锤。

(2) 弓步式

① 准备姿态：弓步，双手握拉手，上体稍向前倾，上臂微微夹紧，与前臂保持约 120°夹角。

② 下拉依次利用身体重心下降及肩部、上臂肌群力量，上臂后伸，方向向下，快速拉动重锤上升到顶位。

③ 重锤到达顶位后，迅速伸展身体，送拉手至定滑轮附近，由重锤自由落体到底。

④ 在重锤撞击固定底座反弹瞬间，再次拉动重锤。

(3) 马步式与弓步式的优缺点

马步式主要依靠身体重心的上升下降来带动重锤，在带动过程中，腰腹部肌群及上臂、肩部肌群参与用力，力量较大，并且身体动作幅度小，可有效提升速度，但长期应用马步式锻炼易导致腰肌劳损。

弓步式主要利用上臂、肩部肌群力量，腰腹肌群只起辅助作用，可防止腰肌劳损，因一腿前伸蹬地，可省力，但身体动作幅度大，速度不及马步式。

二、矿山救援人员综合技术专项耐力训练手段

矿山救援人员的体能素质需求是以身体素质的均衡发展与提升为主要特征，是支撑救援人员在极端环境下的工作及生存能力的体现。矿山救援技术竞赛综合体能项目是集力量、耐力、爆发力、灵敏、协调、柔韧等诸种素质的综合体现，是反映在实战作业下矿山救援人员的专项耐力能力。综合体能项目一般由爬绳、翻轮胎、负重跑、穿越低巷、过水平梯、过独木桥、拉检力器及搬运伤员等多个单项组成，能量代谢系统涉及 ATP-CP、ATP-CP 与乳酸能系统、乳酸能系统与有氧系统、有氧系统。主要表现形式为速度耐力、最大乳酸稳态、乳酸阈系统、有氧耐力、无氧功率能力。第 8～12 届全国矿山救援技术竞赛综合体能竞赛项目见表 10-5。

表 10-5　第 8～12 届全国矿山救援技术竞赛综合体能竞赛项目

矿山救援综合体能项目	考核形式
第 8 届全国矿山救援综合体能竞赛	爬绳 4.5 m→跑步 20 m→引体向上 15 次→跑步 20 m→佩戴呼吸器跑步 100 m→低巷 20 m 行走→跑步 1 000 m→灭火→跑步 20 m→拉检力器 60 次
第 9 届全国矿山救援综合体能竞赛	爬绳 4 m→跑步 80 m→水平梯 12 m→跑步 15 m→佩戴呼吸器跑步 185 m→低巷 30 m 行走→跑步 578 m→拉检力器 60 次
第 10 届全国矿山救援综合体能竞赛	爬绳 4 m→跑步 5 m→引体向上 15 次→跑步 60 m→佩戴呼吸器跑步 67 m→独木桥 15 m→跑步 133 m→低巷 20 m 行走→跑步 700 m→拉检力器 50 次
第 11 届全国矿山救援综合体能竞赛	爬绳 4 m→跑步 30 m→独木桥 15 m→跑步 20 m→速降跑步 20 m→佩戴呼吸器跑步 115 m→接水管→跑步 20 m→携带灭火器放到指定地点→跑步 20 m→低巷 20 m 行走→负重跑步 580 m
第 12 届全国矿山救援综合体能竞赛	爬绳 4 m→剪切→低巷 20 m→翻轮胎 20 m→佩戴呼吸器→曲桥 15 m→坡道运送伤员 30 kg→抛重物(累计 150 kg)→佩戴呼吸器跑步 150 m→锯木料(18 cm×18 cm)

针对矿山救援技术竞赛综合体能项目，在设计专项耐力训练手段中应采取项目分解方法，分析总结矿山救援综合体能各单项，根据项目的生理学特征进行模拟专项耐力训练。矿山救援人员综合体能考核各项目能量代谢特征分析见表 10-6。

表 10-6　矿山救援人员综合体能考核各项目能量代谢特征分析

综合体能考核项目	运动时间/s	主要供能系统	素质形式
短距离跑步、水平梯、独木桥	<30 s	ATP-CP	最大速度训练
爬绳	<30 s	ATP-CP	最大速度训练
中距离跑步 500～1 000 m	180～240 s	有氧系统	有氧耐力训练
佩戴呼吸器跑步 2 000 m	600 s	乳酸能系统、最大耐乳酸系统	最大乳酸稳态训练
负重中距离跑步	540～600 s	乳酸能系统、最大耐乳酸系统	最大乳酸稳态训练
低巷行走 20 m、搬送伤员	30～90 s	ATP-CP、乳酸能系统	速度耐力训练
拉力器、翻轮胎	60～120 s	乳酸能系统	力量耐力训练

矿山救援人员综合体能项目，是由多种供能系统联合统一组成的，既有有氧系统供能为主的长距离跑，也有 ATP-CP、乳酸能供能为主的短距离跑步、负重中长距离跑等。因此，设计专项耐力训练手段时应充分认识到不同单项所需的供能形式，才能有的放矢地安排训练方法手段。

在综合体能项目中，短距离跑步、水平梯、独木桥是主要以 ATP-CP 供能为主，需要应急救援人员快速完成高强度运动的能力。在实战救援中，救援人员需要根据变化的物理环境，如落石、倒塌等，快速拖拽伤员而完成高强度的救援作业，这正是 ATP-CP 无氧无乳酸能力的体现。无氧无乳酸训练方式和特征见表 10-7。

表 10-7　无氧无乳酸训练方式和特征

类型	练习时间/s	间歇/s	强度/%	重复次数/次
短时能量输出	7～10	>50	95～100	5～10
长时能量维持	10～50	>100	95～100	2～8

无氧有乳酸训练的目的是提高应急救援人员的无氧供能能力，矿山救援人员需要在灾害状态下最短时间将受伤伤员往返运出危险区域，这需要具备较强的长时耐乳酸功率输出能力，在负重快速高强度奔跑中具备较长时间耐乳酸能力是保证应急救援效率的重要因素。素质形式具体表现为速度耐力能力。由于此运动能力的基础主要是糖酵解供能，因此运动强度必须确定为次最大，只有此强度运动才能有效地训练此能力，若是最大强度，体内就会自动动员磷酸原供能系统，而若强度过低则会动员氧化能系统，因此矿山救援人员在进行佩戴呼吸器跑步、负重中距离跑步等单项练习时，应严格控制训练强度，可通过练习结束测量受训队员即刻心率进行监控。无氧有乳酸训练方式和特征见表 10-8。

表 10-8　无氧有乳酸训练方式和特征

类型	练习时间/min	间歇/min	强度/%	重复次数/次
短时能量输出	10～40	0.5 倍练习时间	70～100	4～8
长时能量维持	40～90	1 倍练习时间	50～70	3～5

结合矿山救援技术竞赛综合体能项目，在前期日常耐力训练中，可采用项目分解法，逐个单项目进行训练，提升救援人员基础耐力水平。后期采用一体化训练，模拟实战状态下的耐力训练，提升一体化专项耐力水平。

（一）项目分解训练

1. 低巷

（1）规格

高 1 m，宽 1 m，长一般为 20 m。

（2）动作过程

按个人身高情况，一般有蛙跳式、猫步式、鸭子步及弯腰式 4 种动作姿势。

① 蛙跳式：背负仪器，双手同步、双足同步，与低巷斜交跳跃式前进。

② 猫步式：背负仪器，双手、双足交叉前进，像猫科动物剧烈运动的助跑动作，适用于任

何人员，也是最常用的姿势。

③ 鸭子步：背负仪器，穿越低巷时像鸭子一样，压低身子蹲下利用双足前进，此方法适用于任何人员，但较费力，易造成腿部血液循环不畅，出现酸麻，刚出低巷后易站立不稳。

④ 弯腰式：将仪器一侧肩带脱下，顺势将仪器夹在胳膊下，弯腰但腿微弯跑步前进，适用于身材矮小人员。需掌握好弯腰的程度，防止背部呼吸器撞击低巷上面而消耗能量、浪费体力，影响速度与身体的稳定性。

(3) 穿越低巷训练

穿越低巷主要应用腿部力量，同时需要手、足的协调配合，对灵敏素质要求高。所以，训练要着重提高腿部力量及身体的协调与灵敏性。

2. 过水平梯

(1) 规格

水平梯长 12 m、宽 1.1 m、高 2.3 m，横杠直径 0.03～0.04 m，横杠间跨 0.5 m。

(2) 动作过程

借助身体跑步前冲的惯性，起跳后两手正握，身体悬空，收紧两臂，两手交替，强力通过。通过过程中，不要停歇，要匀速一次性通过，否则重新启动时更加消耗体力。为防止过水平梯时手掌受伤，要事先清除硬茧，上梯前搓热双手。

(3) 过水平梯训练

过水平梯时，主要有手部屈肌群、前臂和上臂屈、伸肌肉、胸小肌、斜方肌下部肌束、前锯肌下部肌束参与作用，可采用肌肉协同训练法进行训练，以增加肌力。

3. 过独木桥

(1) 规格

独木桥长 15 m，桥面宽 0.20 m，桥面距地面 1.0 m。桥身两端的踏板长度 2 m，宽度为 0.20 m，厚度为 0.04 m，在踏板上钉有 5 条宽 0.05 m、厚 0.03 m 的横木，其中心距为 0.35 m。

(2) 动作过程

上桥前，在 5 m 以外的位置调整好跑步方向，必须正对桥的中线。调整好步幅及频率，使第一步踏到斜板中上部位置，要向下用力踩踏斜板，借助斜板弹性，第二步跨到桥面上。在桥面上跑动时，身体要微微前倾，收紧腹部，以提高核心区的刚体效益，保证身体平衡。大步下桥，借助斜板弹性与下坡惯性，继续跑步前行。如中途掉下，需重新回到独木桥起点上桥。

(3) 过独木桥训练

过独木桥训练主要有两个要点：一是提升第一步踏板位置的准确性，二是保持在桥面上的平衡与稳定性。可加强核心力量训练，同时，在独木桥上进行实际训练，进行慢行、匀速跑、变速跑及有意识地上身左右晃动跑，在晃动中提升保持重心平衡的能力。

4. 速降

(1) 规格

有效降落高度 3 m，绳长 4.6 m。

(2) 动作过程

跑步上梯子到达平台，双手轻握速降杆，双脚内下侧夹住速降杆下滑，以双脚夹力控制下滑速度。下到地面后，一脚蹬伸，迅速转为跑步动作。

(3) 速降训练

速降训练主要有两个要点：一是下滑时不能旋转，保持面部朝前；二是落地时双脚缓冲、一脚蹬伸，以便及时转变为跑步姿态。

5. 其他

在矿山救援技术竞赛综合体能竞赛项目中，还有佩戴呼吸器操作、使用高压脉冲灭火器灭火、接水管及携带灭火器等单项项目，属于救援技能项目，体力消耗不大。

(二) 一体化系统训练

矿山救援人员在实际救援中需要在有限空间内背负 40 kg 的空气呼吸器，进行负重爬行、灭火、清理巷道、拖拽伤员、行走搜寻其他伤员等繁重工作。工作强度大，持续时间长，对救援人员长时间心肺能力提出较高要求。一体化持续训练主要用于提高一般耐力素质，并有助于完善负荷强度不高但过程细腻的技术动作，可使机体运动机能在较长时间的负荷刺激下产生稳定适应，内脏器官产生适应性变化；可提高有氧代谢系统供能能力及该状态下有氧运动的强度；矿山救援综合体能项目中，负重中距离跑步和 2 000 m 跑均是以有氧供能为基础的考核项目，是考察救援人员在实际救援中长时间持续做功的能力。

(三) 身体运动能力依序式整合

每一种身体运动能力的发展都是有顺序的，在提高练习者素质能力的过程中，需要按生理和方法学原理依序进行安排，这样才能最大限度地激发救援人员的身体潜力，最终提高运动表现。同样道理，在进行矿山救援人员专项耐力素质训练中，也应参照身体运动能力依序式整合顺序，有计划地逐步进阶开展训练(见图 10-1)。

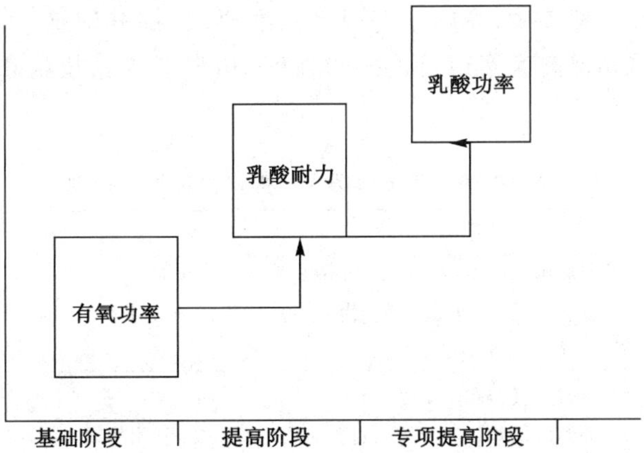

图 10-1　身体运动能力依序式提高

矿山救援人员为了提升综合体能素质、抢险救灾水平，在训练周期安排中应遵循人体生物学适应特征，按照身体运动能力依序式顺序可分为三个阶段，即基础阶段、提高阶段、专项提高阶段。

1. 基础阶段

基础阶段的主要训练内容为补充训练竞赛项目中设置的而救护队日常体能训练中不涉及的项目上，如穿越低巷、过水平梯、过独木桥、速降等单项，以熟练掌握其技术。此外还要温习竞赛中其他项目，如爬绳、引体向上、负重跑、拉检力器等，并逐渐提升训练负荷强度，全面提高身体素质，努力提高机体机能。相关训练计划见表 10-9。

表 10-9 矿山救援人员基础阶段训练计划

训练时间	训练内容
周一	1. 早上中速跑 2 000 m，注意跑步姿态，强化摆腿、摆臂练习。 2. 竞赛项目中有穿越低巷、过水平梯、过独木桥、速降等单项，训练 2～3 项，选侧重于下肢力量的项目，如爬低巷，每项训练 2～3 次。 3. 进行 1 次爬绳、引体向上、拉检力器训练
周二	1. 佩戴呼吸器跑步 1 000 m。 2. 竞赛项目中有穿越低巷、过水平梯、过独木桥、速降等单项，训练 2～3 项，选侧重于上肢力量的项目，如过水平梯，每项训练 2～3 次
周三	训练穿越低巷、过水平梯、过独木桥、速降、爬绳、引体向上、拉检力器等单项，训练 1～2 组，每组 2～3 次
周四	1. 慢跑 2 000 m。 2. 核心力量训练 30 min。 3. 过独木桥、速降训练各 2 次
周五	1. 佩戴呼吸器跑步 2 000 m。 2. 训练穿越低巷、过水平梯、过独木桥、速降、爬绳、引体向上、拉检力器等单项各 1 次

2. 提高阶段

提高阶段一般安排 8 周以上，此阶段的训练内容主要是以提高专项救援竞赛项目的成绩为基本目标。在日常训练中，参照竞赛项目标准要求，提升训练水平和改进技术，逐渐加大竞赛性练习的比重和提高竞赛项目负荷的强度，初步形成竞技状态。相关训练计划见表 10-10。

表 10-10 矿山救援人员提高阶段训练计划

训练时间	训练内容
周一	1. 间歇跑 400 m-300 m-200 m×5 组。 2. 训练爬低巷、过水平梯、过独木桥、速降、爬绳、引体向上、拉检力器等单项动作，不要求次数，只强调动作的准确性
周二	1. 佩戴呼吸器跑步 1 000 m。 2. 训练爬低巷、过水平梯、过独木桥、速降、爬绳、引体向上、拉检力器等单项，每项 2 次
周三	1. 按竞赛内容与程序，全程训练 1 次。注重各项目之间的过渡及各项目动作的准确性，减少失误。 2. 核心力量训练 30 min
周四	1. 慢跑 1 000 m。 2. 佩戴呼吸器训练各项目衔接
周五	按竞赛内容与程序，全程训练 1 次。注重速度，尽快完成

3. 专项提高阶段

专项提高阶段一般安排 3～6 周，此阶段主要是巩固竞技状态、模拟竞赛条件、适应竞赛环境、提高竞赛能力。一般是每两天进行 1 次与竞赛内容、项目完全相同的训练，要有完成时间上的要求，中间穿插身体功能性训练。相关训练计划见表 10-11。

表 10-11　矿山救援人员专项提高阶段训练计划

训练时间	训练内容
周一	1. 佩戴呼吸器跑步 2 000 m。 2. 训练穿越低巷、过水平梯、过独木桥、速降、爬绳、引体向上、拉检力器等单项动作，不要求次数，只强调动作的准确性
周二	1. 功能性训练（井下负重爬坡行进技术、灭火技术、搬运技术、拖拽技术、搜索技术）相衔接的基础动作模式练习。 2. 身体柔韧性练习（拉伸恢复再生）
周三	1. 按竞赛内容与程序，全程训练 1 次。注重各项目之间的过渡及各项目动作的准确性，减少失误。 2. 核心力量训练 30 min
周四	1. 功能性训练（井下负重爬坡行进技术、灭火技术、搬运技术、拖拽技术、搜索技术）相衔接的基础动作模式练习。 2. 平衡反应练习
周五	按竞赛内容与程序，全程训练 1 次。注重速度，尽快完成

第十一章　力量素质训练方法

第一节　抗阻训练技术标准与训练方法

抗阻训练(resistance training)是完全依靠自身力量并克服一定负荷或外界阻力的运动形式,是增强肌肉力量和肌肉耐力的主要练习手段。抗阻训练能够延缓肌肉老化,改善速度、平衡性、协调性、弹跳力、柔韧性及其他方面的运动素质,提高基础代谢率,促进能量消耗,减少身体脂肪堆积,从而有效预防和减少因年龄增长而易出现的摔倒和骨折等现象。本节将重点介绍抗阻技术练习中的动作标准、注意事项及常用的练习方法手段。

一、抗阻训练器材及安全性

(一) 抗阻训练基本技术

抗阻训练中有一些共同的练习技术。在自由重量练习中以及在力量训练器械练习中都包括几种握杠、握哑铃以及握把手的技术,练习过程中都需要最佳的身体姿势、肢体姿势,都要求一定的关节活动范围、运动速度以及呼吸方法。

1. 抓握技术

抗阻训练中有两种最常用的抓握方法:① 正握:掌心向下,指关节向上,也称上手握法。② 反握:掌心向上,指关节向下,也称下手握法。两种握法可以变换为中间式:关节水平朝向外侧,就像握手的手形。还有两种使用较少的变化型握法:一种是一手正握,一手反握;另一种是钩子握法,与正握类似,只是拇指压在食指和中指之下。钩子握法是进行爆发力练习时常用的握法,可以握得更紧。在所有的握法中拇指都是包着杠杆的,这种情况称为闭锁式握法。如果拇指没有包住杠杆,这种握法称为开放式握法。正确的抓握技巧还包括正确的握距。握距分为普通握距、宽握距和窄握距。在大多数练习中,两手距离与肩同宽。无论选择何种抓握的位置,最终都要达到平衡的状态。

2. 稳定的身体和肢体姿势

无论是利用杠铃、哑铃还是利用力量训练器械进行练习,稳定的身体姿势都是至关重要的。稳定的身体姿势有助于练习者在练习过程中保持良好的动作姿态,使其肌肉和关节得到正确的刺激和锻炼。

以站立体位来完成的练习需双脚分开,略宽于肩,全脚掌着地。在利用力量练习器械的训练中,需调整好座椅位置及高度,选好配重重量,系紧固定带,保持一个稳定的练习姿势。在练习凳上坐着或仰卧进行的练习,练习者的身体要“五点”与练习凳及地面接触。具体如下:① 头紧贴长凳或背垫。② 肩部和上背部要固定而平稳地紧贴长凳或背垫。③ 臀部要平稳地坐在长凳上或座位上。④ 右脚要平放在地面上。⑤ 左脚要平放在地面上。在运动的全过程(从开始到结束)保持这种五点接触是保证最大稳定性和脊柱支撑所必需的。

3. 运动的范围和速度

如果在练习中运动的范围覆盖了整个关节的活动范围，练习的价值就高，同时关节的柔韧性可以保持和提高。最理想的练习方法应该包括了所有涉及的关节达到最大活动范围，慢速、有控制地重复练习。但当练习爆发力和进行快速力量练习时，强调的是保持控制的条件下尽量加速，使杠铃的移动达到最大速度。

4. 练习中的呼吸技巧

一个重复练习中最艰难的部分通常发生在离心收缩向向心收缩过渡期后的不久，这个艰难的时间点叫关键点。练习者练习中要正确掌握克服关键点的呼吸技巧，在整个关键点过程中呼气，在相对轻松的时段吸气。例如，在利用杠铃向心屈肘的重复练习中，关键点发生在屈肘的中途时段，此时练习者应该呼气。在将杠铃放下至起始位置时应吸气。在大部分抗阻训练中，都用得上这种呼吸技巧。

在某些情况下，练习者要学会憋气。有多年训练经验的练习者在进行负重结构练习时（脊柱负重练习）常采用 Valsava 呼吸方法，该方法可以维持脊柱的直立状态及刚性。Valsava 的呼吸方法，即呼气时关闭声门，同时腹肌和肋间肌收缩，形成一个“上气、下水”的刚性躯干。该技术的优点是增加了整个躯干的刚性来支撑脊柱，减少上举时对椎间盘的挤压力，同时有助于达到许多练习中要求的“平背”以及躯干上部直立的技术要求。要注意由此可能引起的副作用，如腹内压的上升有可能引起眩晕、无方向感、高血压和眼前发黑等，因而憋气时间不能太长，仅仅 1～2 s。即使训练有素的个体也不能延长憋气时间，憋气时血压会达到安静时的 3 倍。

5. 举重保护带的使用

使用举重保护带有助于防止损伤。使用举重保护带的方法因练习者的类型和负荷大小而变。当练习负荷在腰部时，而且负荷接近最大力量时，要使用举重保护带。合理的技术、有效的保护，再加上正确使用举重保护带，有助于减少运动损伤的发生。但过分频繁地使用保护带会减少腰腹肌的锻炼机会，因而在没有腰部负荷的练习中（如屈肘练习、坐位下拉练习）或腰部负荷不大的练习中不要使用保护带，即使在对脊柱及腰部有直接负荷的结构性练习中，也不建议经常使用举重带。核心桶状结构的强化更有助于训练中力量的传导并预防腰背部损伤的发生。

（二）自由重量训练的保护

1. 需要进行保护的练习类型和所需的设备

杠铃在头上方（如站立肩上举）、杠铃在背上（如后蹲）、杠铃架在肩前或锁骨上（如前蹲）、铃杆在脸上方（如卧推、仰卧伸肘）等部位进行自由重量练习比起杠铃在体侧、体前（如肩侧平举、站立屈臂等）部位进行的自由重量练习，有更大的难度和危险性，因而一定要有至少一名监护者在场。杠铃在头上方、杠铃在背上、杠铃架在肩前或脸上方等部位进行自由重量练习时，对监护者的要求也非常高。哑铃练习的监护难度大于杠铃练习的监护难度，因为器械的数量增多且对稳定性的要求更高。

2. 监护杠铃在头上方、背上及肩前的练习

为了保证练习者、监护人员以及周围其他人员的安全，此类练习最好在合适的架子内进行，架子的横干高度要适中。所有的杠铃片、杠铃锁、锁扣和铃片架等，一律不能放在练习者举重台范围内，以免练习者撞伤或绊倒。没有练习的练习者不能停留在练习区内。监护者

要足够高、足够有力量，要与练习者身高相当或高过练习者才能实施良好的保护。在架子外进行练习(如蹬台阶)。负重要小，如果负荷很大，可能会导致严重的损伤。负荷很大的练习，只能为训练有素的练习者安排，而且要由有经验的专门人员来保护。

3. 监护杠铃在脸上方运动的练习

在监护者脸上方进行运动练习(如卧推、仰卧伸肘)时，监护者应在练习者的两手之间采用变换式握法握住杠铃。在一些练习(如卧位三头肌伸直，提铃至胸)中，监护者需采用变换式握法帮助练习者把杠铃放到架子上或地板上，有助于防止杠铃滑脱砸在练习者的脸上或颈上。监护者要帮助练习者提起较重的负荷，因而一定要双腿站稳，腰部挺直。

在哑铃练习中，一定要尽可能地靠近哑铃。在有些练习中，甚至需要直接扶着哑铃进行协助。监护者在监护哑铃练习时，将手置于练习者上臂或肘部即可，但如果练习者屈肘时，监护者将无法阻止哑铃打到练习者脸上或胸上，这种监护技术并不安全。正确的监护技术应该是用手握住练习者的手腕。在某些运动练习(如持铃头上伸肘和持铃上拉练习)中，监护者可将手直接放在哑铃上。

4. 爆发力练习时无须保护

在爆发力练习中，不需要监护者进行保护。这种练习时需要的不是身体的保护，而是教会练习者如何避开失控的杠铃。如果对这样的练习进行保护，不但对练习者有危险，对监护者也有很大危险。如果杠铃是在身体前方失控，练习者应及时推开杠铃或让它自由落地，如果杠铃是在脑后方失控，练习者应及时松开杠铃，并向前跳开。在进行该类练习前，应先清理好举重台周围器材并让其他练习者离开。

(三) 抗阻训练原则

抗阻训练是所有运动项目中必须进行的训练内容，这部分训练内容在练习者竞技能力形成过程中占据重要的位置，抗阻训练应遵循以下四条原则。

1. 针对性原则

针对性原则主要包括三方面内容：① 训练内容与运动专项紧密结合。② 动作速度、肌肉运动的类型、运动时的关节角度与专项紧密结合。③ 最好的训练计划是很好地模仿了真实的专项动作，与专项相结合是设计抗阻训练计划的核心。例如，所有训练计划中可能都包括下蹲练习这个训练内容，这是各种运动项目专项训练中都包含的训练内容。

2. 渐进式负荷原则

抗阻训练中，训练负荷要逐渐增加，使肌肉逐步适应负荷刺激，以达到有效训练的目的。

3. 周期性变化原则

要达到最佳的训练目的，在训练的不同阶段中训练量和强度必须发生阶段性的变化，变化的频率依据最终比赛要求进行灵活调整。相反，一成不变的训练量与训练强度达不到训练的预期效果。

4. 训练计划最优化原则

每一个训练的板块都应有一个优先考虑的内容，要看训练周期的目的，以设计不同的训练计划。此外，最好的训练计划是具有高度个性化的计划。训练计划中都涵盖了很多变量，也包括很多刺激，使身体产生各种生理适应。如何找到练习者需要的变量，对制订训练计划很重要，这与训练目的紧密相关。

（四）抗阻训练计划中训练频率安排

抗阻训练中训练频率安排主要由训练的量和强度、训练内容的选择和练习者体能水平决定，一般来说，不同训练频率安排决定着练习者不同力量的发展类型，具体内容见表 11-1。

表 11-1　抗阻训练计划安排表

练习内容	练习频率
力量/爆发力	每周训练 4～5 天
耐力项目	每周训练 3～4 天
体能训练	每周训练 4～10 节课
爆发力训练	每周训练 4～10 节课
奥运水平的举重练习者	每周训练 5～18 节课
初学者/增强体质训练	每周 2～3 次交替训练
力量保持训练	至少每周 1～2 天

二、抗阻训练方法

（一）人体解剖平面

人体标准解剖姿势，身体是直立的，两臂向下，放在两侧，掌心向前。包括三个维度：冠状面、矢状面、水平面，可分别将人体分割成左右、前后和上下两部分。通常都在矢状面、冠状面和水平面观察人体的解剖结构。有一些发生在解剖平面的运动：仰卧起坐（矢状面）、站立侧向举哑铃（冠状面）和髋关节伸展（水平面）。人体三维平面解剖示意图见图 11-1。

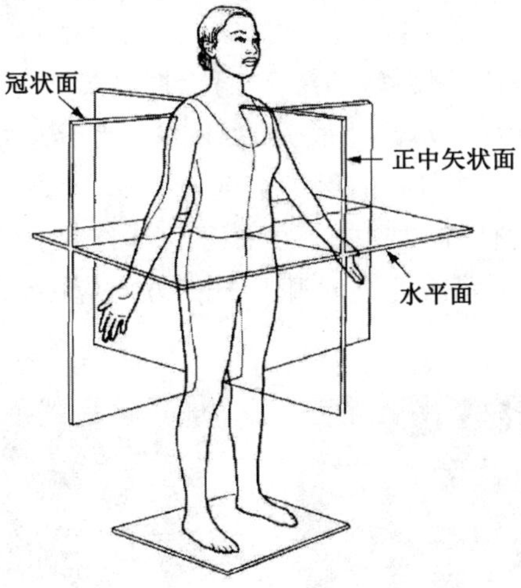

图 11-1　人体三维平面解剖示意图

（二）人体的下肢运动

人体下肢动作包括髋、膝、踝关节在三个平面上（矢状面、冠状面、水平面）的运动。由几个主要的肌群产生这些动作，有的是起主要作用的原动肌、有的是起稳定作用的稳定肌、有的是多关节运动。人体的下肢运动见表 11-2。

表 11-2　人体的下肢运动

关节	关节类型	关节运动	涉及肌群
髋关节	球窝关节	屈曲	腰大肌和腰小肌，髂肌，耻骨肌，股直肌，缝匠肌，阔筋膜张肌，内收短肌和长肌，股薄肌
		伸展/过伸	股后肌群(股二头肌，半腱肌，半膜肌)臀大肌，大收肌
		外展	臀中肌，臀小肌，臀大肌，缝匠肌，阔筋膜张肌，梨状肌，髋外旋肌群
		内收	耻骨肌，内收短肌和长肌，短收肌，股薄肌，臀大肌
		内外旋	内旋：臀中肌，臀小肌，臀大肌，阔筋膜张肌，内收肌 外旋：缝匠肌，梨状肌，上/下孖肌，闭孔内/外肌，腰方肌
膝关节	滑车关节	屈曲	股后肌群(股二头肌，半腱肌，半膜肌)，股薄肌，腘肌，缝匠肌，腓肠肌
		伸展	股四头肌(股直肌，股内侧肌，股外侧肌，股中肌)
踝关节	铰链关节	背屈	胫骨前肌，长伸肌，趾长伸肌，第三腓骨肌
		跖屈	腓骨短肌，腓骨长肌，腓肠肌，比目鱼肌，趾长屈肌，拇长屈肌
距下关节	平滑关节	内翻	胫骨前肌，长伸肌，胫骨后肌，腓肠肌，比目鱼肌，趾长屈肌，拇长屈肌
		外翻	腓骨短肌，腓骨长肌，趾长伸肌，第三腓骨肌

人体下肢运动的训练方法如下。

1. 自由重量训练

(1) 颈后杠铃深蹲

[动作名称] 颈后杠铃深蹲

[练习目的] 除发展股四头肌、股二头肌、臀大肌的力量外，还能有效地发展伸髋肌群的力量。

[练习方法] 上体正直，核心收紧，抬头，两手握杠铃置于颈后肩上。做动作时要保持腰背挺直，抬头收腹，平稳屈膝下蹲，然后起立。在练习较大的重量时监护者应加强对练习者的保护。

[练习要求] 根据不同的任务和要求，可采用不同的站距(宽、中、窄)和不同的速度(快速、中速、慢速、反弹)来做。下蹲或起立时膝与脚尖方向应一致。起立时主要依靠伸膝肌的力量。见图 11-2、图 11-3。

图 11-2　颈后杠铃深蹲(站立阶段)

图 11-3　颈后杠铃深蹲(下蹲阶段)

（2）颈前杠铃深蹲

[动作名称] 颈前杠铃深蹲

[练习目的] 发展股四头肌、股二头肌以及臀大肌的等肌群的绝对肌力，同时进一步发展核心肌群的等长力量及稳定性。

[练习方法] 在起始位置时，双脚打开略比肩宽，挺胸收腹保持躯干处于中立状态，髋关节略微屈曲，头部保持中立位，屈曲肘关节和肩关节并将杠铃置于双肩正上方，若腕关节灵活性较差，可采用双手环抱的方式控制杠铃。离心向下阶段，屈曲髋关节和膝关节，使杠铃沿着竖直方向缓慢下降，下至大腿与地面平行即可。向心阶段，伸展髋关节和膝关节使杠铃向上运动，直至回到初始位置。

[练习要求] ① 练习过程中切不可让肩关节和背部过分前倾。② 双膝应与脚尖方向保持一致。③ 尽可能保持大臂与地面平行。见图 11-4、图 11-5。

图 11-4　颈前杠铃深蹲（站立阶段）

图 11-5　颈前杠铃深蹲（下蹲阶段）

（3）杠铃弓箭步

[动作名称] 杠铃弓箭步

[练习目的] 发展股四头肌、股二头肌、小腿三头肌、屈足肌群的力量。

[练习方法] 右腿向前迈出，臀部下降做深蹲，躯干挺直，保持身体平衡。身体下降时腹部吸气。匀速下降，发力时吐气沿原轨迹回到初始位置。两边交替依次进行。

[练习要求] 身体重心下降时，膝关节与脚尖垂直一条线，膝关节不能出现内翻、外翻现象。身体上升时，核心区收紧，匀速蹬地伸膝，身体缓慢站立，重心放在双腿之间。见图 11-6、图 11-7。

（4）哑铃弓箭步

[动作名称] 哑铃弓箭步

[练习目的] 发展伸膝、屈足肌群的力量。

[练习方法] 双手持握哑铃置于身体两侧，挺胸收腹，双眼目视前方。离心阶段，向正前

图 11-6　杠铃弓箭步(站立阶段)

图 11-7　杠铃弓箭步(下蹲阶段)

方跨步，屈髋屈膝使身体向重力方向下沉，下沉至双膝角度为 90°停止。向心阶段，下肢发力使身体向上方移动并回至动作开始阶段。双腿交替进行练习。

［练习要求］① 身体保持中立位，不得前倾或者后仰。② 哑铃重量选择要合适，不得盲目加大重量。③ 膝关节应与脚尖方向保持一致。见图 11-8、图 11-9。

图 11-8　哑铃弓箭步(站立阶段)

图 11-9　哑铃弓箭步(下蹲阶段)

(5) 哑铃侧弓步

［动作名称］哑铃侧弓步

［练习目的］发展伸膝肌群及髋部内收肌群的肌肉力量。

［练习方法］双手持握哑铃置于身体两侧，保持身体正直。离心阶段向体侧方向跨步并弯曲一侧膝关节使身体缓慢向下移动，下至大腿与地面平行。向上阶段，伸展一侧膝关节使身体向上移动并回至动作开始阶段。双腿交替进行练习。

［练习要求］身体要保持挺拔状态，膝关节应与脚尖方向保持一致。见图 11-10、图 11-11。

图 11-10　哑铃侧弓步(站立阶段)

图 11-11　哑铃侧弓步(下蹲阶段)

(6) 杠铃保加利亚蹲

[动作名称] 杠铃保加利亚蹲

[练习目的] 发展单侧伸膝肌群的肌肉力量及下肢稳定性建立。

[练习方法] 将一侧腿部抬高置于凳上,上体保持正直。离心向下时,弯曲一侧膝关节使身体沿重力方向缓慢向下,下至大腿与地面平行。向心发力时伸展一侧膝关节使身体向上方移动,最终回至动作起始阶段。双腿交替进行练习。

[练习要求] ① 膝关节与脚尖保持同一朝向,不得内扣或外翻。② 保持合理重心位置,重心应落在前脚掌。见图 11-12、图 11-13。

图 11-12　杠铃保加利亚蹲(站立阶段)

图 11-13　杠铃保加利亚蹲(下蹲阶段)

(7) 杠铃传统硬拉

[动作名称] 杠铃传统硬拉

[练习目的] 发展股二头肌、臀大肌以及竖脊肌等整条后侧链肌肉的绝对肌力。

[练习方法] 将杠铃放置于地面,双脚分开,与肩同宽,保持站立姿势,确保下蹲时胫骨恰好接触到杠铃。双手掌心向内(靠近身体方向)握住杠铃,微微屈膝,保持脊椎处于居中状态,提臀,以使头部、肩部及臀部呈一条直线且近似与地

面平行。身体躯干直立上挺的路径呈一连续的弧线，同时始终保持身体重心垂直上移，锁定后挺胸抬头，肩膀下压后张，保持肩胛骨平放于胸腔之上。动作离心阶段将杠铃沿大腿缓慢下放至地面。

［练习要求］从手部到背部逐步用力，保持紧张感，并将紧张感传至脚后跟处。后背挺起，臀部收紧向前，垂直向上并于靠近胫骨处将杠铃垂直提起，直至身体保持完全直立状态。见图 11-14、图 11-15、图 11-16。

图 11-14　杠铃硬拉(起始姿势)

图 11-15　杠铃硬拉(过渡姿势)

图 11-16　杠铃硬拉(锁定姿势)

(8) 单腿罗马尼亚硬拉

［动作名称］单腿罗马尼亚硬拉

［练习目的］发展臀大肌、股二头肌以及竖脊肌的肌肉力量，同步提升核心的抗旋转能力，加强核心的稳定性。

［练习方法］双手正握哑铃，使哑铃贴在大腿前侧。膝关节稍微屈曲。离心阶段时屈曲支撑腿一侧的髋关节，同时伸展另一条腿的膝关节与髋关节，缓慢下放哑铃，向上运动时，伸展支撑腿处的髋关节，使另一侧腿向前，持续将哑铃上提至起始位置。

［练习要求］① 背部在整个动作过程中必须保持笔直状态。② 支撑腿膝关节切不可呈锁定状态。③ 骨盆不得向一侧倾斜。见图 11-17、图 11-18。

图 11-17　单腿罗马尼亚硬拉(起始位置)

图 11-18　单腿罗马尼亚硬拉(最低位置)

(9) 抬肩仰卧桥式挺髋

[动作名称] 抬肩仰卧桥式挺髋

[练习目的] 提升并强化臀大肌、股二头肌等大腿后侧肌群的肌肉力量。

[练习方法] 动作开始时,自然仰卧于长凳上,上背部紧贴于长凳边缘处,膝关节屈曲呈 90°。双脚打开平放于地面上,并置于膝关节正下方,小腿垂直于地面,躯干和大腿应与地面平行。双手持握杠铃并置于腹股沟褶处。离心向下阶段,屈膝屈髋使杠铃缓慢下降,直至髋部即将贴近地面。向心阶段,伸展髋关节使其向上运动,持续向上直至回到起始位置。

[练习要求] ① 练习过程中脚跟不得离开地面。② 动作开始时双脚不得向前或向后。见图 11-19、图 11-20。

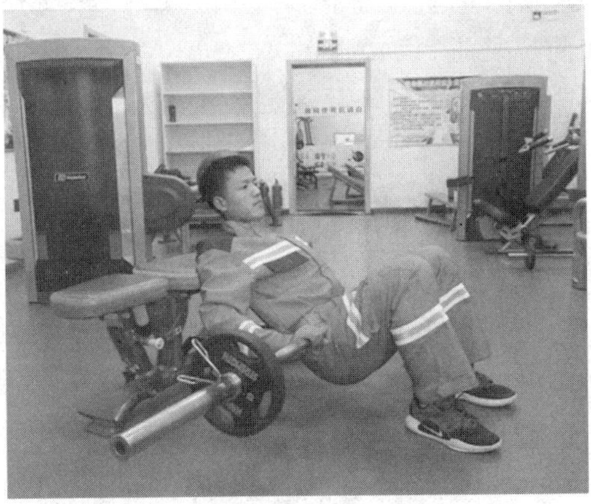

图 11-19　抬肩仰卧桥式挺髋(起始位置)

图 11-20　抬肩仰卧桥式挺髋(最高位置)

2. 固定器械训练

(1) 仰卧倒蹬

[动作名称] 仰卧倒蹬

[练习目的] 发展股四头肌、臀大肌、股二头肌、半腱肌、半膜肌、大腿内收肌、小腿三头肌、屈足肌群的力量。

[练习方法] 仰卧于组合升降练习架下，两手握把维持身体平衡，两脚蹬住练习架做腿屈伸练习。

[练习要求] 练习重量应根据腿部力量大小进行增减，也可采用不同的速度(快、中、慢)和两脚间距(可两脚靠拢,也可分开)做练习。见图 11-21、图 11-22。

图 11-21　仰卧倒蹬(屈膝阶段)

图 11-22　仰卧倒蹬(伸膝阶段)

(2) 单腿坐姿腿伸展

[动作名称] 单腿坐姿腿伸展

[练习目的] 发展单侧股四头肌的绝对力量、肌耐力并促进肌纤维横截面积的增加。

[练习方法] 坐姿平贴在座椅后背垫上,膝部与训练器转轴并排,踝关节前方接触阻力臂护垫,双手紧握手把,收缩单侧股四头肌逐步伸膝至与地面平行。缓慢放下阻力臂,回至起始位置。如此反复进行训练。

[练习要求] 收紧腹部,后背紧贴凳面,握紧手把,保持下背部稳定。全过程匀速伸膝、屈膝,保持呼吸顺畅。见图 11-23、图 11-24。

图 11-23　单腿坐姿腿伸展(起始阶段)

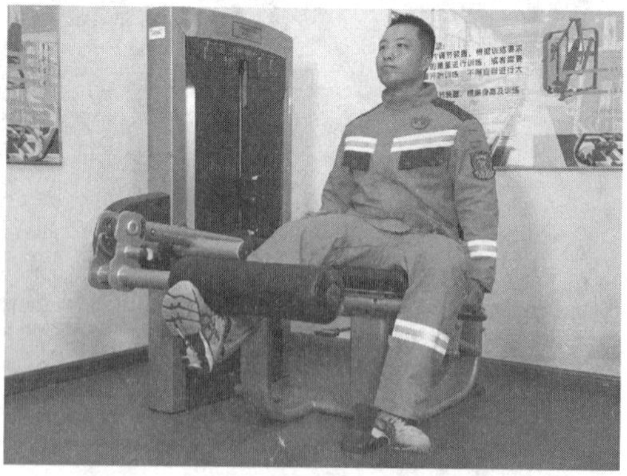

图 11-24　单腿坐姿腿伸展(伸腿阶段)

(3) 单腿俯撑后屈腿

[动作名称] 单腿俯撑后屈腿

[练习目的] 发展后侧股二头肌的最大力量、肌耐力并促进肌纤维横截面积的增加。

[练习方法] 俯撑在训练器械上，紧接着双手握住训练器械的把手，核心区收紧，将身体始终贴在训练器械的凳面上，最大幅度弯曲小腿，直到股二头肌收缩，在顶点收缩 2 s，缓慢回落至起始位置。如此反复进行训练。

[练习要求] 收紧腹部，紧贴凳面，手肘撑住身体，保持身体下背部稳定，避免出现臀部和下腰部代偿。见图 11-25、图 11-26。

图 11-25　单腿俯撑后屈腿(起始阶段)

图 11-26　单腿俯撑后屈腿(屈腿阶段)

(三) 人体的上肢运动

上肢训练动作包括肩、肩带、肘、尺桡、腕关节等在三个平面的动作(矢状面、冠状面和水平面)。许多大肌肉群可以进行这些动作，当不是作为主要肌群时，也必须作为等长收缩以稳定这些关节。有些训练动作属于多关节运动。人体的上肢运动见表 11-3。

表 11-3　人体的上肢运动

关节	关节类型	关节运动	涉及肌群
胸锁关节	鞍状关节	上抬	前锯肌，肩胛下肌，大/小菱形肌，斜方肌
		下压	胸小肌，锁骨下肌，下斜方肌
		前引	前锯肌，胸小肌
		后缩	肩胛提肌，大/小菱形肌，斜方肌
		向上旋转	前锯肌，斜方肌
		向下旋转	肩胛提肌，大/小菱形肌
肩峰胸锁关节	滑动关节	—	—
盂肱关节	球窝关节	屈曲	胸大肌，喙肱肌，前/中三角肌，肱二头肌
		伸展/过伸	肩胛下肌，后三角肌，背阔肌，大圆肌，肱三头肌长头
		内收	胸大肌，喙肱肌，肱二头肌，背阔肌，大/小圆肌，肱三头肌长头，冈上肌，中三角肌，冈下肌
		外展	胸大肌，肩胛下肌
		向内旋转	冈下肌，小圆肌
		向外旋转	肱二头肌，肱肌，肱桡肌，旋前圆肌

表 11-3(续)

关节	关节类型	关节运动	涉及肌群
肘关节(肱尺)	铰链关节	屈曲	肱二头肌(长/短头)、肱桡肌
		伸展	肱三头肌(外侧/内侧/长头)
		旋前	股二头肌,旋后肌
尺桡关节	车轴关节	旋后	桡侧腕短/长伸肌,尺侧腕伸肌,伸指肌,伸小指肌,伸拇短/长肌,伸食指肌
桡腕关节	椭球关节	伸展	桡侧腕伸肌,尺侧腕伸肌,掌长肌,屈指浅/深肌,屈/外展拇长肌
		屈曲	桡侧腕屈肌,屈指浅肌,桡侧腕短/长肌
		尺侧偏移	尺侧腕屈肌群
		桡侧偏移	桡侧腕屈肌群

人体上肢运动的训练方法如下。

1. 自由重量训练

(1) 杠铃平板卧推

[动作名称] 杠铃平板卧推

[练习目的] 锻炼胸大肌、三角肌前束、肱三头肌。

[练习方法] 向下运动阶段,降低杠铃至触及胸部,接近乳头的水平位置,保持手腕稳定且中立,两侧前臂平行且与地面垂直。向上运动阶段,向上并轻微向后方推动杠铃,直到肘关节完全伸展,保持手腕稳定,两侧前臂彼此平行且与地面垂直,不要拱背或者挺胸迎杠。

[练习要求] 双手采用闭握正握的方式,仰卧在训练凳子上,身体呈五点接触姿势,新手在练习这个动作时需要协助者帮助完成。见图 11-27、图 11-28。

图 11-27　杠铃平板卧推(起始位置)

图 11-28　杠铃平板卧推(最高位置)

(2) 仰卧哑铃飞鸟

[动作名称] 仰卧哑铃飞鸟

[练习目的] 刺激胸大肌和三角肌前束。

［练习方法］向下运动阶段，练习者手持哑铃沿着大弧圈轨迹向下运动，直到与肩部或者胸部同宽，肘关节向下运动时，保持哑铃手柄彼此平行；保持手腕稳定且肘关节微曲。向上运动阶段，沿着大弧圈轨迹向上推举哑铃至起始位置。

［练习要求］在整个运动过程中，要始终保持手、手腕、前臂、肘关节、上臂和肩部在同一垂直平面，保持身体呈五点接触姿势。见图 11-29 、图 11-30、图 11-31。

图 11-29　仰卧哑铃飞鸟(准备姿势)

图 11-30　仰卧哑铃飞鸟(起始位置)

图 11-31　仰卧哑铃飞鸟(最低位置)

(3) 俯身杠铃划船

［动作名称］俯身杠铃划船

［练习目的］主要锻炼背阔肌、大圆肌。

［练习方法］双脚踩实地面，大腿略微发力，上身略抬起，俯身约 45°，根据自身实际情况选择俯身多少。手臂握住杠杆，挺胸，大臂向内微夹。背部发力，带动手臂，沿着俯身背部的轨迹，斜后上方划动，划至小肚或者肚脐处 2～3 cm。上划时大臂向内微夹背部，下放时保持背部肌肉扩张。整个过程保持下肢稳定，核心稳定。

［练习要求］保持下肢稳定，核心稳定。注意后腰不要过分坍塌，也不要弓腰，以致给腰椎带来过大压力。如果腰椎或者脊柱感到不适，可以佩戴腰带。如果还是不舒服，建议换个动作。下放时双肩不要前探，上划时手臂不用过多内夹。见图 11-32、图 11-33。

图 11-32　俯身杠铃划船(起始位置)

图 11-33　俯身杠铃划船(最高位置)

(4) 俯身哑铃划船

[动作名称] 俯身哑铃划船

[练习目的] 锻炼背阔肌、大圆肌、肱二头肌等肌群。

[练习方法] 起始位置保持身体正直,哑铃置于身体两侧。屈髋屈膝,身体俯身向前,使躯干与地面近似平行,哑铃自然悬垂于重力方向。向心发力时,以肩关节为轴,大臂带动小臂拉动哑铃向下腹部移动,离心向下时缓慢下放哑铃回至悬垂位。

[练习要求] ① 大臂必须紧贴身体两侧。② 发力时大臂带动小臂向后滑动,而不是提拉。③ 头部保持中立位。见图 11-34、图 11-35。

图 11-34　俯身哑铃划船(起始位置)

图 11-35　俯身哑铃划船(最高位置)

(5) 哑铃平板卧推

[动作名称] 哑铃平板卧推

[练习目的] 深层次刺激胸大肌及三角肌前束等肌群。

[练习方法] 五点式平躺于长凳上方,对握哑铃,大臂垂直于地面。离心向下时,屈肘使哑铃向两边弧线下方大臂与地面平行。向心时发力使哑铃沿原轨迹回至初始位置。

[练习要求] ① 腕部保持中立位,呈立腕姿势。② 离心阶段肘部向两侧打开,而非下沉。见图 11-36、图 11-37。

图 11-36　哑铃平板卧推(起始位置)

图 11-37　哑铃平板卧推（最高位置）

(6）坐姿杠铃肩推

[动作名称] 坐姿杠铃肩推

[练习目的] 注重三角肌整体肌力的打造。

[练习方法] 保持五点式姿势稳定坐于凳上，杠铃位于锁骨正上方，上半身略微后倾，肩部发力将杠铃推至头顶，顶点位于肩部的正上方，手臂伸直但不超伸。在下放至头顶时，身体略微后倾，稍微向后仰头，让下巴和鼻子为杠铃让路，落在锁骨正上方位置。

[练习要求] ① 练习时需要一名保护者置于练习者身后，并托住练习者的肘部位置。② 背部紧靠在长凳上，不可悬空。③ 呈立腕姿势推举杠铃。见图 11-38、图 11-39。

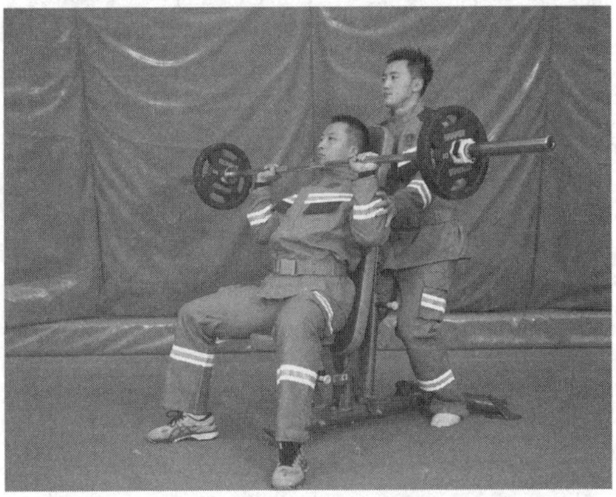

图 11-38　坐姿杠铃肩推(起始位置)

图 11-39　坐姿杠铃肩推(最高位置)

(7）哑铃侧平举

[动作名称] 哑铃侧平举

[练习目的] 主要锻炼三角肌中束。

[练习方法] 向上运动阶段，向外举起哑铃，肘部和上臂应该与前臂、手和哑铃同步向上运动。保持上身挺直，膝关节微屈，双脚平放在地面上。抬高哑铃，直到手臂接近与地面平行。向下运动阶段，让哑铃慢慢下降到起始位置，保持躯干和膝关节在相同位置。

[练习要求] 在整个训练过程中，肘关节应微屈并始终保持。见图 11-40、图 11-41。

图 11-40　哑铃侧平举(站立阶段)

图 11-41　哑铃侧平举(侧举阶段)

(8) 站姿哑铃阿诺德推举

[动作名称] 站姿哑铃阿诺德推举

[练习目的] 加强三角肌整体的肌肉力量及耐力。

[练习方法] 身体自然站立,双脚打开略比肩宽,双手对握持哑铃置于胸部前侧,向心发力阶段,肩部外展、前臂内旋并弧线向内推举至哑铃无限接近但不触碰。离心下降阶段,肩部内收、前臂外旋控制哑铃缓慢下降到起始位置。

[练习要求] ① 身体姿态保持挺拔。② 肩水平外展及肩内收的幅度要尽可能大。③ 发力时速度快,回落时缓慢匀速下放。见图 11-42、图 11-43、图 11-44。

图 11-42　站姿哑铃阿诺德推举(起始位置)

图 11-43　站姿哑铃阿诺德推举(过渡位置)

图 11-44　站姿哑铃阿诺德推举(最高位置)

(9) 俯身哑铃飞鸟

[动作名称] 俯身哑铃飞鸟

[练习目的] 加强三角肌后束、菱形肌及中下斜方肌的肌肉力量。

[练习方法] 屈髋屈膝身体俯身至与地面近似平行，哑铃自然悬垂于重力方向，向心发力时，以肩关节为轴，大臂带动小臂将哑铃弧线向上拉起，大臂与地面平行时停止，随后沿原轨迹缓慢下放至初始位置。

[练习要求] ① 大臂与小臂间尽可能保持钝角。② 动作末端大臂与地面平行即可，切不可出现超伸动作。③ 头部始终保持中立位。见图 11-45、图 11-46。

图 11-45　俯身哑铃飞鸟(起始位置)

图 11-46　俯身哑铃飞鸟(最高位置)

(10) 俯身单臂哑铃伸展

[动作名称] 俯身单臂哑铃伸展

[练习目的] 孤立刺激单侧肱三头肌。

[练习方法] 屈髋屈膝身体俯身向前，大臂紧贴于身体一侧，哑铃自然垂于重力方向。向心阶段伸展肘关节至手臂呈一条直线，离心时缓慢将哑铃沿原轨迹下方到初始位置。

[练习要求] ① 练习过程中仅伸展肘部，切记不可肩部和肘部同时伸展。② 大臂需紧贴身体一侧。③ 注意顶峰收缩。④ 可更换成不同握法(反握或正握)刺激三头肌的不同位置。见图 11-47、图 11-48。

图 11-47　俯身单臂哑铃伸展(起始位置)

图 11-48　俯身单臂哑铃伸展(最高位置)

（11）仰卧肱三头肌伸展

［动作名称］仰卧肱三头肌伸展

［练习目的］主要锻炼肱三头肌。

［练习方法］向下运动阶段，保持上臂不动，慢慢屈曲肘关节，使杠铃杆向面部下降，两侧上臂垂直地面且彼此平行，直到几乎碰到头部或面部。向上运动阶段，伸展肘关节，向上推起杠铃杆，回到起始位置。

［练习要求］仰卧训练凳上，身体呈五点接触姿势。在训练过程中，保持手腕稳定，激活核心。见图 11-49、图 11-50。

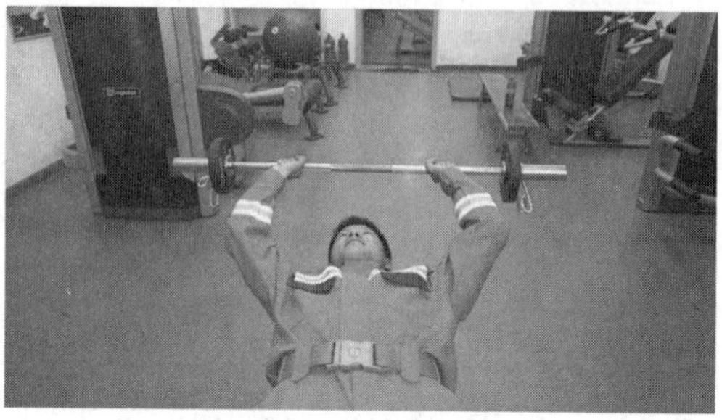

图 11-49　仰卧肱三头肌伸展（起始阶段）

图 11-50　仰卧肱三头肌伸展（伸臂阶段）

（12）站姿肱二头肌弯举

［动作名称］站姿肱二头肌弯举

［练习目的］促进肱二头肌绝对力量的增加并产生肌肥大适应。

［练习方法］向上运动阶段，肘关节屈曲，至杠铃接近三角肌前束。保持躯干挺直，上臂不动。不要晃动身体或把杠铃向上摇摆。向下运动阶段，下放杠铃至肘关节完全伸直，保持躯干和膝关节在相同位置。

［练习要求］注意两次动作之间不要让杠铃在大腿上弹起，握距与肩同宽，手臂紧贴躯干。见图 11-51、图 11-52。

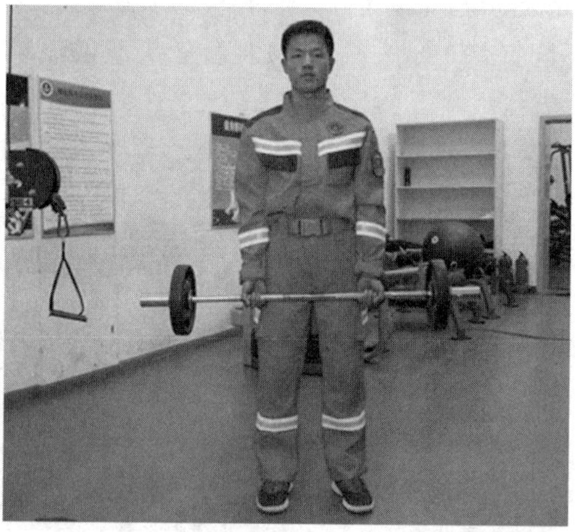

图 11-51　站姿肱二头肌弯举（起始阶段）

图 11-52　站姿肱二头肌弯举（屈臂阶段）

2. 固定器械训练

(1) 索道坐姿下拉

［动作名称］索道坐姿下拉

［练习目的］促进背部整体肌群力量的均衡发展并产生肌肥大适应。

［练习方法］向下运动阶段，向上胸部方向下拉把杆，保持躯干轻微后倾，躯干不要向后晃动，把杆触及锁骨和上胸部。向上运动阶段，肘关节完全伸直，回到初始位置，保持躯干在相同位置。

［练习要求］握距应该大于肩宽，把大腿放在挡板下边，脚踩在地面。躯干应稍微向后倾斜。见图 11-53、图 11-54。

［替代训练］反握窄距高位下拉、反握单边高位下拉。

图 11-53　索道坐姿下拉(起始阶段)

图 11-54　索道坐姿下拉(下拉阶段)

(2) 坐姿开肘绳索划船

［动作名称］坐姿开肘绳索划船

［练习目的］刺激三角肌后束、斜方肌中下束及菱形肌。

［练习方法］身体自然坐于稳定或不稳定平面上，双肘向外打开并握住横杆置于轨迹初始位置，上体保持正直。向心发力时，身体略微后仰，双肘沿水平方向拉动横杆向外打开，拉至大臂与躯干平行。离心阶段，肘部沿水平方向回至起始位置。

［练习要求］① 动作末端大臂与躯干平行即可，切记不可超伸过多。② 头部保持中立位。见图 11-55、图 11-56。

(3) 坐姿单臂绳索划船

［动作名称］坐姿单臂绳索划船

［练习目的］发展单侧背阔肌、大圆肌及三角肌后束的肌肉力量，提升身体抗旋转能力。

［练习方法］身体自然坐于稳定或不稳定平面上，身体保持正直，正握拉起把手置于起始位置。向心发力时，大臂带动小臂拉至下腹位置，持握方式由正握变为反握。离心时沿原轨迹缓慢回至初始位置。

图 11-55　坐姿开肘绳索划船(起始位置)

图 11-56　坐姿开肘绳索划船(后拉阶段)

[练习要求] ① 练习时注意保持身体的稳定,不可过分旋转身体。② 注重顶峰收缩。见图 11-57、图 11-58。

图 11-57　坐姿单臂绳索划船(起始位置)

图 11-58　坐姿单臂绳索划船(后拉阶段)

(4) 绳索直臂下压

[动作名称] 绳索直臂下压

[练习目的] 发展背阔肌整体体积及肌肉力量。

[练习方法] 屈髋屈膝身体略微俯身向前,双手持握横杆使手臂、肩部、躯干近似一条直线,眼睛目视斜下方。发力时大臂带动小臂将横杆沿圆弧状轨迹拉至下腹部位置,大臂紧贴躯干。离心阶段将横杆缓慢地沿原轨迹送回至初始位置。

[练习要求] ① 拉动时以肩关节为轴、整条手臂为半径弧线下滑,而非拉动。② 练习时注意保持合理的重心位置,重心应当放在脚掌中央。见图 11-59、图 11-60。

(5) 坐姿器械划船

[动作名称] 坐姿器械划船

[练习目的] 增强上、中背部,肩带后侧和肘关节前侧肌肉力量。

[练习方法] 将手中的划船器拉起来,全程用背部肌肉进行发力,帮助屈肘拉动划船器,让持着划船器的双手沿着身体的两侧向后运动。当我们把双手拉到一定的程度时,最好可以定格顶峰收缩,随后再把双手沿着身

图 11-59　绳索直臂下压(起始位置)

图 11-60　绳索直臂下压(下压阶段)

体的两侧恢复原状,放回划船器的手柄。

[练习要求] 直立坐姿,双脚踩在踏板上,躯干顶住胸部挡板。双手采用正握闭握的方式,如果需要,调节座椅高度,使得手臂与地面平行。见图 11-61、图 11-62。

图 11-61　坐姿器械划船(起始位置)

图 11-62　坐姿器械划船(后拉阶段)

(6) 肩关节旋内/旋外

[动作名称] 肩关节旋内/旋外

[练习目的] 锻炼肩胛下肌、胸大肌、背阔肌、胸小肌等。

[练习方法] 沿水平轴,在保持躯干不动的前提下拉动阻力,使得肩关节旋内或者旋外。

[练习要求] 练习过程中,双脚与肩同宽,不要转动躯干产生作用力的代偿。见图 11-63、图 11-64、图 11-65、图 11-66。

图 11-63　肩关节旋内(起始位置)

图 11-64　肩关节旋内(结束位置)

图 11-65　肩关节旋外(起始位置)

图 11-66　肩关节旋外(结束位置)

3. 自重训练

(1) 双杠臂屈伸

[动作名称] 双杠臂屈伸

[练习目的] 练习胸肌、肱三头肌和三角肌(前束)为主,兼练背阔肌、斜方肌等。

[练习方法] 双手分别握杠,两臂支撑在双杠上,头正挺胸顶肩,躯干、上肢与双杠垂直,屈膝后小腿交叠于两脚的踝关节部位。肘关节慢慢弯曲,同时肩关节伸屈,使身体逐渐下降至最低位置。稍停片刻,两臂用力撑起至还原。

[练习要求] 下放速度要慢,不要降太低,对肩关节压力大。身体不可随意晃动,要保持平衡。不要在身体的前后摆动中完成动作。见图 11-67、图 11-68。

(2) 原地俯卧撑

[动作名称] 原地俯卧撑

[练习目的] 主要锻炼的肌肉群为肱三头肌及胸大肌,同时还锻炼三角肌前束、前锯肌和喙肱肌及身体的其他部位。其主要作用是提高上肢、胸部、腰背和腹部的肌肉力量。

图 11-67　双杠臂屈伸(伸臂阶段)

图 11-68　双杠臂屈伸(屈臂阶段)

[练习方法] 做俯卧撑时，应该用 2～3 s 时间来充分下降身体，最终胸部距离地面应该是 2～3 cm；然后要马上用力撑起，回到起始位置。如果做不到一个完整的俯卧撑，也可以膝盖着地。这也是当正式的俯卧撑已经无法完成，而又想继续锻炼时可以选择的方法。

[练习要求] 要做到俯卧撑的一个完美起始姿势，身体必须保持从肩膀到脚踝在一条直线上，双臂应该放在胸部位置，两手相距略宽于肩膀。这样可以确保每个动作都能更有效地锻炼肱三头肌。见图 11-69、图 11-70。

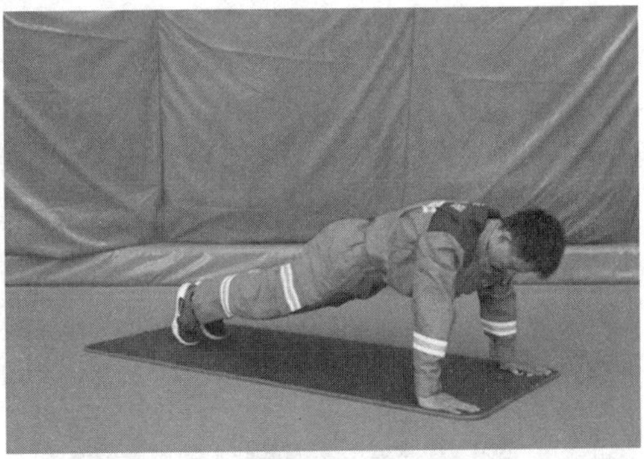

图 11-69　原地俯卧撑(支撑阶段)

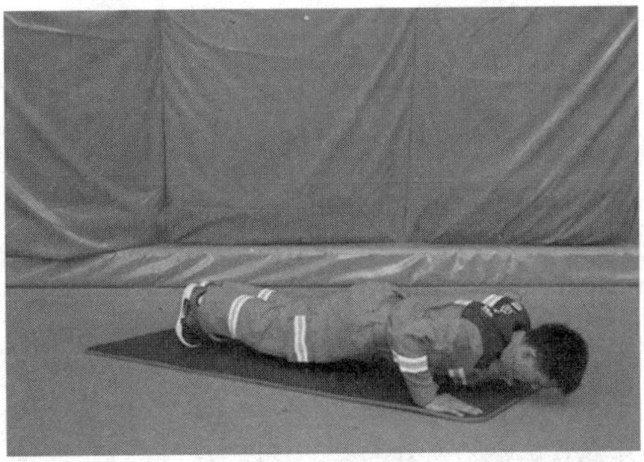

图 11-70　原地俯卧撑(下降阶段)

(3) 交替药球俯卧撑

[动作名称] 交替药球俯卧撑

[练习目的] 发展胸大肌及肱三头肌肌肉力量，同时提升肩关节及核心区的稳定性。

[练习方法] 一手撑球，一手撑地，躯干保持笔直状态。屈肘使身体匀速下降，至一侧胸部触碰药球后将身体推起至初始位置，随后将药球滚至另一侧，重复完成动作。

[练习要求] 练习过程中始终保持背部、臀部以及下肢在一条直线上，动作幅度及行程尽可能大。见图 11-71、图 11-72。

图 11-71　交替药球俯卧撑(支撑阶段)

图 11-72　交替药球俯卧撑(下降阶段)

(4) 引体向上

[动作名称] 引体向上

[练习目的] 发展背部骨骼肌的肌力和肌耐力。

[练习方法] 用背阔肌的收缩力量将身体往上拉起,当下巴超过单杠时稍作停顿,静止 1 s,使背阔肌彻底收缩。然后逐渐拉伸背阔肌,让身体徐徐下降,直到恢复起始位置,重复完成。

[练习要求] 上拉时意念集中在背阔肌,把身体尽可能地拉高,不要让身体摆动。下垂时脚不能触及地面,可在腰上钩挂杠铃片来加重。见图 11-73 、图 11-74。

[替代训练] 反握引体向上、对握引体向上。

图 11-73　引体向上(起始位置)

图 11-74　引体向上(提拉阶段)

第二节　快速伸缩复合训练方法

传统的快速伸缩复合训练(plyometric training,PT)包括立定跳、单脚跳、跳深、垂直纵跳、连续障碍跳等。现代的 PT 主要以各种栏架、跳箱、药球、波速球、瑜伽球等器材进行组合训练为主,特点是高强度、频率少、训练量较少、间歇长。

PT 后训练效果突出,对训练者体能水平要求较高,近年来出现了多种训练方式与 PT 的组合。本节将简单归纳快速伸缩复合训练的相关机制、应用现状、训练启示。

一、快速伸缩复合训练概念

目前认为 PT 最早起源于 20 世纪 60 年代的田径训练，PT 也被部分学者称为超等长训练或增强式训练。PT 是指在运动过程中主要肌肉群进行离心收缩后立即进行向心收缩的一种训练手段。

二、快速伸缩复合训练的训练原理

（一）快速伸缩复合训练的机械机制

PT 的机械机制主要涉及两个方面：一是肌肉的预拉长。完成 PT 动作时，主动肌被充分拉长，处于最适初长度，活化的横桥数目更多，能产生更多的能量与肌动蛋白相结合，促使肌纤维缩短，提高肌肉收缩的能力。二是肌肉弹性势能。弹性势能的产生是由肌肉牵拉的速度和长度决定的，弹性势能的再利用是由离心-向心收缩的耦联时间决定的。肌肉结缔组织和肌腱被拉长伸展，如同弹簧一样被拉长并将弹性势能储存起来，在随后的向心收缩时贡献出来，转化为机械能做功。

（二）快速伸缩复合训练的生理学机制

PT 的生理学机制主要涉及两个方面：一是牵张反射。当肌肉被快速拉长时，引发肌肉反射性的收缩以避免过度拉伸。这种保护机制，可以强化主动肌的活动，增加向心阶段肌肉的功率输出。二是神经肌肉募集增加。离心收缩产生的神经冲动频率快且强度高，单位时间内所能激活的运动单位多，能募集更多的肌纤维参与运动，从而使随后的向心收缩产生更大的肌肉力量和更快的收缩速度。

三、快速伸缩复合训练手段

PT 训练最初用于下肢的爆发力和弹跳力训练，后来不断衍生出上肢以及组合式的 PT 训练方法。快速伸缩复合训练的手段见表 11-4。

表 11-4　快速伸缩复合训练的手段

训练部位	类型	具体训练手段
下肢	原地跳	蛙跳、双脚提踵跳、起跳摸高、双脚屈膝跳、循环式分腿蹲跳、单脚屈膝跳、直膝屈身跳、深蹲跳、半蹲跳、双腿收腹跳、单臂换腿跳、弓步跳、屈体分腿跳、双腿抱膝跳、单腿纵跳、单腿抱膝跳、单腿收腹跳
	站立跳	双脚垂直跳、跳跃障碍、单脚跳跃障碍、单脚垂直跳
	多次连跳与跳跃	双脚连跳、双脚 Z 形连跳、单脚连跳、向前跳跃障碍、侧向跳跃障碍
	跨跳	跨步跳、向后跨步跳、双手换脚跨跳、单手换脚跨跳
	跳箱法	单脚推蹬、换脚推蹬、换脚推蹬、侧边推蹬、两侧推蹬、跳上跳箱、屈蹲箱跳、侧边箱跳、跳下跳箱
	跳深法	跳深、跳深后跳向第二跳箱、屈蹲跳深、跳深加侧移、跳深加立定跳远、单脚跳深
上肢	投掷	药球胸前传球、药球砸地、跪式传球、双手过顶掷球、双手侧掷、单手掷球
	推撑	深幅俯卧撑、爆发式俯卧撑、击掌俯卧撑、背后击掌俯卧撑、腾空挺身俯卧撑
躯干	拉	高位下拉、弹力带上拉、弹力带下拉、药球头顶传球、引体向上、宽/窄距引体向上、坐姿划船 45°仰卧起坐、山羊挺身

（一）下肢超等长训练动作

1. 双脚原地反向纵跳

[动作名称] 双脚原地反向纵跳

[练习目的] 发展下肢蹬跳能力。

[练习方法] 主动屈髋屈膝，保持预摆下蹲姿态，下肢蹬伸发力的同时手臂向上摆动，完成垂直跳跃动作。

[练习要求] 落地时主动屈髋屈膝，垂直蹬伸跳跃时主动伸髋伸膝。见图 11-75、图 11-76。

图 11-75　双脚原地反向纵跳（反向阶段）

图 11-76　双脚原地反向纵跳（纵跳阶段）

2. 单脚原地反向纵跳

[动作名称] 单脚原地反向纵跳

[练习目的] 发展下肢伸展速率，提高蹬跳能力。

[练习方法] 单腿支撑身体并保持正直状态，双手置于身体两侧。离心向下时，屈曲支撑腿的髋关节和膝关节同时身体俯身向前、双手下摆向后。向心发力时，伸展髋关节和膝关节并将手臂向前上方摆起使身体向上方跃起。落地后重复完成动作。

[练习要求] 反向阶段动作迅速，快速离心储存弹性势能，发力时手臂配合下肢上摆，快速完成起跳，落地时注意屈髋屈膝缓冲。见图 11-77、图 11-78。

图 11-77　单脚原地反向纵跳（反向阶段）

图 11-78　单脚原地反向纵跳（纵跳阶段）

3. 锥形标志桶连续跳跃

[动作名称] 锥形标志桶连续跳跃

[练习目的] 发展下肢连续蹬跳能力以及踝关节的弹性及刚性建立。

[练习方法] 起始姿态为双臂自然放置于身体两侧，双脚站立与肩同宽、膝关节微屈站立。手臂后摆并快速反向深蹲，练习者配合手臂前摆动作跳过锥形标志桶。该动作可以连续放置多个锥形标志桶进行连续多次重复跳跃，通过调整锥形标志桶距离改变训练强度。

[练习要求] 腾空时保持躯干稳定，落地后主动屈髋屈膝，膝关节与足尖处于同一垂直面，落地后快速衔接下一次跳跃，强化下肢肌肉由离心到向心快速转化。见图 11-79。

图 11-79　锥形标志桶连续跳跃

4. 连续伸踝跳

[动作名称] 连续伸踝跳

[练习目的] 发展下肢连续跳跃能力并加强踝关节刚性。

[练习方法] 身体保持正直状态，双手置于身体前侧，在保持膝关节伸直的情况下，连续伸展踝关节向上方跃起。

[练习要求] 膝关节尽量不弯曲，全程利用踝关节的力量带动身体连续向上跳起。见图 11-80、图 11-81。

图 11-80　连续伸踝跳(起始位置)

图 11-81　连续伸踝跳(跳跃阶段)

5. 跳深

[动作名称] 跳深

[练习目的] 发展下肢跳跃能力，增强下肢爆发力。

[练习方法] 起始姿态为双臂自然放置于身体两侧，双脚与肩同宽，膝关节微屈站立于训练箱上（脚尖靠近或突出训练箱边缘）。训练箱高度在20～115 cm之间，具体高度根据训练水平进行选择。训练箱高度增加即为负荷强度增加。跨出训练箱，落于地面时快速屈髋完成垂直跳跃（配合双手动作）尽可能跳到最高点。

[练习要求] 跳跃过程中，身体保持稳定。落地后不要有停顿间歇，顺势完成垂直跳跃，跳跃至最高点。见图11-82、图11-83、图11-84、图11-85。

图11-82 跳深（准备阶段）

图11-83 跳深（反向阶段）

图11-84 跳深（纵跳阶段）

图11-85 跳深（结束阶段）

（二）上肢超等长训练动作

1. 爆发式俯卧撑

[动作名称] 爆发式俯卧撑

[练习目的] 发展上肢力量及爆发力。

[练习方法] 起始姿态为标准俯卧撑姿势。快速屈肘关节使身体降低，接着双臂快速推离地面快速击掌，落地后迅速衔接到下一个俯卧撑动作中。

[练习要求] 完成快速俯卧撑过程中，保持躯干稳定，肩、背、臀呈一条水平线，同时落地后迅速屈肘近似 90°，完成下一个标准俯卧撑动作。中间不做任何停顿。见图 11-86、图 11-87。

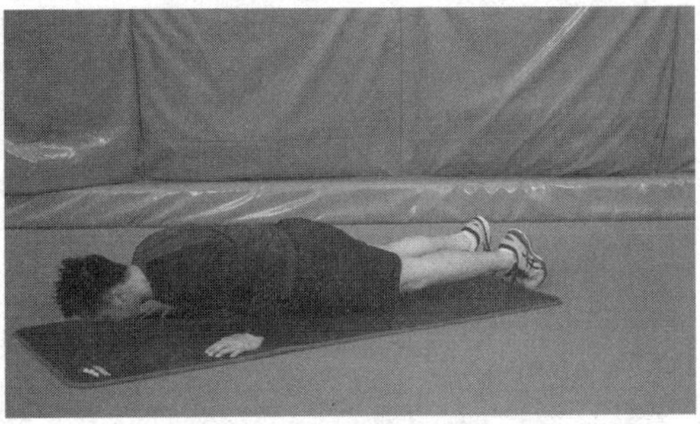

图 11-86　爆发式俯卧撑(最低位置)

图 11-87　爆发式俯卧撑(发力阶段)

2. 胸前推药球

[动作名称] 胸前推药球

[练习目的] 发展上肢力量及伸展速率。

[练习方法] 双脚与肩同宽、膝关节微屈站立，手持药球或核心训练球(0.9～7 kg)举到胸前位置，屈肩肘关节开立外展。上肢发力快速向前推药球。发力传球过程中保持身体姿态稳定，或向前跨一步便于蹬伸更好发力。该动作推出后，最好快速将球回到练习者手中，形成接球并推出的动作状态，便于练习者的肌肉形成拉长-缩短机制，从而产生更大伸展力量。

[练习要求] 练习时保持身体姿态稳定，传接球注意力集中，时刻保持双手于胸前，发力时上下肢协同发力，避免上肢单纯发力。见图 11-88、图 11-89。

图 11-88　胸前推药球(起始位置)

图 11-89　胸前推药球(发力阶段)

3. 向后抛药球

[动作名称] 向后抛药球

[练习目的] 发展上肢及躯干力量，强化髋部伸展速率。

[练习方法] 双脚开立比肩稍宽、膝关节微屈，手持药球或核心训练球伸至身体正前方，完成屈髋屈膝反向运动后，迅速伸展髋关节及下背部，屈肩关节将药球向后方抛出，尽全力抛掷最远。

[练习要求] 练习时核心区收紧，保持躯干稳定。抛出药球后，手臂带动下肢向斜后方蹬伸，整个过程连贯、一气呵成。见图 11-90、图 11-91。

图 11-90　向后抛药球(起始位置)

图 11-91　向后抛药球(发力阶段)

4. 侧向旋转砸药球

[动作名称] 侧向旋转砸药球

[练习目的] 提升躯干旋转爆发力。

[练习方法] 身体保持正直持药球置于胸部前侧，发力时下肢蹬伸的同时向一侧转动髋关节，并配合肘部伸展力量，将药球向一侧地面下砸，回弹后向另一侧重复完成动作。

[练习要求] 旋转发力要快，重心过渡要明显，积极转动髋部带动身体旋转发力。见图 11-92、图 11-93、图 11-94。

图 11-92　侧向旋转砸药球(起始位置)

图 11-93　侧向旋转砸药球(转体阶段)

图 11-94　侧向旋转砸药球(下砸阶段)

5. 仰卧起坐向前抛球

［动作名称］仰卧起坐向前抛球

［练习目的］发展躯干力量及爆发力。

［练习方法］练习者躺在地板上，双手持球，膝关节屈曲，双脚踩在地板上。手臂将药球举过头顶，顺势腰腹收缩带动手臂将药球抛向同伴。

［练习要求］练习时核心区收紧，保持躯干稳定。抛出药球时，双脚不要离地。见图 11-95、图 11-96。

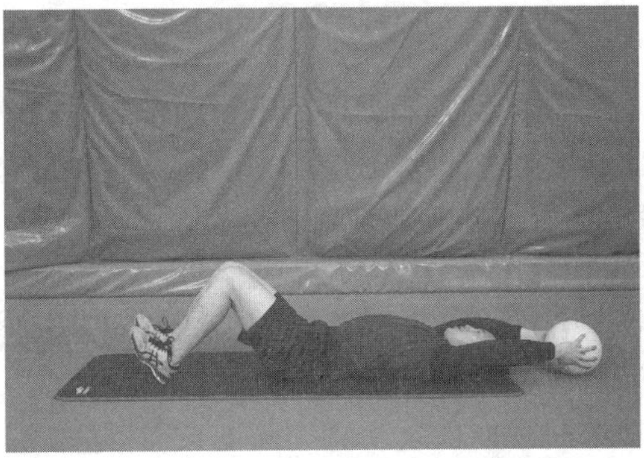

图 11-95　仰卧起坐向前抛球(起始位置)

图 11-96　仰卧起坐向前抛球(发力阶段)

四、快速伸缩复合训练在不同运动项目中的应用

PT 最早在田径项目中广泛应用，主要用以发展运动员的爆发力以及跳跃能力，随着 PT 的推广，越来越多的运动项目使用 PT 训练方法。甚至美国和欧洲宇航局也把 PT 用于航天员的在轨飞行训练计划中。以下是一些典型运动项目中的 PT 训练。

(一) 田径项目

Asadi 等发现，6 周的组合训练与传统的 PT 都能提升大学生下肢在最大强度状态下的运动成绩，传统的 PT 对短跑成绩的提升效果较好，而组合训练对跳跃和灵敏素质的提升效果较好。Meszler 等对未受过体育训练的女大学生进行 8 周阻力训练(resistance training, RT)联合 PT 训练与单独的 RT 分组训练，研究发现 8 周 RT 联合 PT 后，学生的反向跳跃力量、弹性能量储存以及跑步的经济性都显著优于单独进行 RT 组。6 周的间歇短跑训练(intermittent sprint training, IST)和 PT 都能够通过提升爆发力进而显著提升耐力跑运动员 10 km 的跑步成绩，但两种训练方法对于成绩提升的幅度并无统计学差异。采用全蹲、平行蹲、负重反向跳跃和 PT 相结合的训练方法，在最大力量、位移速度和短跑成绩上都有轻微的改善。PT 可作为短跑、跳跃、耐力跑等田径项目的专项训练方法，是提升下肢爆发力行之有效的训练手段。

(二) 足球项目

Negra 等通过青春期前足球运动员进行 8 周的对比试验发现，RT 和 PT 结合定期足球训练是提升爆发力的有效训练方法。在比赛季进行为期 6 周每周 2 次的负重训练(weight training, WT)联合 PT，结果发现，与单独使用 WT 相比，联合使用 WT 和 PT 可以更有效地改善半职业足球运动员的力量、短跑和跳跃成绩。在不增加比赛季训练时间的情况下，用专项 PT 代替部分足球训练，可提高女子足球运动员最大强度和耐力表现。此外，在专项

PT中补充肌酸会进一步提升女子足球运动员与最大强度运动和重复短跑能力相关的适应能力。对大学五人制足球运动员进行为期4周的PT,下蹲动作(绝对力量)时股二头肌的肌电有显著影响。另外,PT可显著提高大学足球女子运动员的大腿力量、平衡能力和灵敏能力,并能有效预防膝关节损伤。

在足球比赛节奏越来越快的背景下,球员的快速冲刺能力、跳跃争顶球能力、摆腿击球能力越来越受到重视,而快速力量正是这些能力发展的基础。随着PT实际应用价值得到证实以及理论的不断完善,结合足球比赛的发展趋势,未来PT在足球训练中将会发挥越来越重要的作用。

(三)篮球项目

张辉等通过对大学本科运动训练专业篮球专项的学生进行8周每周3次的负重PT,结果发现,与传统的负重肌力训练相比,负重PT训练能够有效发展篮球运动员的下肢爆发力,提高起跳速度及腾空高度,改善运动员的力量素质,提升运动表现。另外,井兰香等的研究也同样发现,8周负重PT能提高篮球运动员的纵跳成绩,提高下肢及髋、踝关节动力学表现和刚度。Meszler等的一项研究发现,在比赛季节进行7周的PT训练能够改善青春期女篮球运动员的膝关节伸肌力量,而对于平衡、敏捷性、跳跃能力影响不大。这可能是由于常规篮球训练和比赛结合大运动量的PT,导致训练间歇期恢复不完全引起疲劳,造成机体对训练的适应性下降。虽然PT对于发展篮球运动员的爆发力是有显著益处的,但是在进行PT的过程中,仍需要考虑球员的现有身体素质,需要因人而异,区别对待。篮球运动攻防转换快,要求球员不断地进行间歇性快速奔跑、突然和连续起跳、这对球员的灵敏和力量素质提出了较高要求,而PT对于篮球运动员发展下肢力量具有的独特优势。

(四)游泳项目

Potdevin等在青春期游泳运动员游泳训练前进行包含长距离跳高、侧向跳高和纵深跳跃训练内容的PT,结果显示6周每周2次的PT对潜水、转身等特定游泳任务有积极作用,但对踢腿推进作用不明显。另一项研究发现,在赛前季进行为期8周的常规训练(habitual training,HT)联合PT,对青少年游泳运动员游泳成绩的提升效果显著优于单独的HT。最新研究发现,8周的快速伸缩复合跳跃训练(plyometric jump training,PJT)能够有效提升青春期前女性游泳运动员的肌力和专项运动成绩。PJT应该从早期开始就纳入游泳运动员的常规训练计划。鉴于PT对游泳运动员的实用性以及和游泳成绩积极性,建议将PT纳入青春期游泳运动员的训练中。

五、不同环境下的快速伸缩复合训练

根据PT场地环境的不同,可分为非稳定地面PT、稳定地面PT和水下PT。林奕贯等人研究发现在对比试验中同等强度下非稳定地面快速伸缩复合训练(unstable plyometric training,UPT)(包括沙地、平衡垫、体操软垫、迷你蹦床等)比稳定地面快速伸缩复合训练(stable plyometric training,SPT)(草地、木板地、测力板)的CK浓度、延迟性肌肉酸痛(DOMS)要低,表明UPT相比SPT造成的肌纤维损伤更低,是由于UPT地面为柔性地面,带来了适当的缓冲,可以减缓肌纤维被拉长的速度,同时柔性地面使得膝关节活动幅度减小,使肌肉的离心负荷减小,相应的肌纤维微损伤程度与炎性反应下降,延迟性肌肉酸痛减轻。同时UPT能够在一定程度上增强踝关节的本体感觉和平衡控制能力,进而降低膝关节和踝关节的损伤率。

水的阻力系数是空气的12倍,水中PT合适的水深通常到训练者腰部位置。水的浮力可以降低离心收缩阶段的冲击力,减少关节和肌肉的压力,降低离心运动阶段的运动负荷,而水的黏滞性可以增加向心阶段的阻力,额外增加外部负荷,使得在水中完成PT需要完成更大的肌肉做功,受到的运动损伤更低。水中PT与陆地上相比具有下列优势:① 降低潜在损伤风险,减轻肌肉酸痛。② 缓冲相对更迅速,训练效果更好。③ 较低体能要求,为特殊人群进行PT提供了可能。

不同的场地以及环境条件的研究对于教练员进行更加科学合理的设置快速伸缩复合训练计划提供了有效证据,可以根据受训者的训练水平和运动能力相应地调整场地环境以满足不同的需求。

六、负重快速伸缩复合训练

PT在提升运动员爆发力、下肢跳跃能力、冲刺能力有一定效果,在能保证完全恢复的前提下,可能训练负荷越大效果越好。骆书於通过对参加全国大学生五人制足球运动的运动员进行为期8周、每周3次的不同负重PT训练,发现高负重PT组(体质量的20%)和低负重PT组(体质量的10%)在跳跃表现、等速肌力及20 m冲刺跑等方面皆有显著进步,而腿部肌肉量只有高负重PT组有显著进步。井兰香等对不同负重PT的运动学和动力学数据进行研究发现,无负重PT优先发展膝关节周围肌群的快速力量;低负重PT主要发展髋关节的绝对肌力和爆发力;较大负重PT主要发展髋关节绝对肌力。无负重及小强度负重PT动作膝关节贡献度最大;大强度负重时髋关节贡献度最大。下肢三个关节中髋关节肌受负重影响最大,是大强度PT的主要目标肌。田石榴等研究发现随着负荷的增加,机体通过提高运动单位的募集提高相对最大爆发力,负荷过高则募集运动单位的能力下降。提高下肢肌肉爆发力,应采用低于30%下肢最大等长肌力负荷的负重蹲跳进行训练。

负重PT训练效果要优于普通的PT训练,但是负重PT的体能和运动水平要求更高,选择和使用时要遵循循序渐进的原则。

七、复合式训练

随着快速伸缩复合训练的不断推广和应用,许多教练员将其他训练方式与PT相结合起来。其中运动员先进行RT、随后立即PT的方法称为复合式训练(complex training, CT)。Cavaco等在对16名青年足球运动员进行实验干预前、后获得了射门有效性的显著提升。一般的组合方法有将高负荷慢速训练(如3RM深蹲)或者中等负荷快速训练(如高翻)与相应部位的PT训练结合起来。由于需要先进行RT再结合PT训练,对运动员的体能要求就更高。美国国家体能协会推荐的CT基础力量标准,运动员获得下肢完成1.5倍体重深蹲或上肢完成1~1.5倍体重卧推的能力后方可安全进行大强度的负荷训练。王银晖建议每对“复合组”的总负荷应控制在5组以内,以人负荷抗阻训练的85%和快速伸缩复合训练75%强度水平实施训练,或力量练习重复1~5次,爆发力练习重复5~15次。

CT的目前生理机制仍不完全清楚,从运动生理学角度看,大重量(1~6 RM)训练可提高神经系统兴奋水平、运动单位兴奋性,进而使运动单位募集水平提高;另一方面,CT可以调节肌球蛋白轻链磷酸化,使肌丝对钙离子更敏感,同时降低突触前抑制,为后续提升功率输出提供条件。这种反应被称为后激活增强效应(post-activation potentiation, PAP)。

CT在发展运动员爆发力和最大功率的同时对运动员的最大肌肉力量训练也有一定的

效果。目前中外学者对 CT 的组间间歇时间还存在争议，笔者认为 4 min 的组间间歇可能更合理。

八、应用 PT 的注意事项

（一）先评估再训练

为降低受伤风险增进 PT 的表现，对练习者进行相关训练前评估是必须的，如练习者对 PT 技巧的了解掌握程度以及肌力、速度、平衡能力等基础情况。同时，还需要对练习者的年龄和身体、心理是否健康进行全面的测评。年龄因素的评估也至关重要，在正确的监督和合适的计划之下，青春期前和青少年可以执行 PT 训练，深跳和下肢高强度的 PT 训练是禁止的。对于高水平练习者，在评估完年龄和身体情况后，可根据实际情况实施 PT。另外，可以通过功能性动作筛查（FMS）进行测试诊断，从而尽可能地避免运动损伤，以更好地开展 PT。

（二）快速伸缩复合训练与其他训练形式的结合

PT 与 RT 训练。以深蹲、卧推、硬拉为代表的传统力量训练项目，也是进行练习者体能评估主要的基础力量项目，是发展专项力量的基础和前提。可进行上肢的 PT 结合下肢 RT，以及上肢的 RT 结合下肢的 PT。一般不建议将高负荷的 RT 与 PT 安排在同一天。如果做高负荷的 RT 后接着进行 PT，中间的间歇时间要充分。有氧运动会对爆发力产生不利影响，因此建议将 PT 安排在有氧训练之前进行，各训练设计的内容无须改变。PT 还可以与波速球、平衡垫、瑜伽球、悬吊训练等器材结合起来，营造不稳定运动状态，模拟项目特征。

（三）注意训练设备与设施的选择

在进行 PT 过程中，训练的场地与设备值得重点关注。下肢的 PT 着地表面必须有足够的吸震特性，草地、枕木地板或者橡胶垫都是较佳的选择。训练场地可根据训练的内容进行设置，以安全为前提。训练设备要提前检查，防止安全事故的发生。同时，训练者可以选择能够妥善保护足踝足弓、良好维持两侧稳定、鞋跟宽而不滑的鞋子。训练前中后的合理监督更是不可缺少的。

（四）注意控制训练间歇和负荷量

冯宏伟发现 8 周陆上负重 PT 训练后，促炎性物质 IFN-γ 水平会明显增加，而经过 8 周水中 PT 训练后，与自体免疫疾病有关的 IL-17 水平明显降低。PT 会影响机体免疫力而致使机体机能下降，因此要合理安排休息，两次训练间隔 48～72 h 是典型的时间。

PT 应遵循循序渐进的原则，强度由低到高，练习形式由简单到复杂。从训练量设置上看，训练量应与练习者训练水平相对应。PT 应在练习者没有疲劳以及最大努力情况下完成，否则会降低训练效果。前期应在沙地进行，避免在硬地面进行高强度的 PT，然后逐渐增加训练难度、训练负荷及训练量。

第三节　应急救援项目专项力量训练方法

本节以矿山救援项目为例介绍在实践中提高救援人员专项力量能力的训练方法与手段。在应急救援体能训练考核中，力量素质是非常基础的一项考核项目。应急救援专项力量特指应急救援人员在特殊作业环境下，通过佩戴专业设备克服极端物理环境，进行某些基础作业时的肌肉工作能力，如矿山救援人员在高温浓烟环境下佩戴氧气呼吸器负重 15 kg 进行的井下负重行进技术、拖拽及搬运技术等，属于以全身肌肉的力量耐力为主，最大力量和快速力量为辅的专项力量素质特征，在能量代谢系统中属于以 ATP-CP 与乳酸能系统为主。

一、矿山事故特点、主要工作任务及生物力学分析

按照灾害发生的频率来统计矿山救援人员救援时的专项动作，如表 11-5 所示。

表 11-5　专项动作任务的素质特征及生物力学分析

类别	事故特点	主要工作任务	主要肌肉关节活动（动作模式）	素质特征
瓦斯	通风系统不合理和局部通风机管理不善是瓦斯积聚的主要原因	井下背呼吸器或其他装备行进，选择最短线路快速地开启通风系统进行救援	腹直肌、腹横肌的等长收缩/单侧髋关节、膝关节和踝关节伸展	最大耐乳酸能力、力量耐力、短距离加速能力
	爆破和电气设备产生的火花是爆炸事故的主要火源	检查受灾区空气中瓦斯浓度及受灾区内是否存在火源并及时扑灭	肩关节、肘关节屈伸/腹直肌、腹横肌的等长收缩/单侧髋关节、膝关节和踝关节伸展	长时间耐乳酸能力
	采掘工作面是事故发生的主要地点	对受破坏的工作面、巷道进行清理	腹直肌、腹横肌的向心收缩/单侧髋关节、膝关节和踝关节伸展	最大耐乳酸能力、力量耐力、一般灵敏、一般柔韧
	煤矿井下空间有限，人员躲避较为困难	爬坡营救遇险人员，搬运伤员	肩关节、肘关节屈伸/腹直肌、腹横肌的等长收缩/单侧髋关节、膝关节和踝关节伸展	力量耐力、短距离加速能力、非程序化灵敏
火灾	煤矿井下空气供应有限，井下温度高，火灾所造成的高温气流在随风流所经过的巷道中导致人员中毒而伤亡	救护队员之间用联系绳连接，参加危及井下人员安全的灭火工作，关闭防火门、破拆混凝土、圆木等	肩关节、肘关节屈伸、旋转/腹直肌、腹横肌的等长、动态收缩/单侧髋关节、膝关节和踝关节伸展	速度耐力、最大力量，爆发力耐力
	煤矿井下空间有限，人员躲避较为困难	爬坡营救遇险人员，搬运伤员	肩关节、肘关节屈伸/腹直肌、腹横肌的等长收缩/单侧髋关节、膝关节和踝关节伸展	力量耐力、短距离加速能力、非程序化灵敏
水灾	煤矿井下空间有限，人员躲避较为困难	营救遇险人员，应迅速利用打钻或井下掘进巷道等，向他们及时输送新鲜空气、必要的饮用水和食物	肩关节、肘关节屈伸/腹直肌、腹横肌和竖脊肌等等长收缩/单侧髋关节、膝关节和踝关节伸展	力量耐力、速度耐力

依据表 11-5 对矿山救援事故的具体任务进行总结归纳，得出矿山救援队伍的具体救援技术可分为以下几种：

（一）井下负重行进技术

矿山救援队伍一般遇到的环境都是井下环境，需要背负 40 kg 的空气呼吸器或其他装备，选择最短线路以最快速度开启通风系统进行救援。这项技术需要用到的是救援人员的专项力量素质。

（二）灭火技术

煤矿井下空气供应有限，井下温度高，火灾所造成的高温气流在随风流所经过的巷道中导致人员中毒而伤亡。火灾事故较小时一般采用灭火器、水等进行扑灭即可，火灾事故较大时则需要救援人员之间用联系绳连接，关闭防火门。

（三）搬运技术

井下发生事故的地点多是采掘工作面，这时巷道一般会受到堵塞，需要进行工作面或巷道的清理，加强巷道支护，清理出抢救人员通道，而这其中就包含了搬运技术。

（四）拖拽技术

事故发生时，救援人员需要营救被困人员、进行伤员的转运等。井下环境危险、空间有限，需要拖拽伤员。

（五）搜索技术

事故发生时，救援人员首先应该摸清事故情况，包括事故地点、事故严重程度、受困人员人数等。这期间就需要用到搜索技术，他们需要明确知道在特定区域的受困人数以及灾情的严重程度，快速展开救援。如果人员数量有限，应遵循“先救急，后救缓”的原则，尽快实施应急救援策略。

二、矿山救援人员专项力量训练手段

矿山救援队伍作为国家应急救援队伍的重要主力，需要出色的力量水平来应对应急救援过程中的各种突发情况，因而需要根据矿山救援队在实际救援中动用肌群的能量代谢特点安排专项力量训练，从而服务实际需要。《国家矿山救护队训练与考核标准》中的力量训练内容见表 11-6。

表 11-6 《国家矿山救护队训练与考核标准》中的力量训练内容

考核或训练项目	动作姿势	锻炼部位	标准
引体向上	起始姿势：两手用宽握距正握（掌心向前）单杠，略宽于肩，两脚离地，两臂自然下垂伸直。 动作过程：用背阔肌的收缩力量将身体往上拉起，当下巴超过单杠时稍作停顿，静止 1 s，使背阔肌彻底收缩。然后逐渐放松背阔肌，让身体徐徐下降，直到恢复完全下垂，重复再做。可以弯曲膝关节、将两小腿向后交叉，使身体略微后倾，能更好地锻炼背部肌肉。 呼吸方法：身体上拉时吸气，下垂时呼气，不可长时间憋气	发展上肢悬垂力量、肩带力量和握力	正手卧杠，下颌过杠，连续 8 次

表 11-6(续)

考核或训练项目	动作姿势	锻炼部位	标准
举重(高翻)	起始姿势:双脚位于肩宽和髋宽之间,脚趾略微外旋,双手略比肩宽,正握闭握(或锁握)杠铃,杠铃位于胫骨前 3 cm 左右,肩部位于杠铃上方,或略微向前。 一段拉:伸髋伸膝,杠铃离开地面,保持躯干与地面角度不变,维持躯干稳定,尽可能贴近胫骨向上拉起杠铃。 过渡/转换:杠铃拉过膝盖后,髋部向前保持膝关节微屈。 二段拉:杠铃拉过膝盖后,髋部向前保持膝关节微屈。 这个阶段类似罗马尼亚硬拉	发展下肢股直肌、股内侧肌、股外侧肌、小腿腓肠肌、比目鱼肌等	30 kg 杠铃连续举 10 次
爬绳	听到口令后双脚进行起跳,同时双手进行抓绳,抓绳后快速拉臂,同时尽力收腹屈腿夹绳,这样就是一个基础动作,之后进行持续上爬,技巧为"两抓一拉一收一蹬"	主要是锻炼救援人员力量耐力和协调性。譬如上背部执行肩关节水平伸展动作(冈上肌、冈下肌、大圆、小圆)、背阔肌以肩关节弯曲运动为主,而竖脊肌主要是躯干运动执行等长收缩为主	爬高 3.5 m
哑铃	详见第十一章具体内容	发展上肢肱二头肌、肱三头肌、肩部三角肌及部分肩袖小肌群	持 8 kg 完成特定动作 20 次
负重蹲起	负重为 40 kg 的杠铃,将杠铃置于颈后,双手抓握杠铃,身体挺直,两眼平视前方,两脚同肩宽。屈膝慢慢蹲下至大腿平行地面或稍低于膝,保持后,股四头肌等收缩用力,蹬腿伸膝至还原。动作节奏:下蹲 2～3 s,静止 1～2 s,蹲起 2 s	对整个下肢和躯干都有强烈的刺激,能锻炼股四头肌、臀大肌、股二头肌、半腱肌、半膜肌,并对竖脊肌、梨状肌、大收肌、臀中肌、臀小肌及小腿肌等也有很强的作用	连续蹲起 15 次
拉检力器	详见第十章具体内容	详见第十章具体内容	每天拉检力器 100 次

(一) 力量耐力练习动作

1. 仰卧脚踝向内绕环

[动作名称] 仰卧脚踝向内绕环

[练习目的] 发展腹直肌、腹横肌等核心肌群力量。

[练习方法] 仰卧在瑜伽垫上,身体保持放松,双臂放在身体两侧,掌心向下。双腿自然伸直,转动两脚踝向内绕环。自然呼吸,感受脚踝的活动。

[练习要求] 每次做 3～4 组,每组 15～20 次,组间休息 15～20 s。见图 11-97、图 11-98。

图 11-97　仰卧脚踝向内绕环(起始位置)

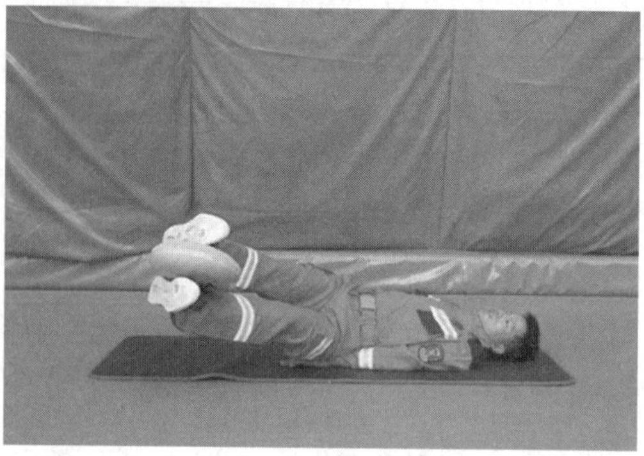

图 11-98　仰卧脚踝向内绕环(环绕阶段)

2. 仰卧举腿

[动作名称] 仰卧举腿

[练习目的] 锻炼核心肌群力量。

[练习方法] 身体平躺在垫子上,头部和上身固定在垫子上,双腿夹实心球,双臂伸直,掌心朝下放于地面。呼气时下腹部用力双腿抬起,到垂直地面的程度停住,然后深吸气下落,下落到双腿离地面两拳的距离然后再次抬起。

[练习要求] 每次可以根据腹肌的水平调整练习次数和组数,最少做到 15 次,有一定水平以后逐渐增加次数,达到每组 30～40 次,效果最佳。每次练习做 3～4 组,组间间歇 1 min 左右。见图 11-99、图 11-100 所示。

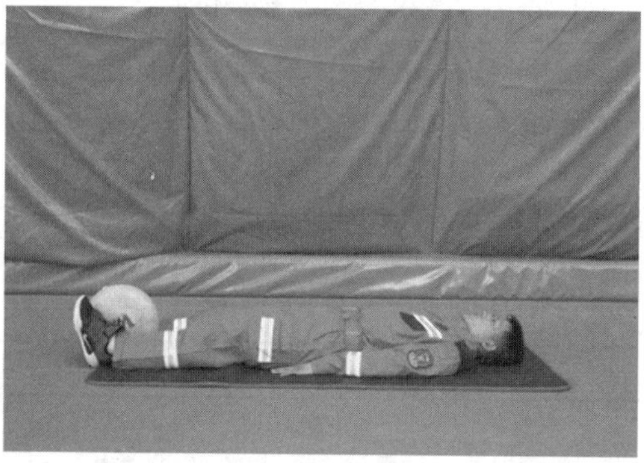

图 11-99　仰卧举腿(起始位置)

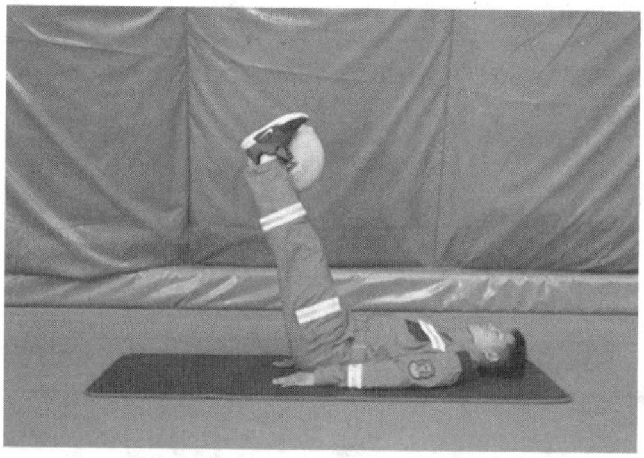

图 11-100　仰卧举腿(举腿阶段)

3. 药球俄罗斯转体

[动作名称] 药球俄罗斯转体

[练习目的] 提升腹直肌及腹横肌的耐力素质。

[练习方法] 屈髋屈膝仰卧于瑜伽垫上,身体与地面呈约 45°夹角,双手持药球置于身体前侧,随后连续旋转身体向两侧移动药球至接触地面,练习过程保持身体稳定。

[练习要求] ① 练习过程中背部及腿部不得触及地面。② 连续不间断地完成左右转体。③ 调整呼吸节奏。见图 11-101、图 11-102。

图 11-101　药球俄罗斯转体(起始位置)

图 11-102　药球俄罗斯转体(转体阶段)

(二) 爆发力耐力练习动作

1. 药球连续下砸地面

[动作名称] 药球连续下砸地面

[练习目的] 练习上肢、核心肌群爆发力。

[练习方法] 双膝屈曲,躯干挺直。双臂伸展,在头顶上方举起球。收紧臀肌和腹肌,保持身体呈直线(耳部、肩部、髋部和膝盖对齐)。双臂加速,尽量用力将药球砸向身体正前方的地面。

[练习要求] 选择一个药球,重量不宜过大,以便扔出去时产生较快的速度,但也要有一定重量,以便提供阻力。保持正确的姿势,收缩和下压肩胛骨。同时控制回弹的速度,使用向回的冲击力协助上举球回到头顶上方。进行 30 s 计时,27 个及以上为优秀,22～26 个为良好,18～21 个为及格,低于 20 个为不及格。见图 11-103、图 11-104。

图 11-103　药球连续下砸地面(起始位置)

图 11-104　药球连续下砸地面(发力阶段)

2. 壶铃前摆

[动作名称] 壶铃前摆

[练习目的] 发展臀大肌、腘绳肌、核心肌群等部位的爆发力耐力水平。

[练习方法] 双脚打开与髋同宽,双手持壶铃置于体前,离心下放时,屈髋屈膝,身体俯身向前约 45°,使壶铃顺势从胯下穿过。向心发力时,借

助于伸髋伸膝以及手臂上摆的力量使壶铃快速加速，沿圆弧轨迹运动至胸部同高的位置，随后重复做钟摆运动。15RM×3 组，间歇比 1∶1(30 s 计时记次数)。

[练习要求] 20 个及以上为优秀，15～19 个为良好，10～14 个为及格，低于 10 个为不及格。见图 11-105、图 11-106。

图 11-105　壶铃前摆(起始位置)

图 11-106　壶铃前摆(发力阶段)

3. 杠铃悬垂高翻

[动作名称] 杠铃悬垂高翻

[练习目的] 提升下肢快速伸展速率。

[练习方法] 身体保持正直，双手正握杠铃置于髋铰位，大臂略微后收。离心阶段主动屈髋屈膝将杠铃沿大腿移动至髌骨上方，躯干不可俯身过多。一段拉时，下肢蹬地的同时背部伸展并耸肩将杠铃拉至发力点。二段拉时，髋膝踝三关节联合伸展将杠铃沿身体加速，随后快速出肘接杠完成动作。

[练习要求] 选择 1RM 的 40%的负荷，重复完成 12～15 次为 1 组，共完成 6 组练习组间，间歇时间 2 min 左右。随着训练水平的不断提升，训练的强度和量也应当随之提升。见图 11-107、图 11-108、图 11-109、图 11-110。

图 11-107　杠铃悬垂高翻(离心阶段)

图 11-108　杠铃悬垂高翻(一段拉阶段)

图 11-109 杠铃悬垂高翻(二段拉阶段)

图 11-110 杠铃悬垂高翻(出肘接杠阶段)

三、矿山救援人员专项力量训练计划

矿山救援人员专项力量素质特征以全身肌肉的力量耐力为主,最大力量和快速力量为辅,属于以 ATP-CP 与乳酸能系统为主的能量代谢系统。因此,专项力量训练方案将以此为基础进行设计。在训练周期安排中应遵循人体生物学适应特征,按照身体运动能力依序式顺序分为三个阶段,即基础阶段、发展阶段、专项提高阶段。以下以发展全身肌肉的力量耐力为例介绍矿山救援的专项力量训练计划。

(一) 基础阶段

基础训练阶段的主要训练内容为补充《矿山救护队员训练与考核标准》项目中设置的而救护队日常体能训练中不涉及的项目,如仰卧起坐、划船机、收腹跳等项目,以熟练掌握其技术。此外还要对竞赛项目进行必要的练习,如爬绳、引体向上、负重跑、拉检力器等,并逐渐提升训练负荷强度,提高队员身体机能。见表 11-7。

表 11-7 矿山救援人员基础阶段计划

训练时间	训练计划
周一	○自重深蹲 15RM×3 组,间歇比 1∶1.5 ○ 引体向上 20 次×5 组,间歇比 1∶1.5 ○ 台阶交换腿跳 20RM×3 组,间歇比 1∶2 ○ 仰卧起坐 20 次×3 组,间歇比 1∶1.5
周三	○ 蛙跳 10 次×3 组,间歇比 1∶2 ○ 俯卧撑 20 次×5 组,间歇比 1∶1.5 ○ 仰卧起坐 20 次×3 组,间歇比 1∶1.5 ○ 划船机 25 次×3 组,间歇比 1∶1.5
周五	○ 检力器 30 次×3 组,间歇比 1∶1.5 ○ 爬绳,间歇比 1∶1.5 ○ 收腹跳 15 次×3 组,间歇比 1∶1.5 ○ 自重深蹲 15RM×3 组,间歇比 1∶2

(二) 发展阶段

发展阶段的训练内容主要是以发展全身的专项力量为主,一般安排 8 周以上。在日常训练中,着重提升核心肌群的训练水平,逐渐加大专项力量练习的比重和负荷的强度,稳步提升专项力量素质。见表 11-8。

表 11-8 矿山救援人员发展阶段计划

训练时间	训练计划
周一	○ 深蹲 15RM×3 组,间歇比 1∶1.5 ○ 杠铃卧推 15RM×3 组,间歇比 1∶1.5 ○ 仰卧起坐 20 次×3 组,间歇比 1∶1.5 ○ 哑铃弓箭步下蹲 15RM×3 组,间歇比 1∶1.5
周三	○ 罗马尼亚硬拉 15RM×3 组,间歇比 1∶1.5 ○ 引体向上,20 次×5 组,间歇比 1∶1.5 ○ 划船机 20 次×3 组,间歇比 1∶1.5 ○ 仰卧起坐 20 次×3 组,间歇比 1∶1.5
周五	○ 哑铃推肩 15RM×3 组,间歇比 1∶1.5 ○ 爬绳,间歇比 1∶1.5 ○ 俯卧登山 20 次×3 组,间歇比 1∶1.5 ○ 深蹲 15RM×3 组,间歇比 1∶1.5

（三）专项提高阶段

专项提高阶段主要是巩固专项力量水平,适应专项环境、提高专项能力。一般安排 3～6 周。见表 11-9。

表 11-9 矿山救援人员专项提高阶段训练计划

训练时间	训练计划
周一	○ 深蹲 15RM×3 组,间歇比 1∶1.5 ○ 哑铃弓箭步下蹲 15RM×3 组,间歇比 1∶1.5 ○ 引体向上 20 次×5 组,间歇比 1∶1.5 ○ 俯卧撑 30 次×3 组,间歇比 1∶1.5
周三	○ 罗马尼亚硬拉 15RM×3 组,间歇比 1∶1.5 ○ 俯卧撑 30 次×3 组,间歇比 1∶1.5 ○ 哑铃火箭推 15RM×3 组,间歇比 1∶1.5 ○ 仰卧起坐 30 次×3 组,间歇比 1∶1.5
周五	○ 杠铃高翻推举 10RM×3 组,间歇比 1∶1.5 ○ 爬绳, 间歇比 1∶1.5 ○ 俯卧登山 20 次×3 组,间歇比 1∶2 ○ 仰卧起坐 30 次×3 组,间歇比 1∶1.5

第十二章　速度与灵敏素质训练方法

第一节　速度与灵敏素质基本概念

一、速度素质基本概念

(一) 速度素质定义

速度素质是指人体快速运动的能力。快速运动反映着机体运动的加速度和最大速度的能力,其包括反应速度、动作速度和移动速度。

反应速度是指人体对各种信号刺激(声、光、触等)快速应答的能力。由于应急救援人员对不同类型信号的反应时是不同的,训练中往往根据不同项目的特点测定应急救援人员对特定信号的反应时。

动作速度是指人体或人体某一部分快速完成动作的能力。动作速度是技术动作不可缺少的要素,表现为人体完成某一技术动作时的挥摆速度、击打速度、蹬伸速度、踢踹速度等,此外还包含在单位时间里连续完成单个动作时重复的次数(即动作频率)。

移动速度是指人体在特定方向上位移的速度。以单位时间内机体移动的距离为评定指标。从运动学上讲,是距离与通过该距离所用的时间之比。在体育运动中,常常是以人体通过固定距离所用的时间来表示,如男子 100 m 跑 10 s,100 m 自由泳 50 s 等。

(二) 速度素质的影响因素

反应速度主要取决于人的感受器(视觉、听觉)和其他分析器的特征以及中枢神经系统与神经肌肉之间的协调关系。反应速度素质受遗传效应影响较大。应急救援人员机体任何部位动作速度的快慢,主要取决于中枢神经系统的功能、引起该部位运动的肌肉力量大小,以及技术动作的合理性。移动速度的主要影响因素是步长和步频。移动速度主要取决于动作频率即单位时间内完成的动作周期数和每一个动作周期在特定运动方向上的位移幅度。这两个因素状况的改善以及它们之间的合理组合是提高移动速度的关键。

神经肌肉功能对短跑速度的运动表现至关重要,因为中枢神经系统与肌肉的活动和相互作用,最终影响着肌肉收缩的速度和强度。研究表明,力量训练、快速伸缩复合训练和冲刺跑训练的组合可在神经肌肉系统内产生多种适应。力量训练增强神经驱动,即提高神经系统向目标肌肉发出脉冲的速度和幅度。神经驱动增强表示动作电位发生率增加,有助于提高肌力的产生和力的产生速率。同样,快速伸缩复合训练可以增加高阈值运动神经元的兴奋性,而兴奋性的增加最终增强了神经驱动。总之,神经驱动的增强可以增加应急救援的 RFD 和冲量的产生。

很多功能性动作都是从反向动作开始的,这种类似弹簧机制的过程被称为拉长-缩短周期(SSC)。SSC 是一种离心收缩-向心收缩耦合的现象,在此过程中,肌肉-肌腱复合体被快速且强制性地拉长或负荷性拉长，随后以反应性或弹性方式缩短。实际上，SSC 表明在运动中出现了一个从离心运动到向心运动的快速转变。因此，在涉及跑步、跳跃和其他速度出现爆发式变化的运动中，SSC 尤为常见。对高水平应急救援人员而言，SSC 是一种独特的区别于最大力量的直接能力的体现。

拉长-缩短周期运动有 2 种机制：① 肌肉-肌腱的内在特性。② 力和长度对于神经系统的反射性反馈。实际上，SSC 运动往往通过快速的弹性能量恢复提高机械效率和冲量，长期下来，可提高肌肉硬度及神经肌肉激活水平。

以提高 SSC 能力为目的进行的训练活动应满足以下 2 个标准：① 训练应包括技巧性的多关节动作，即通过运动链和利用弹性-反射机制来传递力。② 为了进一步管理疲劳、保证动作质量和技术，应该减小训练量或采用较多的间歇段落来分割较大的训练量。

二、灵敏素质基本概念

（一）灵敏素质定义

灵敏素质是指人体在各种突然变化的条件下，能够迅速、准确、协调、灵活地完成动作的能力，是人各种运动技能和身体素质在运动中的综合表现。灵敏素质分为一般灵敏素质和专项灵敏素质，前者指适应一般活动的灵敏素质，后者指符合专项需求的特殊灵敏素质。大脑皮层神经活动过程的灵活性及分析综合能力，是灵敏素质的重要生理基础，因此可通过训练改善和提高各感受器官功能，以增强灵敏素质。此外，在体育锻炼的实践中，掌握的运动技能愈多就愈熟练，大脑皮层中暂时神经联系的接通就愈迅速、准确，动作也愈灵巧。灵敏素质是运动技能、神经反应和各种素质的综合表现。在对抗性体育活动中（如篮球、足球等），灵敏能力是非常重要的。灵敏是人体各种运动能力在运动过程中的综合体现，良好的灵敏性不但有助于更快、更多、更准确、更协调地掌握技术和练习手段，使已有的身体素质充分、有效地运用到实践中去，灵敏素质还可以防止伤害事故的发生。

（二）灵敏素质的影响因素

速度素质和灵敏素质不可分割，两者时常被同时论述。灵敏素质又称敏捷性，是指对刺激做出反应，进而改变方向、速度或模式所需的技术和能力。其与变向能力密切相关，变向是指爆发式地改变动作方向、速度或模式所需的技术和能力。在运动中快速变向的能力可以避免受到对手速度的影响，或在身体和战术上取得优势。尽管这些情景可能看起来都涉及“速度”，但这种所谓的速度可能是上述提到的 1 种能力或 3 种能力的组合。

鉴于大多数运动项目的本质，在一些情况下，练习者有预先确定的变向，这样他们仅受完成这些活动（例如路线、策略或预先确定的模式）所需身体能力的限制。能够在减速的情况下改变方向，随即再加速，甚至有时使用不同的行进模式的身体能力，称为变向能力；而敏捷性与变向能力相结合时，便对知觉-认知能力的应用提出了要求。这样就凸显出速度、变向和敏捷性的相似性和差异性。例如，加速是变向能力和敏捷性中的一部分，而其他方面，例如减速能力和动作模式，可以将速度训练与变向、敏捷性训练区分开。改变方向的身体能力可以是敏捷性的一部分，但在知觉-认知层面会影响敏捷性的身体要求。因此，在阅读本章时，读者应该明白在这些身体能力之间虽有重叠之处，但这些身体能力的针对性提高所需的身体、技能或知觉-认知的发展却是不同的。

对于灵敏素质表现而言，还有其他因素要考虑。对于同一应急救援人员而言，无论是其敏捷性，还是变向动作，其触地时间都超过了短跑加速阶段和短跑最大速度阶段的触地时间。鉴于此，大多数变向需要更长的 SSC 周期。

第二节　速度与灵敏素质训练方法

一、速度素质训练方法

在执行一些关键任务时，速度素质对于应急救援人员是至关重要的。无论是在崎岖的路面上奔跑、从燃烧的建筑物中拯救伤员，还是搬运救援物资，速度素质都是影响救援效率的重要因素。

速度素质是指人体快速运动的能力，依据其特点可分为反应速度、动作速度以及位移速度三种类别。

反应速度是指人体对各种信号刺激快速应答的能力。鉴于应急救援的职业特点，作业人员通常需要对各种突发的极端情况及条件进行快速应答以规避特殊情况带来的潜在风险。可见，反应速度应当是应急救援人员必备的重要素质。反应速度通常可通过各种变换信号的方式进行训练，如信号灯指令冲刺、原地小步跑指令冲刺、原地指令转髋等。

动作速度是指人体快速完成某一动作的能力。在实际救援作业过程中，应急救援人员需要在紧急环境中迅速完成拖、拉、拽、扛等动作，以保证人员运输和转移的高效性，这对作业人员快速完成动作的能力提出了高要求。根据实际救援的动作特点，可针对下肢爆发力、螺旋链旋转爆发、兼具功能性的快速肩后伸及推举等方式来强化专项动作速度。

位移速度是指单位时间内机体快速移动的能力。启动和加速能力对于应急救援人员来讲至关重要，极大地影响了其在救援环境中的职业安全，位移速度也可以分为起动速度、加速度、最高速度和速度耐力，多方向移动练习的衔接过程就是一个接一个地起动、加速、减速控制和再起动的过程。通过变向和不同负荷的刺激来提高机体身体变向及调节能力、脚步的快速协调能力及身体控制能力，从而提高练习者短距离加速和变速移动的能力。

从事军事、消防、救援等行业的人员通常需要在非预见境况下克服生理极限，从而应对环境和人类威胁的潜在职业要求，对抗阻力的速度训练对于应急救援相关从业者而言至关重要，这是其应急救援机动性和效率的重要影响因素。该类人员负重的形式可以有多种，例如匹配军事人员的防弹衣和执勤装备，消防等应急救援人员的生命防护装备等。应急救援人员若没有良好的对抗阻力的速度训练，通常会带来职业效率的下降。速度素质训练方法示例见表 12-1。

表 12-1　速度素质训练方法示例

速度类别	训练方法	要求
反应速度	信号灯指令冲刺、原地指令训练接冲刺、反向动作训练、多方向速度训练	注意力高度集中、动作协调、反应迅速
动作速度	下肢爆发力训练、螺旋链爆发训练、多平面兼具功能性的高速肩后伸、肩外展以及推举训练、敏捷梯速度练习、后效训练（下坡跑接平地冲刺、阻力弹力带接冲刺）、顺风跑、核心快速屈伸练习等	注意力高度集中、核心收紧、全身整合发力、调整呼吸节奏

表 12-1(续)

速度类别	训练方法	要求
位移速度	短距离冲刺、阻力冲刺(雪橇车、弹力带、轮胎)、追逐跑、上坡/下坡跑冲刺、助力起跑、弹力带释放冲刺、特殊环境速度训练(水中阻力跑、沙滩跑)、下肢超等长练习配合快速冲刺等	注意力高度集中、手脚快速交替协调一致、保持合理呼吸节奏

二、灵敏素质训练方法

灵敏是改变方向、速度或对相应动作做出反应的技术和能力。灵敏性不仅仅是改变方向的能力,同时也是对所受刺激(如听觉、动觉和视觉)做出相应的方向改变的能力。对于应急救援人员的灵敏训练,首先需要通过基础灵敏技术训练来获得特定方向的快速移动能力以及掌握基本动作技巧,例如加速、减速、后侧移动、绕锥形障碍物移动等,随后再进行各种较为复杂的多方向移动练习、程序化组合灵敏练习以及各种非程序化的指令练习等来强化灵敏素质。灵敏训练具体分为三个学习阶段:早期学习阶段、相对熟练阶段、熟练阶段,针对不同阶段设计不同灵敏训练方案,优化灵敏训练的提升策略。

表 12-2 展示了训练者在灵敏训练中不同的学习阶段,这也为体能训练提供了一个框架结构,以确定应急救援人员在进行灵敏训练时所需的理解力和运动技能。

表 12-2　灵敏训练的不同学习阶段

学习阶段	阶段描述
早期学习阶段	在训练中,训练者会出现失误、动作僵化、不敢尝试训练、动作不一致、训练效率低、动作不正确等现象
相对熟练阶段	在训练中,训练者失误减少,对训练更适应、动作更一致、心态更放松、训练更有效率、行为更加果断、动作更准确
熟练阶段	在训练中,训练者几乎没有任何的失误,对训练已经适应、动作一致、训练效果好、动作流畅而准确

当进行灵敏训练的计划设计时,最好纳入一些基本的方法,使每一名应急救援人员都能够参与其中。此外,教练可以为灵敏训练设计相关的运动课程或训练清单,从而更好地评估应急救援人员对训练的熟练度及进阶到强度更高、更复杂的训练的能力。灵敏素质的难度安排需要循序渐进,在内容上主要需要关注应急救援人员绕过/躲闪障碍物的移动能力。灵敏素质训练方法示例见表 12-3。

表 12-3　灵敏素质训练方法示例

训练类别	训练动作	训练方法	要求
程序化训练	绕锥形障碍物移动	采用小碎步,支撑腿的膝关节与髋关节屈曲,头部转向目标方向。在折返时,采用小碎步使身体尽量贴近锥形障碍物。躯干前倾时脊柱保持中立位。当移动腿同侧的脚未与地面接触时,该侧的膝关节和踝髋关节屈曲,支撑腿的髋关节、膝关节和踝关节伸展	准备动作,跑向锥形障碍物(即折返点)

表 12-3(续)

训练类别	训练动作	训练方法	要求
程序化训练	侧向移动/切步	以交替移动支撑腿的方式,向指定的方向移动。支撑腿的髋关节、膝关节和踝关节伸展,使身体侧向移动。另一侧的膝关节和髋关节屈曲,降低身体重心。双脚不要交叉,脊柱保持中立,头部抬起,手臂位于身体的两侧,肘关节屈曲	身体呈一般的运动姿势,并与将要移动的方向呈 90°
程序化训练	开放步训练	将头部、肩部及髋部向所要移动的方向旋转180°。支撑腿的髋部旋转,带动同侧脚和膝关节向所要移动的方向旋转。当前腿与地面接触时抬起后腿,躯干转向目标方向。脊柱保持中立,头部抬起	准备动作,身体背对着将要移动的方向
非程序化训练	指令多方向触摸标志物	训练者屈膝屈髋呈预备姿势,根据指令者随机传达的信息,分别径直跑到身体正前方、右前方、左前方触摸标志物,随后快速后退跑至起始位置,准备进行下一次指令行动	注意力高度集中、脚步快速灵活、肢体协调发力
非程序化训练	指令反向训练(转髋/伸手)	训练者尽全力在原地进行快速小步跑,根据指令者发出的信息,向反方向迅速完成相应动作	注重脚步的快速移动、注意力高度集中

缓冲与制动能力对应急救援人员同样也十分重要,缓冲与制动能力主要指在快速跑动中急停、急转及在各种球类比赛中突然转换速度和方向的能力,是人员跑动中速度转换快慢的主要影响因素。如球类项目本身具有突然改变动作方向和速度的特点,经常出现短暂的、反复的冲刺跑,因此缓冲和制动能力是发展球类项目位移速度的重要因素。直线与多方向移动练习,通过改变速度和方向来提高练习者在跑动中控制身体缓冲和控制速度的能力,有利于各种技术动作的完成。

第三节 应急救援项目专项速度与灵敏素质训练方法

一、应急救援项目专项速度训练方法

为适应多变的应急救援环境,专项速度训练应结合应急救援任务需要来进行,本节针对应急救援人员的工作特点,着重介绍适应于应急救援专项的加速能力训练。

(一)应急救援专项速度加速能力训练

加速度是速度(速率)的变化量与发生这一变化所用时间的比值。救援人员在加速过程中,需要较快的神经抑制与转换速率调控四肢的协调性,帮助身体在短时间内进行快频率的位移启动。应急救援人员因救援任务的不同,加速技术也不尽相同,但所有救援人员在启动能力练习时,均需要具备较快的神经冲动能力和良好的启动跑技术。

因为加速能力对很多救援项目来说都非常关键,所以理解和发展加速技术至关重要。加速技术中一个主要的原则就是前倾。前倾姿势能够使救援人员适应于特种环境的推进动作以及应急救援技术。救援人员力量和爆发力越强,他们加速时能够向前倾斜的幅度就越大。加速度越快,向前倾斜幅度就越大。因此,增强应急救援人员的力量和爆发力很重要,

尤其是救援人员腿部、背部肌肉的力量和爆发力，从而使救援人员能够达到理想的前倾角度，有助于髋、膝和踝关节三重伸展。

1. 小步跑

［动作名称］小步跑

［练习目的］提高频率，发展关节灵活性，改进落地技术。

［练习方法］上体正直或稍前倾，重心高抬，大腿积极下压，放松膝、踝关节，小腿顺势前摆，用前脚掌着地。完成“扒地”动作并迅速伸直髋、膝、踝三个关节，同时两臂配合脚前后摆动。

［练习要求］脚掌着地时不要过分向后发力，应柔和落地并无明显的擦地声音，切忌向前踢甩小腿，应以膝关节领先。动作拓展时，利用绳梯踏标记，可适应频率与幅度的变化，提高关节灵活性，可利用楼梯上下小步跑，利用重力势能提高练习的效果。见图 12-1、图 12-2。

图 12-1　小步跑(起始阶段)

图 12-2　小步跑(行进阶段)

2. 原地后踢腿跑

［动作名称］原地后踢腿跑

［练习目的］提高步频，体会后摆动作。

［练习方法］上体正直或稍前倾，两臂前后摆动，大小腿充分折叠。足跟尽量贴近臀部，躯干避免过分前倾，以减少臀部补偿性后移，完成折叠后，同侧髋积极前摆。

［练习要求］待到原地后踢腿跑熟练掌握后，可进行进一步拓展训练，例如向外侧踢腿跑，提高髋、膝等部位外展的能力，增强其灵活性；向内踢小腿跑，提高髋、膝等部位内收的能力，增强其灵活性。见图 12-3。

图 12-3　原地后腿跑

3．启动冲刺

［动作名称］启动冲刺

［练习目的］练习反应能力，提高起跑速度，充分利用向前的冲力，在较短距离内尽快获得高速度。

［练习方法］双脚前后站立，相隔一脚到一脚半的距离，屈膝降中心，身体前倾，单手触地，后臂于身后。听到“跑”的信号后，两脚用力蹬地，迅速冲出，重心前移快速起动。摆动腿的膝关节迅速有力地向前上方摆出，支撑腿在摆动腿积极前摆配合下，快速有力地伸展髋、膝、踝关节；蹬离地面，支撑腿与摆动腿协调配合，头部正直，上体稍前倾，两臂前后摆动要轻快有力。

［练习要求］前几步不宜过大，以免造成重心起伏而影响蹬地效果。加速跑前几步的着地点并不完全在一条直线的两侧，而是距离相对较宽，以增加身体的稳定性，进而增强蹬地的效果。在进阶训练中，上下坡起跑，利用重力势能提高频率或增强力量。见图 12-4、图 12-5。

图 12-4　启动冲刺（起始阶段）

图 12-5　启动冲刺（行进阶段）

4．快速高抬腿

［动作名称］快速高抬腿

［练习目的］训练腿部的力量，有助于提高下肌肉群的蹬撑能力；加强训练者抬腿能力，锻炼步频，增大步幅。

［练习方法］挺直背部，目视前方，前脚掌着地快速交替抬腿，抬至大腿与地面平行，通过脚掌支撑地面后快速反弹实现高抬腿连续动作，保持身体稳定，随着抬腿节奏用力摆臂，保持较快的步频进行训练。

［练习要求］进行快速高抬腿训练时，上肢和下肢的摆动趋向于腰腹核心位置，强化上下协调摆动过程。训练过程中要注意摆臂，要注意保持身体的平衡，避免摔倒或扭伤，在抬腿时，要注意膝盖的位置，不要过度弯曲或过度伸展，以免造成膝盖的损伤。见图 12-6。

5．行进间快速高抬腿

［动作名称］行进间快速高抬腿

［练习目的］体会高抬腿跑在快速跑中的作用，提升在行进中的节奏感。

［练习方法］挺直背部，目视前方，前脚掌着地快速交替抬腿，抬至大腿与地面平行，通过脚掌支撑地面后快速反弹实现高抬腿连续动作，保持

身体稳定,随着抬腿节奏用力摆臂,训练者在交替抬腿的同时向前移动。

[练习要求] 注意在行进过程中保持身体重心稳定,保持肘关节呈 90°前后摆动,每步向前移动的距离不宜过大。见图 12-7。

图 12-6　快速高抬腿

图 12-7　行进间快速高抬腿

6. 行进间阻力快速高抬腿

[动作名称] 行进间阻力快速高抬腿

[练习目的] 促进蹬伸与摆动力量的增加,提高肌肉的收缩力量和收缩速度,发展髋关节伸肌力量,发展肌肉爆发力。

[练习方法] 一名队员使用牵引绳辅助训练,训练者挺直背部,目视前方,前脚掌着地快速交替抬腿,抬至大腿与地面平行,通过脚掌支撑地面后快速反弹实现高抬腿连续动作,向前移动,保持身体稳定。

[练习要求] 负荷不宜过大,否则容易建立错误动作定型,影响速度进一步发展。一切能够增加阻力负荷的手段都可用于练习。见图 12-8。

图 12-8　行进间阻力快速高抬腿

7. 行进间高抬腿接折返跑冲刺

[动作名称] 行进间高抬腿接折返跑冲刺

[练习目的] 提升训练者转髋制动能力,提升腿部短距离跑步的爆发力。

[练习方法] 训练者首先进行行进间快速高抬腿练习,前进 5～8 m 后,降低腿部抬起的高度过渡几步,并同时迅速转髋,由髋带动身体转动,开始折返跑冲刺。

[练习要求] 由高抬腿转到折返跑冲刺的过渡过程中，训练者要保持踝关节的稳定性；训练过程中要始终保持摆臂，在折返跑过程中，要结合行进间快速高抬腿练习的动作技术，主动抬腿，加快步频。见图 12-9、图 12-10。

图 12-9　行进间高抬腿接折返跑冲刺(起始阶段)

图 12-10　行进间高抬腿接折返跑冲刺(折返阶段)

8. 行进间阻力侧向跨步

[动作名称] 行进间阻力侧向跨步

[练习目的] 发展连续的快速平行移动能力。

[练习方法] 以向右侧平行移动为例，一名队员使用牵引绳辅助训练。训练者躯体向右侧方向倾斜，重心的转移在两腿之间，左脚内侧发力，左脚踝做快速蹬伸，抬起后向右脚靠拢，落地瞬间右脚外侧发力。右脚踝关节迅速蹬伸，脚尖略外展，抬起移动至略宽于肩的距离。

[练习要求] 注意预备姿势时两脚开立，略宽于肩，移动时避免重心上下起伏，踝关节发力。使用牵引绳的队员不得在训练者跳跃途中突然发力。见图 12-11。

图 12-11　行进间阻力侧向跨步

9. 行进间阻力转髋跑

[动作名称] 行进间阻力转髋跑

[练习目的] 提高髋关节灵活性，提升侧向移动能力。

[练习方法] 一名队员使用牵引绳辅助训练，以向右移动为例，练习启动阶段由髋、膝、踝关节带动身体转动，手臂张开，左脚向右侧前交叉，迈出第一步，左脚触地瞬间右脚向右侧迈出，回到身体起始位置的同时，右脚向右侧垫一小步，左脚向右侧后交叉，迈出第二步为一个回合，重复回合动作。

［练习要求］在行进过程中，上半身尽量保持向前，靠转髋力量带动身体移动，左右移动方向均要练习。手臂水平摆动，同侧手臂与髋部摆动方向相反。见图 12-12。

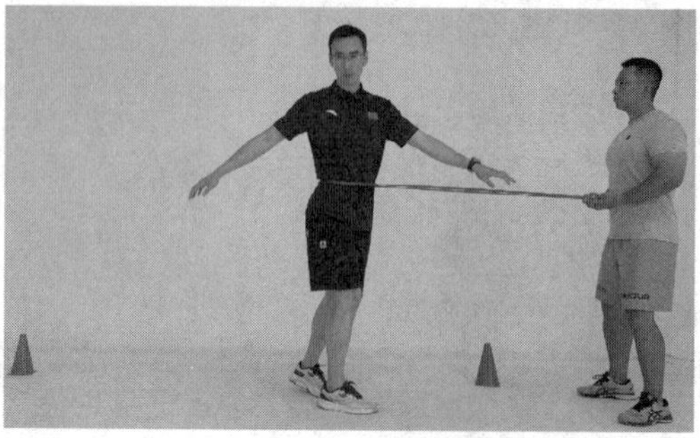

图 12-12　行进间阻力转髋跑

10. 行进间车轮跑

［动作名称］行进间车轮跑

［练习目的］训练髋关节的灵活性，提升小腿的鞭打下扒动作和踝关节的高支撑能力。

［练习方法］身体正直或稍向后仰，髋关节周围肌群发力，膝关节高抬尽量接近胸口，大小腿充分折叠，膝关节放松大腿积极用力前伸，小腿伸出积极下压呈鞭打动作。

［练习要求］尽量提高身体重心，上体偏正直且不能过分后仰，大腿前摆高抬并带髋前送，两臂弯曲，配合两腿动作前后摆动。见图 12-13、图 12-14。

图 12-13　行进间车轮跑(起始阶段)

图 12-14　行进间车轮跑(行进阶段)

二、应急救援项目专项灵敏训练方法

对于应急救援人员而言，灵敏训练要考虑到具体的战术环境。与许多训练情况相似，一些战术任务往往已经事先计划好，但是也有一些需要应急救援人员对对手或队友做出反应，还有的需要两者兼顾。因此，为了提高应急救援人员的身体素质和运动能力，教练员需要安排一些关于改变方向的速度训练，并设计一些需要对刺激和决策要求(感知认知能力)做出反应的具体训练，从而更好地提高应急救援人员的灵敏性。与灵敏相关的 7 种能力见表 12-4，这些并不是全部的能力，但是可以作为理解灵敏训练并增强应急救援人员灵敏技术的一个开端。

表 12-4　与灵敏相关的 7 种能力

能力	概述
动态柔韧度	身体移动时的全范围关节活动度。良好的动态柔韧度能够将身体调整到最佳状态，提高移动的速度
四肢协调能力	同时协调四肢进行运动的能力
爆发力	一种力的时间速率，是指施加在物体上的力，使物体按照力的方向而移动
动态平衡	移动时保持身体平衡的能力
加速度	单位时间内速度的变化
制动能力	降低速度或制动的能力
力量	施加力的能力

1．前后环绕标志物

［动作名称］前后环绕标志物

［练习目的］提高踝关节的灵活性，提高身体控制能力。

［练习方法］身体微微屈膝呈预备姿势，侧向并步至第一标志物正前方后，采用小碎步向后绕过标志物，之后采用侧向并步至另一个标志物正前方，采用小碎步向后绕过标志物，多组练习后回到标志物中间呈预备姿势。

［练习要求］注意上肢不能有很大的起伏，身体在运动过程中始终保持面向正前方。见图 12-15、图 12-16。

图 12-15　前后环绕标志物（起始阶段）

图 12-16　前后环绕标志物（行进阶段）

2．侧向并步移动触摸标志物

［动作名称］侧向并步移动触摸标志物

［练习目的］发展连续快速平行移动能力的同时，提高对身体的控制能力。

［练习方法］侧向并步至一侧标志物 2 m 远的距离后，与标志物相近一侧腿向标志物方向跨出一步的同时弯腰屈膝，同侧手掌触摸标志物。之后快速起身，用同样的方式触摸另一侧标志物，完成多组练习后回到中间起始位置。

［练习要求］侧向并步过程中，始终保持膝关节微屈状态，并保持上半身的稳定性。触摸标志物时要注意手脚的连贯性。见图 12-17、图 12-18。

图 12-17　侧向并步移动触摸标志物(起始阶段)

图 12-18　侧向并步移动触摸标志物(行进阶段)

3. 多方向移动组合练习

[动作名称] 多方向移动组合练习

[练习目的] 发展在多运动平面下训练者对身体的控制能力,发展对运动动作的转换能力,发展冲刺能力。

[练习方法] 训练者屈膝屈髋呈预备姿势,侧向并步至一侧标志物后,转身 90°后退跑至另一侧标志物;之后身体不变方向,向另一侧标志物方向加速冲刺;最后侧向并步至起始位置。

[练习要求] 练习时,胸部须超过标志物垂线才能转换至下一个动作练习,后退跑时不宜步幅过大,动作转换时要注意踝关节的稳定性。见图 12-19、图 12-20、图 12-21。

图 12-19　多方向移动组合练习(并步移动阶段)

图 12-20　多方向移动组合练习(后撤步阶段)

图 12-21　多方向移动组合练习(前进阶段)

4. 多方向触摸标志物

[动作名称] 多方向触摸标志物

[练习目的] 发展侧向移动能力的同时,提高手、眼、脚的协调能力,控制不必要的动作。

[练习方法] 训练者屈膝屈髋呈预备姿势,径直跑到身体正前方标志物后,侧向并步至身体右侧标志物并触摸,之后侧向并步至左侧标志物并

触摸，最后侧向并步回到中间标志物并后退跑至起始位置。

［练习要求］训练者可以根据实际情况来控制各个标志物的距离，进行训练时，后退跑的步幅不宜过大，训练前做好热身活动，尤其要注重脚腕处的灵活性。见图 12-22、图 12-23。

图 12-22　多方向触摸标志物(起始阶段)

图 12-23　多方向触摸标志物(触摸标志物阶段)

5. 标志物前后快速移动

［动作名称］标志物前后快速移动

［练习目的］提高训练者的加速能力、制动能力和身体控制能力。模拟应急救援向前冲刺和向后移动的场景，使训练者做出综合的决定，控制不必要的动作。

［练习方法］训练者站在第一个标志物旁，屈膝屈髋呈预备姿势，加速到第二个标志物旁后采用小碎步后退至前一个标志物；之后加速冲刺至第三个标志物，同样采用小碎步返回前一个标志物；最后加速冲刺到最后一个标志物，采用小碎步返回前一个标志物后再次加速至最后一个标志物。

［练习要求］练习过程中控制运动节奏，要保持动作的连贯性，由加速转为向后小碎步的过程需要注意踝关节的稳定性，向后小碎步的运动过程不能躯干后仰。见图 12-24、图 12-25。

图 12-24　标志物前后快速移动(起始阶段)

图 12-25　标志物前后快速移动(结束阶段)

6. T 形跑测试

［动作名称］T 形跑测试

［练习目的］发展直线运动时的快速变向能力、位移能力和反应速度。

［练习方法］训练者屈膝屈髋呈预备姿势，冲刺至身体正前方标志物触摸后，后退跑回起始位置；再次冲刺至左右两侧标志物其中之一，之后后退跑回起始位置；最后冲刺至另一侧标志物，退跑回起始位置训练结束。

[练习要求] 直线运动过程中，摆动腿积极前摆下压，变向过程中(以向右侧变向为例)，重心需向右侧转移，做向右侧快速蹬伸动作。见图 12-26、图 12-27、图 12-28。

图 12-26　T 形跑测试(起始阶段)

图 12-27　T 形跑测试(左侧向触摸阶段)

图 12-28　T 形跑测试(右侧向触摸阶段)

7. S 形跑

[动作名称] S 形跑

[练习目的] 提高练习者在短距离内进行左右连续变向的协调性、灵敏性及脚步移动的能力。

[练习方法] 标志物在地上排列呈 S 状，以图 12-29、图 12-30 为例，训练者加速至红色标志物，即 S 形路线变换方向处时，采用原地小碎步的方式沿着 S 形路线方向进行转换后，沿着路线加速至第二个变换方向处的红色标志物，依旧采用小碎步变换方向，最后加速冲刺至 S 形路线末尾。

[练习要求] 在 S 形路线较大拐弯处，需采用小碎步的方式进行变向，在进行变换方向时，需控制前面动作的冲刺惯性，快速缓冲制动。

图 12-29　S 形跑(起始阶段)

图 12-30　S 形跑(行进阶段)

第十三章 协调与平衡能力训练方法

第一节 协调能力训练方法

一、协调能力基本概念

（一）协调能力定义

协调能力是指人体在运动过程中身体各器官、系统在时间和空间上相互配合完成动作的能力。如伸肌与屈肌、上肢与下肢、躯干与肢体、神经与肌肉、感官和运动器官等的相互协同与配合。协调性是完成动作的基本条件之一，它贯穿于一切动作的始终，是人体速度、力量、耐力、平衡、柔韧等各种素质与运动技能协同的综合表现。一个人只有具备良好的协调能力，才能使动作做得省力、快速、舒展、流畅、准确、优美，才能顺利完成高、难、美的运动技能。

（二）协调能力的影响因素

由于协调性是人体多项身体素质或机能与运动技能结合的综合表现，必定有着较为广泛的生理学基础，涉及多个系统或器官的机能水平和彼此间的协作与配合，并与人的观察力、判断力、思维力、想象力、记忆力、鉴赏力、表现力和对动作的适应能力有着紧密直接的联系。在此仅从神经、肌肉、感知觉三大系统协调性作用来阐明协调性的生理学基础，见表 13-1。

表 13-1 协调能力的影响因素

影响因素	定义	作用	特点
神经协调	完成动作时神经过程的兴奋和抑制相互转换的配合和协同	使身体各肌群之间、肌肉活动与内脏活动之间、各脏器活动之间表现出同时和先后配合协作一致的现象	完成的动作愈复杂，神经过程配合的要求愈精确
肌肉协调	肌肉适宜而合理地进行收缩活动	控制肌肉收缩时产生张力的大小、收缩的先后顺序、收缩与舒张的时间程序	肌肉的协调性除受神经支配外，还与肌肉本身的结构、成分、肌内各种本体感受器等密切相关
感知觉协调	包括内感受器协调（肌肉、肌腱等）和外感受器协调（眼、耳、鼻等）	准确判断位置、维持身体平衡、听觉分析、降低接受刺激时的反应、促进运动技能的形成	赖于大脑神经的调配、各种感受器对内、外环境变化的感受

二、应急救援人群协调能力特点

以矿山救援队伍为例介绍应急救援人群协调能力的特点。在全国矿山救援综合体能竞赛中，竞赛项目包括爬梯、跑步、引体向上、水平梯、佩戴呼吸器跑步、低巷行走、独木桥、拉检力器等，通过综合体能训练不仅能提高救护队员在平时训练中所需要的奔跑、支撑平衡和钻爬等基本技能，而且能增强速度、耐力、协调、灵敏等身体素质，培养勇敢、坚韧不拔的意志。不仅对上下肢协调能力要求较高，对手眼协调能力的要求也颇为严格。如队员在进行穿越低巷时，主要运用腿部力量，同时需要手、脚的协调配合。所以，训练要着重提高腿部力量及身体的协调性与灵敏性。

根据竞赛内容，分析矿山救援人员综合体能考核各项目的协调能力特征，见表13-2。

表13-2　矿山救援人员综合体能考核各项目的协调能力特征

综合体能考核项目	协调能力特征
爬梯、跑步	肌肉协调、视觉协调、听觉协调
水平梯	肌肉协调、本体感觉
低巷行走	肌肉协调、视觉协调、本体感觉
独木桥	肌肉协调、视觉协调、本体感觉、前庭协调
拉检力器	肌肉协调、本体感觉

不仅在竞赛时需要身体协调，在进行专项作业及实际救援时，身体的协调能力更是必不可少。在进行实际救援时，由于环境的不确定因素较多，需要队员穿着防护服，佩戴氧气瓶下井，这些额外负重加大了机体对协调能力的要求。呼吸面罩的佩戴限制了救援人员的视线，且光线较暗，降低了视觉在运动协调中的作用，本体感觉及前庭器官的协调作用发挥较大。如遇伤员需要使用担架进行救助，或需要支撑顶板防止冒落，这会限制上肢肌肉活动，这时下肢肌肉协调好有助于快速完成任务。应急救援技术的生物力学分析表见表13-3。

表13-3　应急救援技术的生物力学分析

职业动作	肌肉关节活动	运动轴面
水带铺设	上肢、躯干及下肢肌肉群的等长收缩 肩、髋关节屈伸和收展 肘、膝和踝关节屈伸	矢状面 冠状面 水平面
登高作业	上肢、躯干及下肢肌肉群收缩 肩、髋关节屈伸和收展 肘、膝和踝关节屈伸	矢状面
负重行进	上肢、躯干及下肢肌肉群的等长收缩 肩、髋关节屈伸和收展 肘、膝和踝关节屈伸	矢状面 冠状面 水平面
拖拉救助	上肢、躯干及下肢肌肉群的等长收缩 肩、髋关节屈伸和收展 肘、膝和踝关节屈伸	矢状面 冠状面 水平面
破拆作业	上肢、躯干及下肢肌肉群的等长收缩 肩关节屈伸和收展 肘关节屈伸	矢状面 水平面
搜索行动	躯干肌肉群的等长收缩 肩、微关节屈伸和收展 踝关节屈曲	矢状面 冠状面 水平面

综上所述，应急救援人群需要全方面发展各项协调能力，以满足竞赛和实际救援的需要。

三、应急救援人员协调能力训练方法

由于协调性有着相对广泛而复杂的生理学基础，不同的运动练习方式对人体各器官、系统的刺激程度不一样，进而产生的适应性变化各异。因此，要想全面提高人体的运动协调性，必须进行多种形式的训练和练习。通过对应急救援人员所需的协调能力进行分析，可以通过以下训练提高人员的协调能力。

1. 侧向高抬腿

[动作名称] 侧向高抬腿

[练习目的] 培养节奏感，加强肢体协调性，增强脚踝小肌肉群力量。

[练习方法] 侧向快速完成高抬腿，前脚掌着地，每步落在小方格以内，要求动作轻快、节奏感强、动作协调，脚踝有弹性。

[练习要求] 大腿尽可能抬至与地面平行，要求动作频率高、轻快，沿绳梯全程完成为 1 组，3～5 组，组间休息 30 s。见图 13-1、图 13-2。

图 13-1　侧向高抬腿（起始位置）

图 13-2　侧向高抬腿（途中阶段）

2. 侧向碎步点地

[动作名称] 侧向碎步点地

[练习目的] 提高下肢协调能力。

[练习方法] 身体侧向位于敏捷梯一侧，动作开始后完成快速小碎步向前行进，每间隔一个小方格完成一次同侧脚的侧向点地，如此重复，直至完成。

[练习要求] 沿绳梯全程完成为 1 组，3～5 组，组间休息 30 s。见图 13-3、图 13-4。

3. 前前后后

[动作名称] 前前后后

[练习目的] 发展脚步控制力，身体协调能力。

[练习方法] 身体横向站立开始，两脚前后依次踏入小方格内，再依次踏出小方格外。

[练习要求] 要求手脚协调配合，脚步短促，轻快。沿绳梯全程完成为 1 组，3～5 组，组间休息 30 s。见图 13-5、图 13-6。

图 13-3　侧向碎步点地(侧向触地阶段)

图 13-4　侧向碎步点地(碎步阶段)

图 13-5　前前后后(向前阶段)

图 13-6　前前后后(向后阶段)

4. 进进出出

[动作名称] 进进出出

[练习目的] 发展步频、身体节奏感及协调性。

[练习方法] 一脚先进,另一脚再进。接着,一脚先出,另一脚再出。要求动作轻快、流畅。

[练习要求] 要求脚步短促、轻快。沿绳梯全程完成为 1 组,3～5 组,组间休息 30 s。见图 13-7、图 13-8。

图 13-7　进进出出(向内阶段)

图 13-8　进进出出(向外阶段)

5. 开合交叉步

[动作名称] 开合交叉步

[练习目的] 发展上下肢协调性。

[练习方法] 起始时双脚分别站于敏捷梯两侧，随后双手向体侧打开高过头顶，双脚呈交叉步站立，向前跳跃还原为起始位置。交叉步前后不停交替，如此反复重复直到结束。

[练习要求] 手脚协调配合，动作幅度做充分。沿绳梯全程完成为 1 组，3～5 组，组间休息 20 s。见图 13-9、图 13-10。

图 13-9　开合交叉步(交叉阶段)

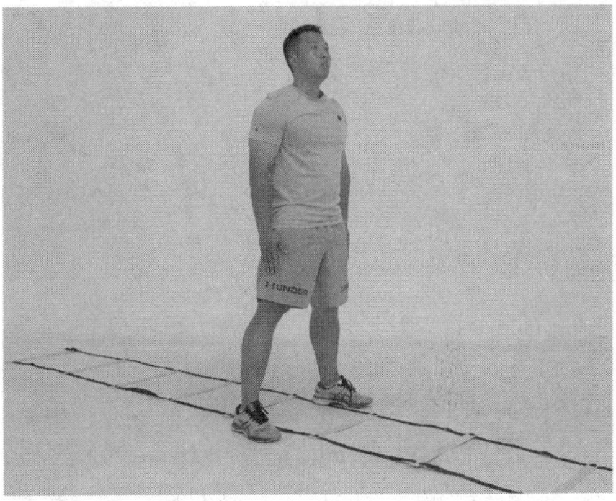

图 13-10　开合交叉步(分立阶段)

6. 侧向高抬腿过栏架

[动作名称] 侧向高抬腿过栏架

[练习目的] 发展身体协调性并提升踝关节力量。

[练习方法] 身体侧对栏架，动作开始时，向侧方向栏架间完成快速高抬腿，随后沿原路返回，要求动作协调连贯。

[练习要求] 要求手脚协调配合，频率快，幅度大。一个来回为 1 组，3～5 组，组间休息 20 s。见图 13-11、图 13-12。

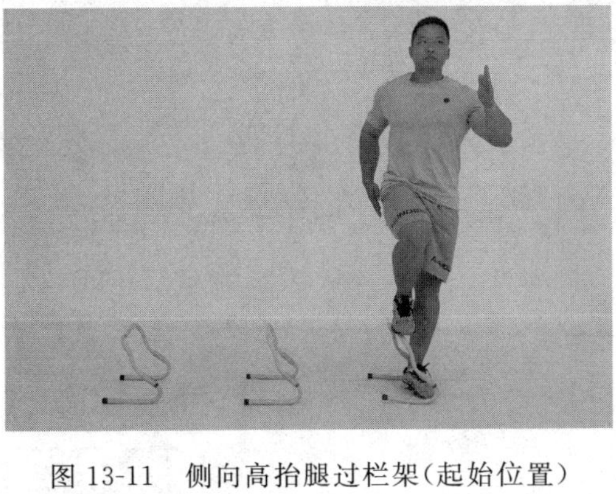

图 13-11　侧向高抬腿过栏架(起始位置)

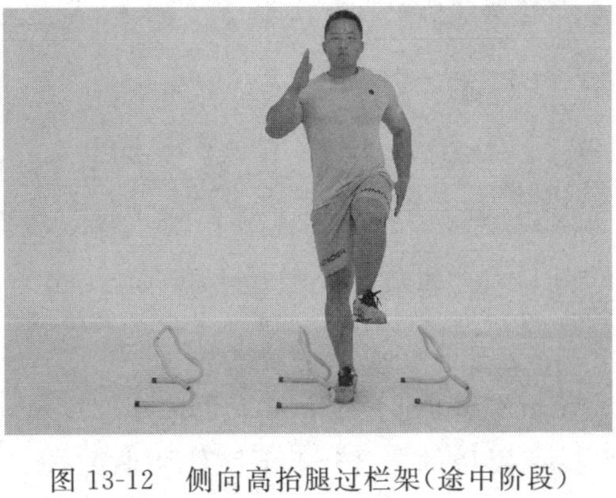

图 13-12　侧向高抬腿过栏架(途中阶段)

7. S 形碎步绕栏架

[动作名称] S 形碎步绕栏架

［练习目的］发展上下肢协调性。

［练习方法］身体侧对栏架，动作开始时身体重心压低，S形前后碎步从栏间绕过，随后按原先节奏返回，动作过程中注意手脚的协调配合。

［练习要求］身体重心压低，手脚协调配合，脚步短促且轻盈。一个来回为1组，3～5组，组间休息20 s。见图13-13、图13-14。

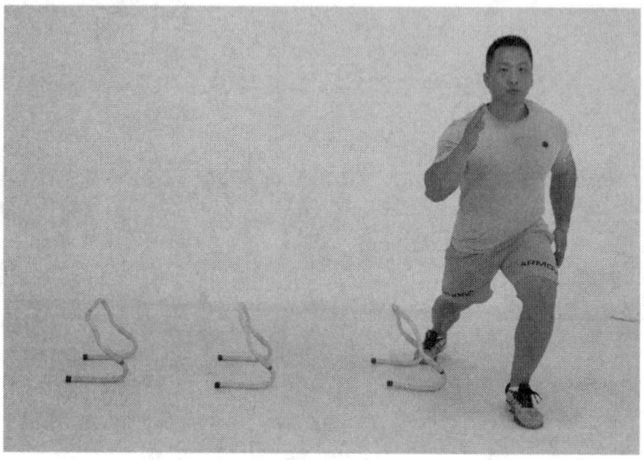

图13-13　S形碎步绕栏架（起始位置）

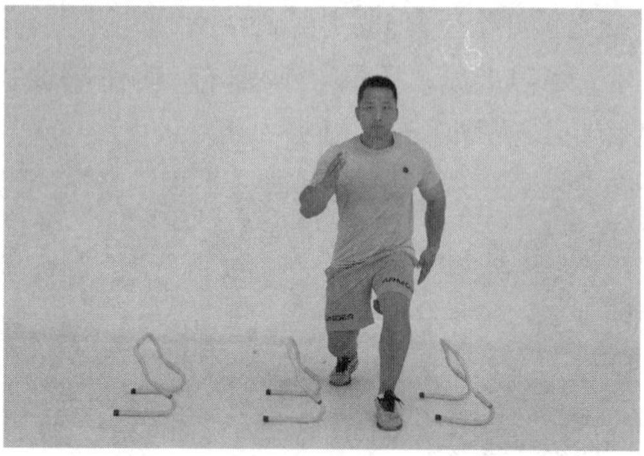

图13-14　S形碎步绕栏架（途中阶段）

8. 侧向A字垫步过栏架

［动作名称］侧向A字垫步过栏架

［练习目的］提升上下肢体协调性并提升踝关节周围肌群力量。

［练习方法］身体侧对栏架，向侧边连续完成A字垫步通过栏架，随后沿原路返回，练习过程中注意手脚协调配合以及节奏把控。

［练习要求］要求手脚协调配合，身体姿势挺拔。一个来回为1组，3～5组，组间休息20 s。见图13-15、图13-16。

图13-15　侧向A字垫步过栏架（起始位置）

图13-16　侧向A字垫步过栏架（栏间阶段）

9. Z形栏间垫步变式

［动作名称］Z形栏间垫步变式

［练习目的］提升上下肢体协调配合

［练习方法］起始时身体面对栏架，身体重心降低，向侧前方完成垫步动作并将双手侧举高过头顶，随后继续向侧前方垫步移动，双手下放，如此重复完成动作过程。

［练习要求］手脚协调配合，动作幅度大，脚步短促且轻快。一个来回为 1 组，3～5 组，组间休息 20 s。见图 13-17、图 13-18。

图 13-17　Z 形栏间垫步变式（开式阶段）

图 13-18　Z 形栏间垫步变式（合式阶段）

10. 触脚练习变式

［动作名称］触脚练习变式

［练习目的］发展上下肢协调、视觉协调、本体感觉。

［练习方法］异侧手脚相触，完成后屈右侧膝，同时左手触摸右侧脚踝，恢复站立位后屈左侧膝，同时右手触摸左侧脚踝。

［练习要求］手脚协调配合。每组 20 s，3～5 组，组间休息 20 s。见图 13-19、图 13-20、图 13-21、图 13-22。

图 13-19　触脚练习变式（前侧右手触左脚）

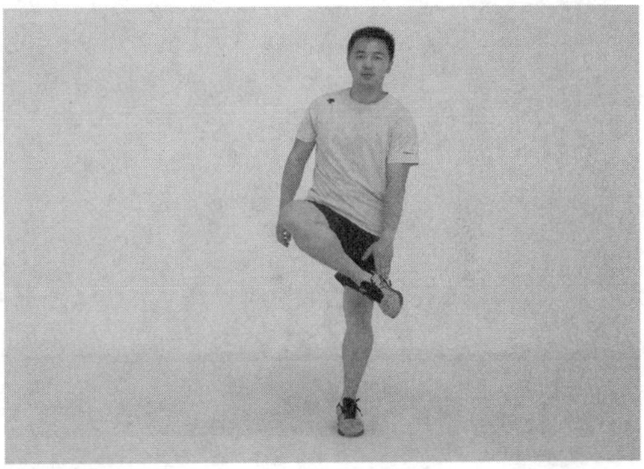

图 13-20　触脚练习变式（前侧左手触右脚）

图 13-21　触脚练习变式（后侧右手触左脚）

图 13-22　触脚练习变式（后侧左手触右脚）

11. 开合跳变式

[动作名称] 开合跳变式

[练习目的] 发展上下肢体协调性。

[练习方法] 站立位准备，开始练习时，下肢有规律地完成开合跳节奏，上肢依次配合开合节奏连续完成叉腰、触肩以及高举等动作，如此不停重复。

[练习要求] 手脚协调配合，身体姿态挺拔，动作幅度大。20 s 左右为一组，重复练习 3～4 组，组间间歇 20 s。见图 13-23、图 13-24、图 13-25、图 13-26、图 13-27。

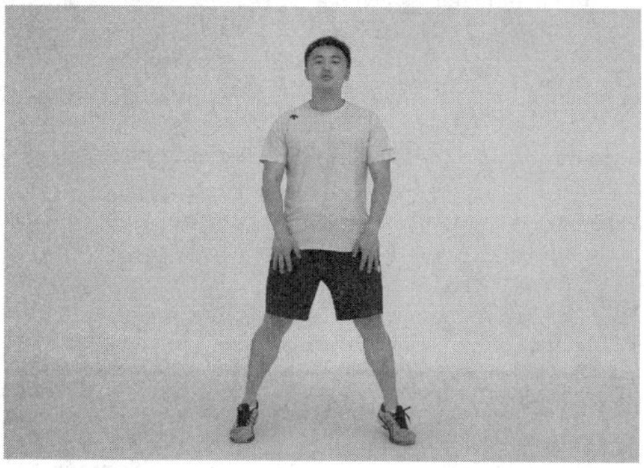

图 13-23　开合跳变式(起始位置)

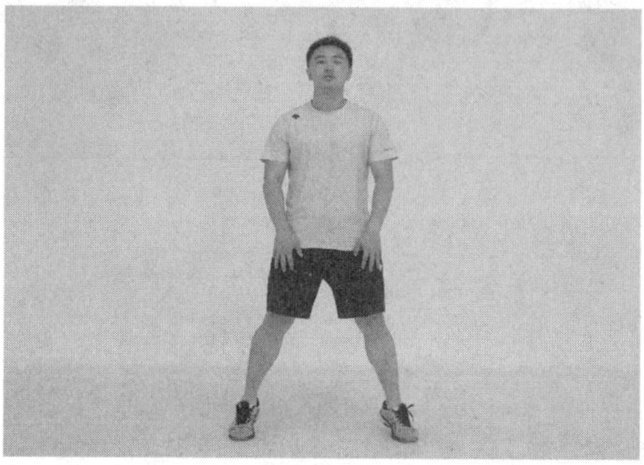

图 13-24　开合跳变式(分立阶段)

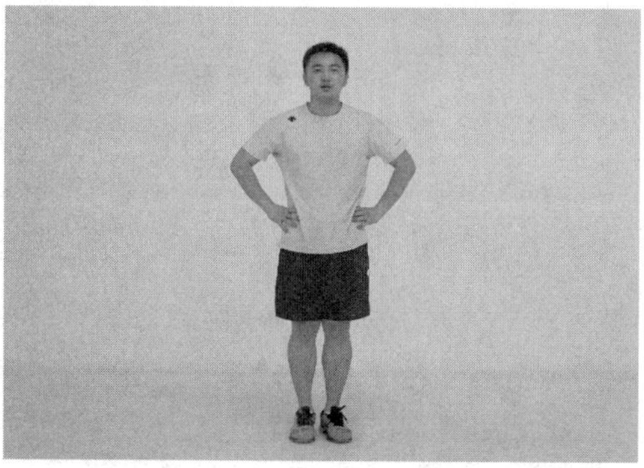

图 13-25　开合跳变式(叉腰阶段)

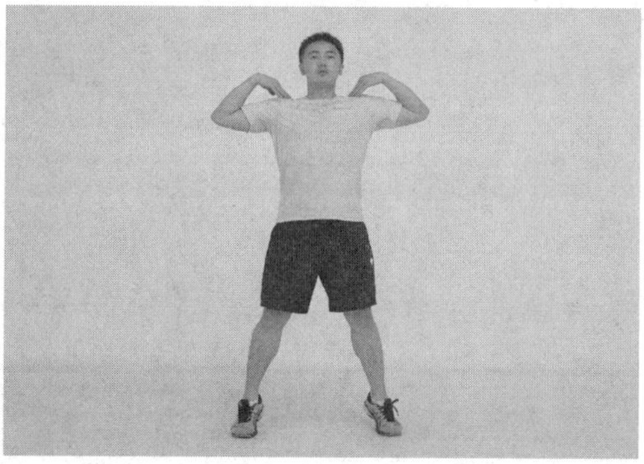

图 13-26　开合跳变式(触肩阶段)

图 13-27　开合跳变式(高举阶段)

12. 击掌十字跳跃

[动作名称] 击掌十字跳跃

[练习目的] 提高上下肢体协调性。

[练习方法] 站立位准备，动作开始时，下肢有规律地完成十字跳跃动作，同时上肢配合下肢节奏连续完成前后击掌动作，一拍一动，如此不停重复。

[练习要求] 手脚协调配合，身体姿态挺拔，动作幅度大。20 s 左右为 1 组，重复练习 3～4 组，组间间歇 20 s。见图 13-28、图 13-29、图 13-30、图 13-31。

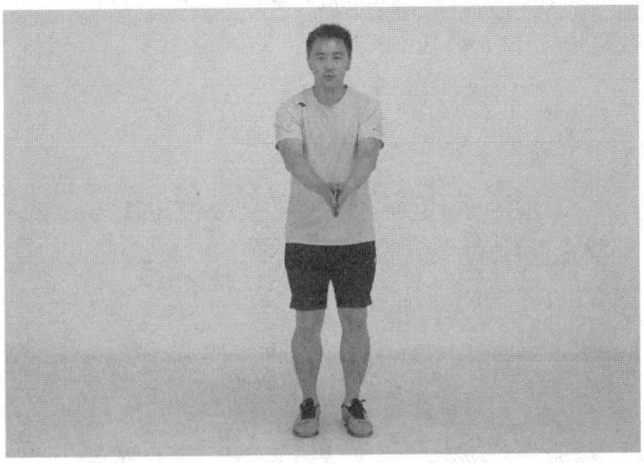

图 13-28　击掌十字跳跃(向前阶段)

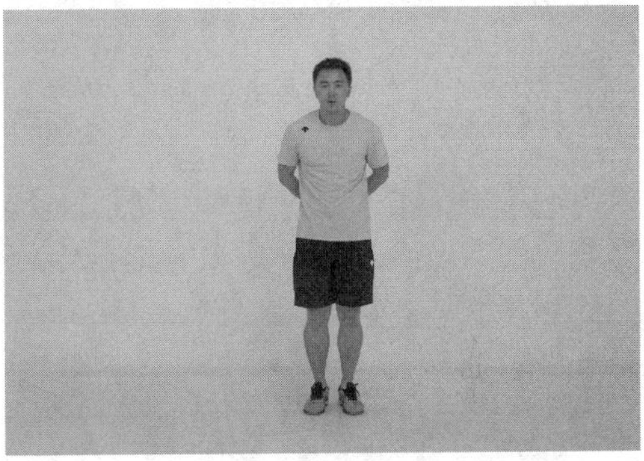

图 13-29　击掌十字跳跃(向后阶段)

图 13-30　击掌十字跳跃(向左阶段)

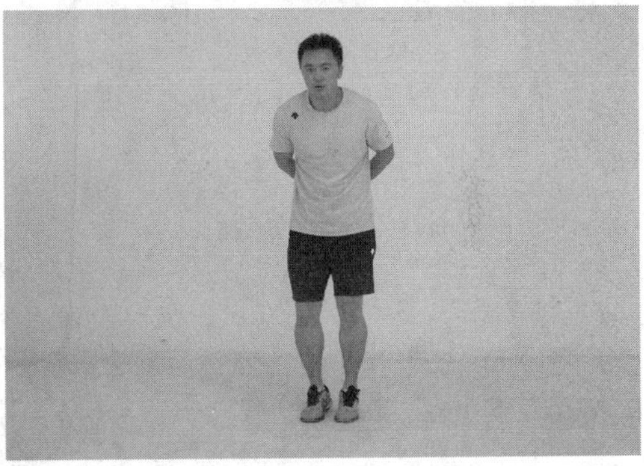

图 13-31　击掌十字跳跃(向右阶段)

13. 左右横跳变式

[动作名称] 左右横跳变式

[练习目的] 提高上下肢体协调性。

[练习方法] 站立位准备，动作开始时，下肢连续进行左右横跳，同时上体配合下肢跳跃节奏依次完成叉腰、触肩以及高举等动作，如此重复直至结束。

[练习要求] 手脚协调配合，身体姿态挺拔，动作幅度大。20 s 左右为 1 组，重复练习 3～4 组，组间间歇 20 s。见图 13-32、图 13-33、图 13-34、图 13-35、图 13-36。

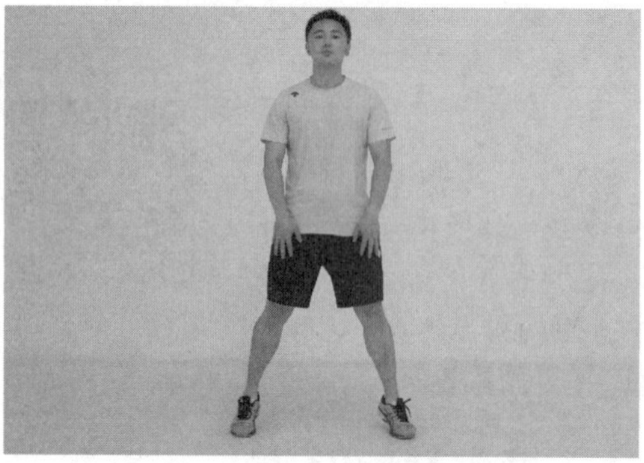

图 13-32　左右横跳变式(起始位置)

图 13-33　左右横跳变式(第一阶段)

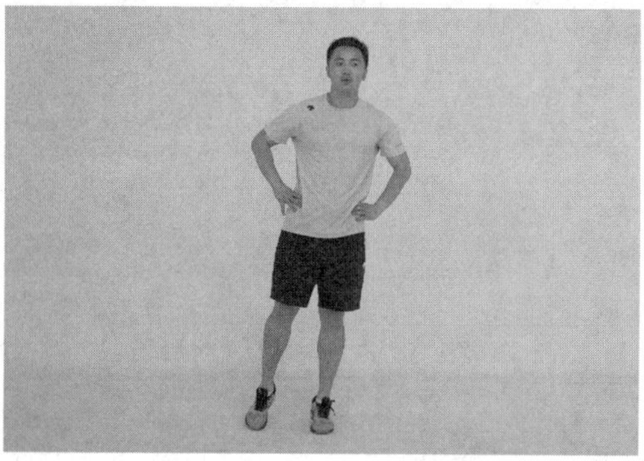

图 13-34　左右横跳变式(第二阶段)

图 13-35　左右横跳变式(第三阶段)

图 13-36　左右横跳变式(第四阶段)

在发展人体协调性的训练中,除上述练习方法之外,还有很多种可促进协调性提高的方法。如单个动作系列重复练习法、条件刺激练习法、游戏练习法、持器械练习法等。因此,在实际练习过程中,要不断变换练习方法和内容,提高练习者的兴趣、消除其练习倦怠,促进其协调性的全面发展。

第二节　平衡能力训练方法

一、平衡能力基本概念

（一）平衡能力的定义

平衡是身体所处的一种稳定的姿态，是在运动或受到外力作用时能自动调整并维持姿势稳定的一种能力，是人体重要的身体素质之一。平衡能力是人体应当具备的一项基本功能，良好的平衡能力使人体姿势或动作更加稳定。

根据人体平衡的性质可以把平衡能力分为三类：对称平衡能力、静态平衡能力、动态平衡能力。对称平衡能力指同时将身体的重量均衡分配到身体的多个支撑点的能力。静态平衡能力指人体或人体某一部位保持某种特定姿势稳定的能力。动态平衡能力指人体在运动状态下，对人体重心和姿势的调整和控制的能力，包括自动态平衡能力和他动态平衡能力。自动态平衡能力指人体进行自主运动转换身体姿势时重获稳定状态的能力，他动态平衡能力指人体受到外力干扰时通过改变身体姿势恢复稳定状态的能力。

（二）平衡能力的影响因素

人的平衡能力除了与身体结构的完整性和对称性有关外，还与前庭器官、视觉器官、本体感受器、大脑平衡调节、小脑共济协调以及肢体肌群力量、肌张力之间的相互平衡等密切相关。因此，平衡所反映的是人体对来自前庭器官、肌肉、肌腱、关节内的本体感受器以及视觉等各方面刺激的协调、综合能力。平衡能力的影响因素见表 13-4。

表 13-4　平衡能力的影响因素

影响因素	相关定义	作用	特点
味觉器官	味觉器官即前庭器官	通过产生神经冲动引起身体在空间的位置或变速感觉，维持身体的平衡	机能良好可以维持运动中的身体平衡；过于敏感会破坏运动时的身体平衡
本体感受器	分布于骨骼肌、肌腱、关节囊和韧带等处的本体感觉神经末梢装置	感受肌肉张力、长度的变化和环节在关节处运动的刺激，并将这类刺激转变为神经冲动，传向大脑皮质感觉区，产生身体各部分相对位置和状态的感觉	当运动过程中身体平衡或动作环节遭到破坏时，本体感受器又能及时地将刺激信号传向中枢，通过调节相关肌张力以纠正偏差，确保运动技能中规定动作的顺利完成
视觉器官	眼睛即是视觉器官	眼睛可提供运动场地、器械等周围环境和身体运动与运动方向的信息	视觉与本体感觉在维持身体姿势时有较大的相互依存性
身体机能状态	人的整体及其组成的各器官，系统所表现的生命活动	身体机能处于适宜状态时，有关的系统和器官之间才能密切协调配合、发挥良好的生理作用以维持身体特定姿势	假如身体疲劳或健康欠佳时，各器官、系统功能下降，必然会导致协调性下降

二、应急救援人员平衡素质特点

以矿山救援队伍为例介绍应急救援人员平衡素质的特点。在全国矿山救援综合体能竞赛中，竞赛项目包括爬梯、跑步、引体向上、水平梯、佩戴呼吸器跑步、低巷行走、独木桥、拉检力器等。

其中对平衡能力要求较高的项目为独木桥。在过桥时尽量保持重心在桥面上，重心垂直向上不要偏出到桥面外，这样容易保持平衡。不要左右摇晃，可以伸开双手保持平衡，尽量使重心稳定在桥面上，在桥中央身体要保持平衡，过桥速度减慢。这需要机体的味觉器官、本体感受器、视觉器官同时参与，且只有身体机能良好才能使这几个系统协同工作。

在实际救援中，由于井下环境复杂，需要队员具有良好的平衡能力才能出色完成任务。且矿井中光线较弱，视觉器官在平衡中发挥的作用减少，因此在训练时除了培养视觉器官的平衡能力，对于味觉器官及本体感受器的训练也要予以足够的重视。

而在水域应急救援时，对队员的平衡素质要求更高，他们不仅要在水中行走进行搜寻，还要利用橡皮艇等载具进行救援，必要时还需下水对溺水者进行拖带，这些动作对应急救援人员的平衡能力形成了巨大的挑战，对水域救援相关技术动作进行生物力学分析得到表 13-5，在进行相应训练时也需提高对应的平衡能力。

表 13-5　水域救援生物力学分析

职业动作	肌肉关节活动	运动轴面	主要平衡素质
水中行走	在行动中主要利用躯干肌肉群如腹直肌、背阔肌、臀大肌、髂腰肌收紧维持身体平衡，以及髋关节、膝关节、踝关节屈伸来完成行走	矢状面 冠状面 水平面	本体感受器
拖带	在强制拖带行动中上肢主要利用背阔肌、三角肌后束、肱三头肌、大小圆肌、肱肌、前臂屈肌群等收缩，以及肩关节、肘关节、腕关节的屈伸来完成	矢状面 冠状面 水平面	本体感受器 味觉器官
橡皮艇水中划舟	1. 上肢部分：(1) 肩胛后缩。该动作是斜方肌和菱形肌在近固定条件下作克制(向心)工作完成的。(2) 肩关节伸。该动作是三角肌后部肌纤维、肱三头肌长头、背阔肌、冈下肌、小圆肌和大圆肌在近固定条件下作克制(向心)工作完成的；在拉桨动作的开始阶段，胸大肌下部的纤维也参与了工作。(3) 肘关节屈。该动作是肱肌、肱二头肌、肱桡肌和旋前圆肌在近固定条件下作克制(向心)工作完成的。 2. 躯干部分：躯干(头、颈与躯干为一整体)伸，该动作的完成是竖脊肌在下固定条件下，臀大肌、斜方肌、胸锁乳突肌和夹肌在近固定条件下作克制(向心)工作的结果。 3. 髋下肢关节伸部分：该动作是臀大肌在远固定条件下，大收肌、股二头肌、半腱肌、半膜肌在近固定条件下作克制(向心)工作完成的。 4. 膝关节伸：该动作是股四头肌在近固定条件下作克制(向心)工作完成的。 5. 踝关节跖屈：该动作是小腿后群肌在近固定条件下作克制(向心)工作完成的	矢状面 冠状面 水平面	本体感受器 味觉器官 视觉器官 身体机能状态

三、应急救援人员平衡能力训练方法

应急救援人员在训练及实际救援中，需要应急救援人员维持或改变自身的姿势和位置，才能顺利完成各种不同的动作。发展队员的平衡能力有着极其重要的作用。尽管人体的平衡能力受多器官功能状态的影响，但是前庭器官、本体感受器和视觉器官是制约人体平衡的主要因素。因此，通过训练来改善和提高它们的功能，有利于促进平衡能力的发展。

（一）前庭功能训练

实践证明，前庭功能的稳定性可以通过被动训练法、主动训练法和综合训练法使其逐步提高。

被动训练法：是让人在产生加速度变化的器械（如离心机、四柱秋千、电动转椅、过山车等）上被动地感受加速度的变化。在训练过程中旋转速度要循序渐进，以免引起过于强烈的前庭反应。

主动训练法：是锻炼者主动地选择各种有加速度变换的旋转运动进行训练，如球类运动、器械体操、空翻、滚翻、摇头操、吊环旋转、弹网蹦跳、铁饼、链球、荡秋千等。

综合训练法：是锻炼者采用主动训练和被动训练相结合的方式进行训练。综合训练比单纯的主动训练和单纯的被动训练效果更好，同时还能全面提高人体机能。实际上，所有体育运动均需要改变身体的姿势和位置，只要坚持体育锻炼或运动训练都可以增强机体对变速运动的适应和平衡能力。

（二）本体感觉功能训练

人体运动时所产生的本体感觉常被视觉、味觉或其他感觉所掩盖，而难有明确的主观感觉，故本体感觉又称为“暗淡感觉”。本体感觉必须经过长时间的训练，才能明显而精确地在自己的动作过程中体验到。例如，当练习者建立动力定型之后，动作稍有改变即可察觉，而在学习新动作的初级阶段即便有很大的偏差也不易觉察。因此，在运动实践中只有通过反复练习，才能获得良好的本体感觉。

马特维也夫在论述身体平衡时指出：要训练练习者在更难保持平衡的条件下保持平衡技能。如借助踝关节的细微动作，而不改变整个身体的位置，是平衡木练习者保持平衡的最佳方式。踝关节的细微动作，并不是练习者所获得的新的运动技能，而是对平衡状态的细微感知能力提高后所做出的反应。这种反应是每一个人都具有的，只是未经训练者的感觉敏感度低。他认为在进行平衡能力训练时，掩盖视觉而使注意力集中于本体感觉，能更有效地提高平衡能力。

（三）视觉器官功能训练

人的视力、视野同样受遗传和环境因素的影响，为了提高视觉的功能，除了平时注意用眼卫生外，还应坚持做眼保健操。在运动训练过程中，注意运动环境中参照物的选择、多看视频录像、仔细观察教师或教练员的示范动作、多对着镜子强化练习视觉与本体感觉的结合、多站在高处向下方和远处看等，都有利于视觉器官在维持身体平衡过程中发挥积极作用。

几种不同的训练方法汇总如下，在训练过程中可以闭眼操作，从而使训练难度得到进阶。

1. 单腿多方向触地

[动作名称] 单腿多方向触地

[练习目的] 提高下肢稳定性，强化躯体平衡能力。

[练习方法] 双手环抱体前，支撑腿膝关节微屈，另一侧腿依次完成前侧、后侧、右后侧以及左后侧的脚尖触地动作，要求幅度尽可能大，身体不可过分晃动。

[练习要求] ① 膝关节微屈，动作幅度要尽可能大。② 上体保持正直状态，不可俯身过多。见图 13-37、图 13-38、图 13-39、图 13-40。

图 13-37　单腿多方向触地(前触地)

图 13-38　单腿多方向触地(后触地)

图 13-39　单腿多方向触地(右后触地)

图 13-40　单腿多方向触地(左后触地)

2. 飞机式

[动作名称] 飞机式

[练习目的] 提高下肢稳定性、身体平衡能力。

[练习方法] 单侧腿提膝站立于地面上,双手前举,随后屈髋使身体从垂直地面变为平行地面,保持躯体与一侧下肢近似呈一条直线,双手向躯体两侧外展保持平衡。完成后回到初始位置。

[练习要求] 尽可能俯身平行于地面,保持一侧腿与躯干呈一条直线。见图 13-41、图 13-42。

图 13-41　飞机式(准备姿势)

图 13-42　飞机式(俯身姿势)

3. 飞机式变式

[动作名称] 飞机式变式

[练习目的] 提高下肢稳定性。

[练习方法] 单侧腿提膝站立于地面上，双手前举，屈髋使身体从垂直地面变为平行地面，同时一侧腿屈膝外展，双手向躯体两侧外展保持平衡。

[练习要求] 尽可能俯身平行于地面，保持一侧腿与躯干呈一条直线。见图 13-43、图 13-44。

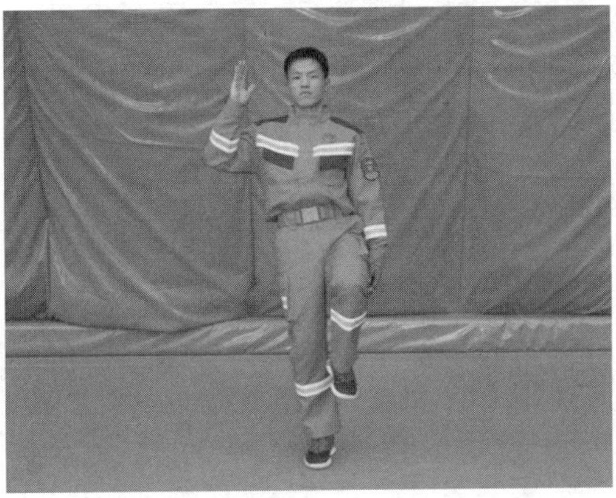

图 13-43　飞机式变式(准备姿势)

图 13-44　飞机式变式(俯身姿势)

4. 单腿壶铃环绕

[动作名称] 单腿壶铃环绕

[练习目的] 提升下肢稳定性，提高身体平衡控制能力。

[练习方法] 起始时壶铃位于躯体一侧，随后抬高提起单侧膝关节，壶铃围绕身体完成匀速规律的圆周运动，完成后回到初始位置。

[练习要求] 壶铃匀速环绕身体，随着平衡能力的提升，可逐步加快环绕速度。双腿各匀速顺逆 10 周为 1 组，3～5 组，组间间歇 20 s。见图 13-45、图 13-46、图 13-47。

图 13-45　单腿壶铃环绕(起始位置)

图 13-46　单腿壶铃环绕(向后阶段)

图 13-47　单腿壶铃环绕(向前阶段)

5. 树式站立

[动作名称] 树式站立

[练习目的] 提高单侧腿支撑下静态平衡能力。

[练习方法] 单侧腿站立于地面上,另一侧腿屈曲置于支撑腿膝盖内侧,双手向上举起置于头部两侧呈 Y 字形。

[练习要求] 身体姿态挺拔向上,双腿各静态保持 10 s 为 1 组,完成 3～5 组,组间间歇 10 s。见图 13-48。

图 13-48　树式站立(站立阶段)

6. 髋部旋转

[动作名称] 髋部旋转

[练习目的] 提高单侧腿支撑下静态动态平衡能力。

[练习方法] 单侧腿站立于地面上,另一侧腿前屈使大腿与地面平行,足背屈与小腿垂直,双手交叉置于胸前。髋部外展使大腿从矢状面位置变为冠状面位置,而后继续旋转髋部,使大腿垂直于地面。完成后原路返回到初始位置。

[练习要求] 上体保持正直状态,动作幅度大。每侧各完成 5 次为 1 组,3～5 组,组间休息 20 s。见图 13-49、图 13-50、图 13-51。

图 13-49　髋部旋转(提膝阶段)

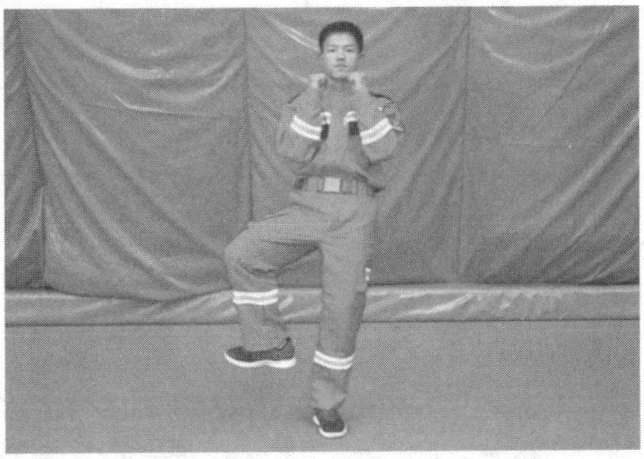

图 13-50　髋部旋转(髋外展阶段)

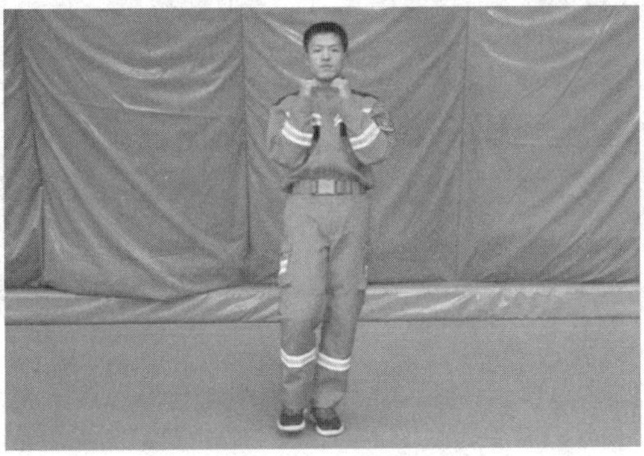

图 13-51　髋部旋转(下放阶段)

7. 弓箭步至膝盖

[动作名称] 弓箭步至膝盖

[练习目的] 提高单腿稳定性及重心不稳定情况下的平衡能力。

[练习方法] 前腿的大腿与地面保持平行,小腿与地面呈 90°角,后腿与地面垂直,脚尖蹬地。前腿发力蹬展,同时后腿屈髋使其与地面平行,躯干保持挺直可微微平直前倾。完成后回到初始位置。

[练习要求] 要求提膝时大腿平行于地面且重心保持中立。每侧完成 5 次为 1 组,完成 3 组,组间休息 20 s。见图 13-52、图 13-53。

图 13-52　弓箭步至膝盖(弓步阶段)

图 13-53　弓箭步至膝盖(提膝阶段)

8. 踏上练习

[动作名称] 踏上练习

[练习目的] 提高单腿支撑稳定性及重心不稳定情况下的平衡能力。

[练习方法] 一腿直立地面，另一腿屈曲置于与膝盖同高的平台上，使大腿与地面平行。双手向身体两侧自然外展，维持身体平衡。屈曲腿发力登展，使身体单腿立于平台上。完成后回到初始位置。

[练习要求] 每侧完成 3 次为 1 组，每次静态保持 3 s，完成 3 组，组间休息 15 s。见图 13-54、图 13-55。

图 13-54　踏上练习(起始位置)

图 13-55　踏上练习(结束位置)

第十四章　柔韧素质与拉伸训练方法

第一节　柔韧素质与拉伸训练基本概念

一、柔韧素质基本概念

（一）柔韧素质的定义

柔韧素质是人体重要的身体素质(体能素质)之一。柔韧是指人体关节活动幅度的大小及跨过关节的韧带、肌腱、肌肉、皮肤及其他组织的弹性和伸展能力。

（二）柔韧素质的分类

人们通常把柔韧素质简称为柔韧性,柔韧素质通常分为一般柔韧素质和专项柔韧素质。

1. 一般柔韧素质

一般柔韧素质是指受训者在进行训练时,为适应这类身体练习,保证一般训练顺利进行所需的柔韧素质。如消防员在快速奔跑时,加大必要的步幅从而保证腿部的柔韧性;在抱扛假人练习时,肩部肌群和腿部后群肌肉表现出来的柔韧性。

2. 专项柔韧素质

专项柔韧素质是指专项运动技术所特殊需要的柔韧素质。它建立在一般柔韧性基础上,并由各专项动作的生物学结构所决定。如消防员为了完成救援任务,腰腹部位必须表现出大幅度的活动范围。

一般柔韧素质与专项柔韧素质最大的区别就是专项柔韧素质具有指向性,其指向某运动项目对人体柔韧素质的特殊需要。高强度救援工作对应急救援人员的肩部、腰腹部、腿部、踝部关节的活动幅度以及这些部位肌肉、肌腱与韧带的延展性要求很高,因此,在日常训练中要加强对应急救援人员的专项柔韧素质训练。

（三）柔韧素质的生理学影响因素

决定柔韧素质的生理学基础主要是运动器官的构造(包括关节的骨结构)、关节周围组织的体积和髋关节的韧带、肌腱、肌肉及皮肤的伸展性。同时,也会支配骨骼肌的神经系统的机能状态,特别是中枢神经支配对抗肌的协调能力,以及对肌肉收缩和放松的调节能力有关。柔韧素质的生理学影响因素见表 14-1。

（四）柔韧素质的作用

柔韧性是一个不容忽视的素质,良好的柔韧性可以防止救援人员在高强度作业中肌肉和肌腱的损伤。在训练中应加强其柔韧素质的训练。对应急救援人员进行柔韧性锻炼,能有效地提高其身体姿态,防止因身体状态不佳造成的运动伤害;锻炼后,可以减轻肌肉的疼痛,还可以让身体变得更柔韧,以便更好地控制自己的身体,使身体适应能力更强。运用柔韧素质训练,可以促进训练的热情,从而促使救援人员在训练中发挥更大的作用;综合科学

表 14-1　柔韧素质的生理学影响因素

影响因素	限制因素	特点
关节周围软组织的伸展性	性别、年龄	女性优于男性，儿童少年优于成人。 本体感受器官也可调控关节周围肌肉和结缔组织的伸展性
关节周围组织的体积	身体脂肪含量、关节周围组织的体积	必须有针对性地进行柔韧训练，才能更好地提高运动技能水平
中枢神经的协调功能和肌肉力量	对抗肌群放松能力	大力发展肌肉力量，有利于主动增大关节活动幅度。 通过训练使肌纤维内基质蛋白含量增加，也可促进肌肉的放松和柔韧性的发展
关节的结构特征	遗传	柔韧性的发展只能限制在关节结构所允许的范围内，否则，定会引起关节损伤而降低其稳定性

的柔韧素质锻炼可以增强救援人员的神经肌肉对环境和对抗活动的适应能力，增强他们的反应能力，从而更好地开展救援工作。

总之，柔韧素质的培养可以使救援人员在救援工作中更加灵活，并且降低运动损伤的发生，提高工作效率。

二、拉伸训练基本概念

（一）拉伸训练的定义

拉伸作为体能训练的一个重要部分，拉伸训练就是增加各个关节的活动范围，让自己的肌肉变得更加灵活，同时还可以让自己的力量、速度、协调性得到提高，在完成技术动作的时候，可以更加舒展、流畅，同时还可以减少受伤的发生。

（二）功能性拉伸的释义

在过去的几十年中，人们逐渐认识到拉伸练习对提高柔韧素质和练习者竞技水平的作用，尽管拉伸练习被广泛应用，但其练习方法和手段仅是作为各种准备活动的一部分而存在，与力量、爆发力和速度等素质的练习相比，提高柔韧素质的拉伸练习，远远没有达到同等重要的地位。直至近几年，人们才意识到拉伸练习的特殊价值，并进行专门的柔韧性训练。1998 年《美国运动医学》把柔韧素质训练作为一项重要内容推荐给练习者，因为拉伸练习可以加强肌肉的功能和神经控制肌肉的能力。柔韧素质是一项非常重要的基本功能运动素质，随着训练手段的丰富，在整个训练过程中柔韧素质的地位和比例将逐渐增加。

（三）拉伸的目的

拉伸练习的预期效果远远超出人们的想象，良好的拉伸练习使身体在运动前能够做好充足准备，可以帮助救援人员更好地完成日常训练与救援任务。另外，拉伸练习能够帮助练习者发展柔韧素质，能够预防损伤，有助于肌体从训练疼痛或损伤中恢复。

体育科学研究发现，拉伸练习在提高技能和增强爆发力方面颇有价值。我们必须把以提高柔韧素质为目的的拉伸练习视为正式的运动训练，而不是象征性地作为热身或者放松活动。为了获得最好的训练效果，在青少年时期就应该开始进行拉伸练习，并且将拉伸练习保持并贯穿于运动中。

另外，拉伸练习还有更深层的作用。如果应急救援人员拥有平衡、协调的骨骼肌系统，就不会产生代偿性动作和身体不平衡现象，从而在救援工作中就会表现得更好，而且这种身体上的准备会逐渐转移到心理层面，救援人员通过拉伸练习可以进一步了解自己的状态，更有利于集中精力和放松紧张情绪。同时，有效的拉伸练习还有可能帮助建立良好的团队精神。拉伸练习的目的见表 14-2。

表 14-2　拉伸练习的目的

拉伸目的	原理	特点
发展柔韧性	拉伸练习可以使人体的肌肉、肌腱、韧带、神经，以及皮肤产生反应，能够拉长肌肉和肌腱，使得整个躯干和四肢的柔韧性得到提高	拉伸练习不仅能够促进肌肉内部的协助进而改善运动技术，还能够改善本体感受器感知刺激的能力
提高运动水平	拉伸练习可以帮助救援人员增加动作的幅度，使运动肌产生更大的力量和速度	伸展性好的肌肉比伸展性差的肌肉能产生更大的收缩力量。 拉伸练习能够大幅度增加肌腱的弹性，进而充分利用弹性能量
加速机体恢复	拉伸练习能够促进肌肉改变拉伸状态，使肌肉慢慢恢复到原来的长度，并减少交叉粘连	过度的肌肉紧张使肌肉过分绷紧，静力伸展练习有助于减轻这种紧张
预防运动损伤	良好的柔韧性素质能够打造一个平衡协调的骨骼肌系统，使不同肌群对骨骼施加的力是平衡对称的	肌肉的柔韧性与损伤之间高度相关
监察纠正各关节功能位置	避免各骨骼由于连续的运动和摩擦而造成损害	关节活动幅度的大小决定于关节本身的构造，以及关节周围骨的形态和关节周围各种组织的体积

第二节　拉伸训练基本内容与形式

一、拉伸训练的基本内容

拉伸训练可以帮助救援人员拓宽身体活动范围，降低在进行救援工作时的受伤概率，通常采取的柔韧素质训练方法有 PNF 牵拉法、动力拉伸法、弹振式拉伸、等长拉伸、静力拉伸法。

（一）PNF 牵拉法

Proprioceptive Neuromuscular Facilitation 是 PNF 的英文全称，其通常被翻译为本体感觉性神经肌肉易化技术或本体感觉神经肌肉促进法，它是起源于康复领域，基于解剖学、生理学、运动学以及其他学科发展的一种运动康复疗法。

PNF 是在确保人体柔韧极限的前提下，被动拉伸肌肉幅度，促使肌肉在被动牵引之下激发抵抗作用，这是源于肌肉张力在被动超出一定范围后，激活腱索使肌肉得到放松。这种 PNF 牵拉法有着较强的科学依据，并在实际训练过程中取得了比较乐观的训练实效，所以被广泛应用到专项柔韧素质训练中，目前，国内许多的康复中心和医疗机构已经把 PNF 等运动促进技术应用于偏瘫、脑外伤等的身体功能康复训练之中；另外，PNF 也逐渐被应用到我国竞技体育领域中。

PNF 拉伸能帮助训练肌梭感受器适应肌肉的长度变化，从而更增加肌肉长度。肌肉的强烈收缩并且维持一定的时间，会导致收缩肌肉中快肌纤维的疲劳，这样在随后发生的拉伸过程中，疲劳的肌肉不容易产生收缩以对抗肌肉的被动拉长。被拉长肌肉产生的等长收缩对肌腱产生张力刺激，肌腱感受器产生冲动强于肌梭感受器产生的冲动，使得肌肉收缩功能抑制，从而使随后的拉伸肌肉处于放松状态，容易被拉伸。

（二）动力拉伸法和弹振式拉伸

动力拉伸法是救援人员按照一定的节奏，对一个固定动作进行反复多次的训练，旨在通过这种高强度的训练，在短时间内提升身体肌肉、韧带和关节的柔韧性，在运动之前可以进行热身，让肌肉完全适应运动状态，展示出身体的柔韧。但是在短时间高频重复训练时，救援人员往往会感受到身体明显的酸痛感，所以一定要注意在感觉到明显酸痛感时，及时减缓动作进行放松，千万不可强行突破身体的柔韧极限，造成不可逆的损伤。动力拉伸法对身体柔韧性有着一定的训练帮助，但是需要保持较好的训练节奏和适中的训练力度。

适宜的动态拉伸能够发挥最佳的动态柔韧性，这点对所有项目都很重要，因为多数项目都是动态进行的，采用动态拉伸更接近专项要求。

弹振式拉伸包括振动、弹回、反弹和节律性运动。研究认为，在有些项目当中，弹振式拉伸这种反射性的收缩可以帮助练习者在跳、投的过程中获得额外的力量。当然，有些时候会出现失控现象。研究表明，在弹振式拉伸练习 10 min 后进行力量测试，膝关节屈曲的最大力量平均下降 7.5%，膝关节伸展的最大力量平均下降 5.6%。在进行弹振式拉伸练习之前，一定要使身体做好充足的准备，开始的时候应该慢一些，体会整个拉伸练习动作过程，然后再逐渐加快节奏，并且注意用力方向不要偏离，最后再逐渐增加动作幅度。

人们容易混淆动态拉伸与弹振式拉伸，其实两者有很明显的区别：动态拉伸没有快速的来回震动或反弹式的动作，即使动态拉伸动作也很快，但还是在控制范围内的；而弹振式拉伸多是采用快速动作，增加活动幅度。

（三）等长拉伸

等长拉伸是动态拉伸练习方法的一种，它通过给被拉伸肌肉或肌群以一定的阻力使得该肌肉或肌群产生等长收缩。等长拉伸练习方法是发展被动柔韧性的最快方法之一，它比单独使用被动拉伸或者动态拉伸的其他方法的效果都要好。等长拉伸练习可以帮助发展被拉紧肌肉的力量，也可以帮助发展动态柔韧性，并且可以减少我们平常由于拉伸练习所产生的疼痛感。在等长拉伸练习中，最常采用的阻力方法是人工阻力，如同伴帮助提供阻力，或者使用一些器材如墙、地面等。

（四）静力拉伸法

静力拉伸法是救援人员借助自身的平衡控制力，在保持身体静态姿势的前提下，对身体某个特定部位进行反复拉伸，让身体各部位得到较好的延展，其中包括身体肌肉、韧带、肌腱的拉伸，需要注意的是救援人员在最大限度的拉伸和身体极限之间要做好平衡，每个人的身体条件不同，拉伸程度也不尽相同，在感觉到身体明显的酸痛时，需要暂停放松后再继续。

二、柔韧训练的动作要领

（一）PNF 牵拉法的动作要领

PNF 拉伸练习有许多种不同的组合方式，目前在运动训练中最常用的方法是“收缩-放松-收缩”。它要求肌肉在拉伸之前先进行收缩，以获得更大程度的放松。由于神经感受器的存在，肌肉在用力收缩后总是要有立即放松的趋势。这种肌肉收缩或者保持的过程是一种对抗性的等长收缩。也就是说要对抗一个与自己收缩产生力呈方向相反、大小固定的外力。这个过程从没有被拉伸状态开始，在保持的过程中，要保证施加持续作用力；同时，还要保证让肌肉感觉尽量舒适。每个动作持续 5～10 s，每次练习开始时，使肌肉处于被拉长的状态，然后，抵抗同伴阻力进行 6 s 的静力收缩练习，在极短的时间放松之后，练习者再以一种新的动作姿势，对适当的肌肉群进行收缩练习。这种运动是在同伴施加恰当外力之下完成的，外加阻力可以由同伴、理疗师或者教练来提供。为了使救援人员在进行练习时不依赖同伴的辅助，现已研发出一种特殊的带有控制装置的 PNF 柔韧练习辅助系统。

（二）动力拉伸法的动作要领

动力伸展对运动的要求很高，必须由下而上，循序渐进。重复多次蹲起、站立，进行踝关节和膝关节的动态拉伸；采用正踢、内踢、侧摆、后摆等方法伸展腿部。在髋关节完全放松后将两腿呈前后打开方式，采取振动式拉伸持续 50 s 直到拉伸最大幅度后停止，左右腿部拉伸各一次。之后换腰部拉伸，其拉伸动作要领和时间长度与腿部拉伸保持一致。

（三）静力拉伸法的动作要领

以髋关节为例，在髋关节完全放松后将两腿呈前后打开方式，直到打开到身体最大幅度后停止，保持这种拉伸静态 40 s 后放松 10 s，左右腿各拉伸一次。之后换腰部拉伸，可以借助他人的帮助来使腰部达到最大幅度的拉伸状态，其拉伸要领和时间长度与腿部拉伸保持一致。

三、拉伸练习动作的顺序和原则

一种固定的拉伸练习模式对救援人员或普通练习者非常有益，这种固定模式不仅包括在热身中何时开始进行拉伸，而且包括各部位肌肉拉伸的顺序。这样会避免遗忘任何一块重要的肌肉。由于脊柱是人体骨骼结构的中心，是传输到臂和腿的神经通道。如果在脊柱处于僵硬状态的情况下过度拉伸四肢肌肉，很容易给背部或颈部带来损伤。因此，一般情况下，脊柱的拉伸是放在第一位，接着是四肢近端，最后才是四肢远端。拉伸练习原则见表 14-3。

表 14-3　拉伸练习原则

原则	内容
充分热身原则	在专项柔韧素质训练之前，充分的热身活动能够提高救援人员身体各部位肌肉的温度，降低这些部位周围的肌肉、肌腱与韧带组织的黏滞性，进而提高这些组织的延展性
循序渐进原则	在专项柔韧素质训练中，训练时间应由短变长、训练内容应由少变多、训练难度应由低变高、训练强度应由小变大，即训练各环节都遵循循序渐进原则
动静结合原则	在专项柔韧素质训练中，教练员要以静力拉伸法为主、动力拉伸法为辅，根据动静结合的原则对救援人员进行专项柔韧素质训练
专项柔韧素质训练与力量素质训练相结合原则	将力量素质训练安排在专项柔韧素质训练中，以提高救援人员身体各关节肌肉的收缩能力，增强其身体各关节的稳固性，从而预防救援人员在专项柔韧素质训练中发生关节损伤
针对性原则	一方面，要结合救援工作的运动特征，重点对救援人员的肩部、腰腹部、腿部、踝部进行专项柔韧素质训练；另一方面，要根据救援人员的实际情况，对他们进行有针对性的专项柔韧素质训练

第三节 应急救援项目常见拉伸训练方法

依据救援人员各自不同的职责，在练就过硬的消防业务技术的同时，也要合理安排拉伸练习，促进机体恢复。

以矿山救援为例，分析救援过程中各个动作的生物力学特征见表 14-4，在进行相应训练后应对有关肌肉进行拉伸。

表 14-4 矿山救援生物力学特征分析

工作任务	主要肌肉关节活动
井下负重行进技术	腹直肌、腹横肌的等长收缩/单侧髋关节、膝关节和踝关节伸展
搬运重物或背伤员	腹直肌、腹横肌和竖脊肌的等长收缩/单侧髋关节、膝关节和踝关节伸展/肩关节、肘关节屈伸
侦察与搜寻技术	腹直肌、腹横肌的向心收缩/单侧髋关节、膝关节和踝关节伸展
登高攀爬技术	肩关节、肘关节屈伸/腹直肌、腹横肌的等长收缩/单侧髋关节、膝关节和踝关节伸展
破拆技术	动态收缩腹直肌、腹横肌/髋关节、肩关节旋转/肘关节伸展
灭火技术	肩关节、肘关节屈伸/腹直肌、腹横肌的等长收缩/单侧髋关节、膝关节和踝关节伸展

应急救援人员常用拉伸方法如下。

一、颈部拉伸

（一）颈部侧屈

[动作要领] 拉伸者平坐于垫上，上体保持正直。随后用一侧手拉住头颅侧面并向同侧侧屈，静态保持数秒后恢复原位，两边交替进行。见图 14-1、图 14-2。

图 14-1 颈部侧屈(起始位置)

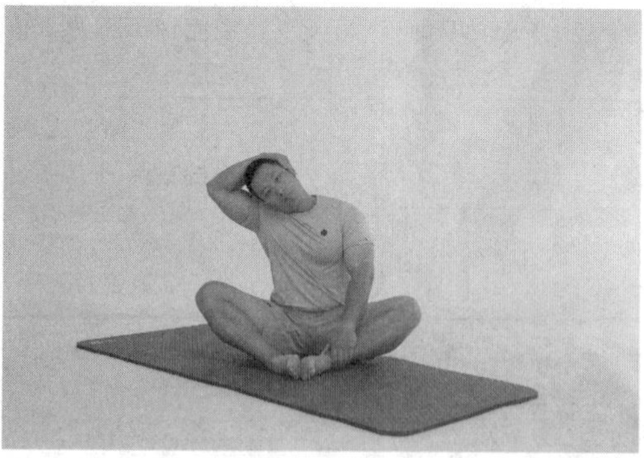

图 14-2 颈部侧屈(侧屈阶段)

（二）被动头部后仰

［动作要领］平坐于垫上，上身保持正直，双手大拇指并拢将下颚上抬，至颈前侧有较强烈的拉伸感后停顿保持数秒，随后恢复原位。练习时注意保持呼吸节奏。见图 14-3、图 14-4。

图 14-3　被动头部后仰（起始位置）

图 14-4　被动头部后仰（拉伸阶段）

二、肩部拉伸

平臂肩部拉伸是放松肩部的常用方式，能够同时放松肩部整体肌群，具有较高的拉伸效率。

［动作要领］一侧手臂伸直并横放于胸前，另一侧手臂屈肘将其固定住，同时拉动横放的手臂向对侧肩膀处靠拢，身体略微旋转，感受到肩部有较强拉伸感后停顿保持数秒，随后恢复原位。两侧交替进行。见图 14-5、图 14-6。

图 14-5　平臂肩部拉伸（起始位置）

图 14-6　平臂肩部拉伸（拉伸阶段）

三、胸部拉伸

跪姿胸部拉伸是放松胸部肌肉简单、实用的操作方式。

［动作要领］身体呈跪坐姿势并后仰，臀部坐于脚跟上，双手向后支撑住地面，指尖朝前，随后吐气、抬头展胸，至最大幅度后停顿保持数秒，而后吸气恢复原位。见图 14-7。

图 14-7 跪姿胸部拉伸(拉伸阶段)

四、背部拉伸

(一) 双臂卡腰前展拉伸

[动作要领] 拉伸者呈站立位,身体保持正直状态,双手叉腰,肘部向外打开,吐气时肘部向前移动并内收,躯干略微屈曲,移动至最大幅度后保持数秒,随后吸气回到原位。见图 14-8、图 14-9。

图 14-8 双臂卡腰前展拉伸(起始位置)

图 14-9 双臂卡腰前展拉伸(拉伸阶段)

(二) 猫展式

[动作要领] 该动作以跪撑姿态开始,四肢着地,保持背部平直。呼气,同时背部缓慢向上弓起,至最大幅度后保持,眼睛看向肚脐。吸气放松,恢复至初始姿态。见图 14-10、图 14-11。

(三) 坐姿体侧伸展

[动作要领] 拉伸者平坐于垫上,一侧手从颈后拉住另一侧手肘处,随后吐气并向一侧侧屈,至最大幅度后保持,后吸气回至原位,两边交替进行。见图 14-12、图 14-13。

图 14-10　猫展式(起始位置)

图 14-11　猫展式(拉伸阶段)

图 14-12　坐姿体侧伸展(起始位置)

图 14-13　坐姿体侧伸展(拉伸阶段)

(四）跪姿背部拉伸

[动作要领] 拉伸者先跪姿支撑于垫上，躯干保持平直，随后重心后移，臀部向脚跟方向移动，移动至手臂、头部以及背部呈一条直线后保持，随后吸气回到原位。见图 14-14、图 14-15。

图 14-14　跪姿背部拉伸(起始位置)

图 14-15　跪姿背部拉伸(拉伸阶段)

（五）站立背部伸展

［动作要领］拉伸者自然站立于垫上，身体保持正直，十指交叉向头顶上方延伸，至最大幅度后保持一定时间，随后吸气下方回至原位。见图 14-16、图 14-17。

图 14-16　站立背部伸展（起始位置）

图 14-17　站立背部伸展（拉伸阶段）

五、腰腹部拉伸

应急救援人员常常需要在执行救援任务时完成推举、拉拽、扔、抛等动作，这往往会使救援人员的腰腹部尤其是躯干屈曲肌群产生紧张，长此以往会导致不良体态以及易痉挛情况的出现。脊柱弯曲拉伸是拉伸腰腹部肌群最常用的方式，具体操作方式如下：

［动作要领］俯撑姿势，手指向前，手掌着地。呼气，抬头看向天花板，使颈部及腹前侧肌肉有拉伸感后保持数秒，随后吸气回至原位。见图 14-18、图 14-19。

图 14-18　脊柱弯曲拉伸（起始位置）

图 14-19　脊柱弯曲拉伸（拉伸阶段）

六、腿部拉伸

救援人员在救援行动中需要抬升重物、携带重装备、拖拉被困者、搬运重物或背送伤员。同时，各种建筑设施有可能会坍塌，导致地面形成陡峭、不平坦和不稳定的区域，而且消防员可能需要携带并操作复杂的器材通过狭窄的通道。主要的肌肉关节活动有单侧髋关节、膝关节和踝关节伸展，当救援任务来临前，救援人员的肌肉易紧张，救援任务强度大时，腿部肌肉易受伤，因此应加强腿部肌肉的拉伸，防止肌肉拉伤。

（一）跪姿大腿前侧拉伸

［动作名称］跪姿大腿前侧拉伸

［练习目的］拉伸大腿前侧肌群。

［动作要领］身体呈跪姿前弓步姿态，上体保持正直，一侧手抓住同侧大腿的脚踝处。吐气使身体重心向前侧推移动，至最大幅度后保持数秒，随后吸气回至原位。两腿交替进行。见图 14-20、图 14-21。

图 14-20　跪姿大腿前侧拉伸(起始位置)

图 14-21　跪姿大腿前侧拉伸(拉伸阶段)

（二）跪姿前弓步拉伸变式

［动作名称］跪姿前弓步拉伸变式

［练习目的］拉伸大腿前侧肌群、背部肌群及胸椎。

［动作要领］身体呈跪姿前弓步姿态，上体保持正直，吐气双手向头顶上方延伸，目光指向天花板方向，同时身体重心向前侧腿移动，至最大幅度后保持数秒，随后吸气回至原位。双腿交替进行。见图 14-22、图 14-23。

图 14-22　跪姿前弓步拉伸变式(起始位置)

图 14-23　跪姿前弓步拉伸变式(拉伸阶段)

（三）最伟大拉伸

［动作名称］最伟大拉伸

［练习目的］拉伸大腿前侧肌肉群、侧腹及胸椎。

［动作要领］身体呈前弓步姿态，上体保持正直。前侧腿同侧手臂的手肘处向下触碰内侧脚踝，随后手臂伸直并向同侧进行旋转，至最大幅度后保持数秒，后吸气下放。两侧交替完成。见图 14-24、图 14-25、图 14-26。

图 14-24　最伟大拉伸（起始位置）

图 14-25　最伟大拉伸（触踝阶段）

图 14-26　最伟大拉伸（旋转拉伸阶段）

（四）双手向下触摸脚尖

［动作名称］双手向下触摸脚尖

［练习目的］拉伸大腿后侧肌群，并辅以拉伸下背部肌群。

［动作要领］双脚分开站立，身体保持正直，吐气使身体向下弯曲、双手并拢触碰脚尖并稍作保持，随后吸气向上回到起始位置，两侧交替练习。见图 14-27、图 14-28。

（五）跪姿双手正面触摸脚尖变式

［动作名称］跪姿双手正面触摸脚尖变式

［练习目的］拉伸大腿后侧肌群，辅以拉伸背部肌群及胸椎。

［动作要领］身体呈跪姿，一侧腿保持笔直状态并前伸，上体保持正直，重心靠后。吐气弯曲背部，同时使双手沿大腿方向够至脚尖位置，而后

图 14-27　双手向下触摸脚尖(起始位置)

图 14-28　双手向下触摸脚尖(向下阶段)

双手向头顶方向延伸并保持数秒,目光指向天花板方向,随后吸气回至原位,两边交替进行。见图 14-29、图 14-30、图 14-31。

图 14-29　跪姿双手正面触摸脚尖变式(起始位置)

图 14-30　跪姿双手正面触摸脚尖变式(向下阶段)

图 14-31　跪姿双手正面触摸脚尖变式(高举阶段)

（六）跪姿单手侧面触摸脚尖变式

［动作名称］跪姿单手侧面触摸脚尖变式

［练习目的］拉伸大腿内收肌群、后侧肌群、辅以拉伸背部及侧腹部肌群。

［动作要领］身体呈跪姿，一侧腿保持笔直状态并向侧边延伸，上体保持正直。吐气降重心，同时一侧手沿大腿方向够至脚尖，而后顺势高举过头顶并向一侧侧屈，稍作保持。随后吸气回到原位。两边交替进行。见图 14-32、图 14-33、图 14-34。

图 14-32　跪姿单手侧面触摸脚尖变式（起始位置）

图 14-33　跪姿单手侧面触摸脚尖变式（向下阶段）

图 14-34　跪姿单手侧面触摸脚尖变式（侧屈阶段）

（七）仰卧臀腿拉伸

［动作名称］仰卧臀腿拉伸

［练习目的］拉伸腿部及臀部肌肉群。

［动作要领］拉伸者屈腿仰卧于垫上，一侧腿盘于另一侧腿的膝关节处。拉伸时双手环抱住拉伸腿膝关节后侧，随后吐气拉动腿部向胸部靠近，至最大幅度后静态保持数秒，后吸气回至原位，两边交替进行。见图 14-35、图 14-36。

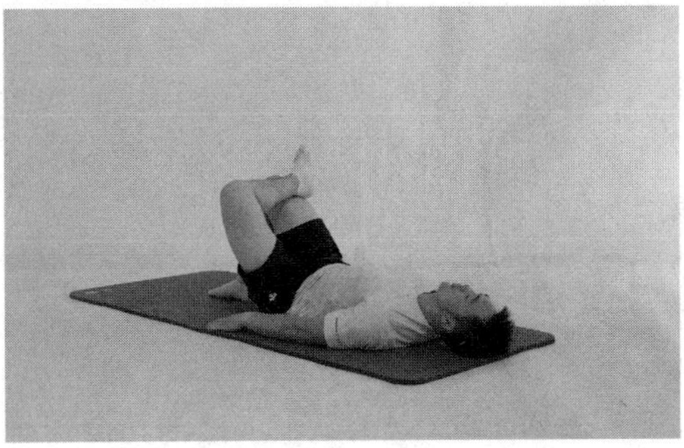

图 14-35　仰卧臀腿拉伸(起始位置)

图 14-36　仰卧臀腿拉伸(拉伸阶段)

第十五章　核心区训练方法

核心区是腰、骨盆、髋关节形成的一个整体，是人体的中间环节，是上下肢衔接的纽带和运动发力的起点，它的稳定性影响着身体运动的整体性和竞技能力的表达效率，具体是肩关节以下髋关节以上包括骨盆在内的区域，所包含的肌群有背部、腹部和构成骨盆部的所有肌群。核心肌群的生理机制(腰-骨盆-髋关节包括29块肌肉)都位于人体的核心部位，这些肌肉在人体运动中起到稳定、传导力量、发力、减力等作用。这些肌群对于人体在移动过程中保持平衡有着重要意义。竖脊肌是腰-骨盆-髋关节之中的一块肌肉，对脊柱和骨盆的稳定性具有重要意义。同时竖脊肌与腹肌还互相配合，为人体在静止和运动中的各种技术动作的完成提供支持和保证，在此骨盆肌群也参与工作。

第一节　核心稳定性训练及其方法

一、核心稳定性基本概念

核心稳定性直接影响到四肢肌群的用力效果和动作质量，只有改善核心稳定性，才能保证运动中正确合理的体位或身体姿势，才能使整体运动更加协调与顺畅。核心稳定性能力的强弱，主要受核心区的力量、神经的支配、骨骼的支撑、韧带的链接、呼吸的调控以及灵敏协调和柔韧平衡能力等因素的影响和相互作用。可以说，稳定性是在三维系统作用下，通过对身体姿势和重心的控制与平衡，为身体的运动提供稳固的支撑，使力量的产生及其在上下肢间的传递更加有效、顺畅、协调和经济。因此，核心稳定性是指人体核心肌群有效控制身体姿势和重心、构建和完善专项“运动链”以及产生和传递肌肉力量的能力，是在神经、肌肉、骨骼韧带及呼吸调节四大系统的协同作用下，控制脊柱、骨盆和髋关节的稳定姿态，使人体保持在中立位状态的能力。

二、核心稳定性训练方法

核心稳定性训练又称为“体位模式训练”，是核心力量训练的初级阶段，是以稳定身体姿势、保持身体重心、维持正常体位及有效传递能量等为主要目的的训练，具体包括稳态和非稳态下的徒手练习及自由力量练习，并分为静力性练习、动力性练习两种。

（一）稳态下的徒手练习方法

1. 静力性练习方法

稳态下的徒手静力性练习是指不借助任何器械以闭锁式运动链(即肢体远端固定支撑)的训练为主要目的的练习方式。这种练习是核心力量练习的初始阶段，旨在让练习者体会核心肌群的发力和平衡控制的本体感觉。练习以深层局部稳定肌群锻炼为主，每个动作练习可持续30～60 s，3～6个练习为一个组合，3～5组，组间歇30～90 s。练习的难度可以通过不断减少支撑点的个数或者提高身体重心等来进行调整，常见的练习方法主要有平板支撑、侧支撑、单腿外展侧支撑等。稳态徒手静力性练习示例见图 15-1。

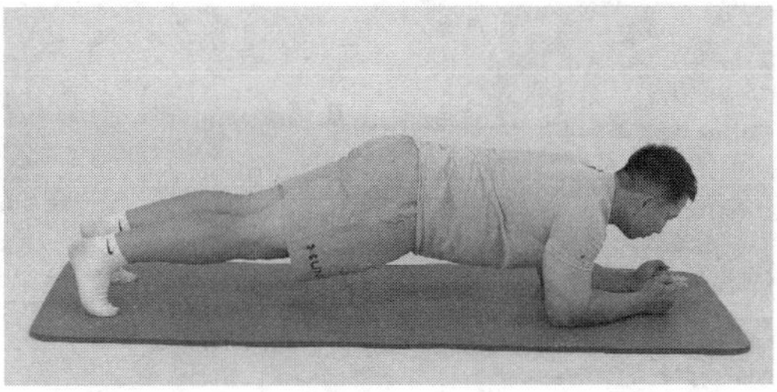

图 15-1　稳态徒手静力性练习

2. 动力性练习方法

稳态下的徒手动力性练习多采用开放式运动链(即肢体近端固定支撑)训练为主的练习方式。这类练习通常由躯干支撑,而把四肢从闭锁式运动中解放出来,配合呼吸做前屈后伸、内收外展、旋内旋外等各种运动。徒手动力性练习主要以锻炼核心整体运动肌群为主,练习更强调主动肌与协同肌的同步兴奋和收缩,强调拮抗肌的抑制与放松,由此使不同肌群协同起来使肌肉力量的运用达到最大化的效果。每个动作练习 10～20 次,可采用单个练习的重复训练,3～5 组,间歇 30～60 s,也可将 3～6 个练习为一个组合,2～4 组,组间歇 60～90 s,练习时应密切配合呼吸,注意动作的节奏。常用的练习方法主要包括仰卧直腿抬高、仰卧卷腹以及仰卧交替蹬车等。稳态徒手动力性练习示例见图 15-2、图 15-3。

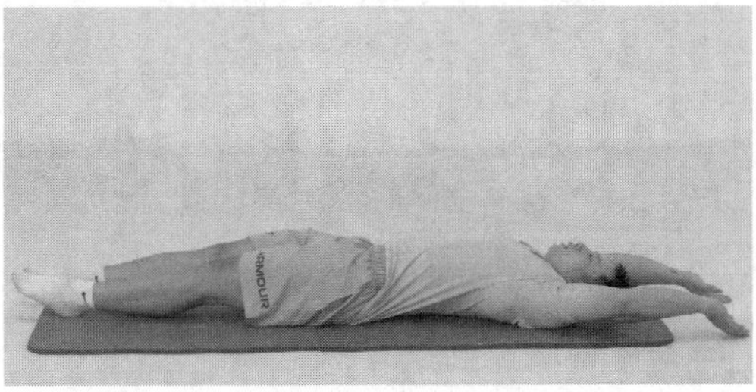

图 15-2　稳态徒手动力性练习(起始阶段)

图 15-3　稳态徒手动力性练习(练习阶段)

(二) 非稳态下的徒手练习方法

1. 静力性练习方法

非稳态下的徒手静力性练习是指在不稳定的界面上(如瑞士球、平衡球、平衡板、弹力绳、特殊力量练习器等)进行的以闭锁式运动链为主的练习方法。这类非稳定状态下的动作练习,不但可以提高神经肌肉系统的兴奋性和控制能力,还可以动员更多的肌肉群同步工作,同时也融入了本体感觉的刺激,使练习者肌体在提高核心稳定性力量的同时,也锻炼了神经和本体感觉。每个动作可持续坚持 15～90 s 不等,练习组数可以根据练习者的体能情况而灵活确定,可选择不同肌群用力的动作交替进行。常用的练习方法包括瑞士球平板支撑、瑞士球平板侧支撑以及瑞士球臀桥等。非稳态徒手静力性练习示例见图 15-4。

图 15-4 非稳态徒手静力性练习

2. 动力性练习方法

非稳态下的徒手动力性练习是指在非稳态下所进行的以克服自身阻力为主的开放式运动链的练习方法。这种在不稳定条件下进行的动力性徒手力量练习，要求练习者首先必须稳定身体重心，形成稳固的支撑，然后方可移动四肢或躯干来完成特定的运动。这种练习形式在提高四肢或躯干肌群力量和运动能力的同时，对处于不断变换中的身体重心的控制提出了更高的要求，使机体的运动肌群和稳定肌群都同时得到了发展。练习时应注意呼吸的配合与动作的快慢节奏。主要练习方法有瑞士球卷腹、瑞士球侧向旋转以及瑞士球肘撑支撑等。非稳态徒手动力性练习示例见图 15-5、图 15-6。

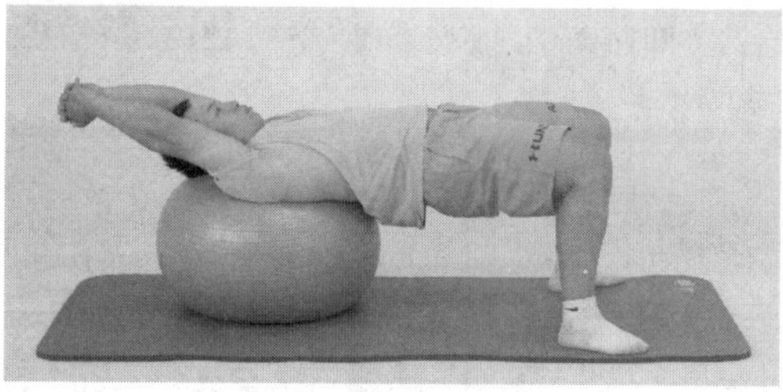

图 15-5 非稳态徒手动力性练习(起始阶段)

图 15-6 非稳态徒手动力性练习(练习阶段)

第二节 核心力量训练及其方法

一、核心力量基本概念

核心力量是指核心肌群(肌肉)在稳定人体重心、产生和传递力量的基础上，以发展神经支配与控制能力、功能与协调性能力以及本体感受性能力等为主要目的而表现出来的力量能力。核心稳定性训练是进行核心力量训练的前提和基础，核心专门性力量训练是核心力量训练的本质和关键，包括核心功能性力量训练和核心协调性力量训练。因此，核心力量训练应在稳定性和关节养护性能力得到稳步提升的基础上，紧密结合专项技术动作的特殊需求，重点加强核心专门性力量训练，加强核心力量训练与专项力量的衔接与转化，为专项技术动作水平的发挥提供专门性的支撑和保障。

核心稳定性在本章第一节已进行概述，下面重点介绍核心专门性力量。

核心专门性力量训练是核心力量训练的本质和突破的关键，是指根据项目的专项技术特点和练习者的个体特征来进行的动作模式训练。它要求练习者徒手或运用无固定轨迹的自由力量器械的练习，在神经系统的支配和控制下，激活核心肌群参与工作，并提高运动肌群的肌肉力量、协调能力和本体感觉，以最大限度地改进和提高专项技术动作水平。核心专门性力量训练尤其强调核心肌群在人体运动中的功能性和协调性作用，突出专项运动链的构建与整体表达，而不像在传统力量训练时只关注局部肌肉群的力量训练。进行专门性力量训练的常用器材有杠铃、哑铃、壶铃、弹力带、实心球、瑞士球、平衡盘及专门练习器等。核心专门性训练方法见表 15-1。

表 15-1　核心专门性训练方法

平衡状态	难易程度	练习类别	特点	目的
稳态	易	静力性	稳定平面、闭锁运动链	体会核心肌群的发力和平衡控制的本体感觉
	较易	动力性	稳定平面、开放运动链	锻炼核心整体运动肌群
非稳态	较难	静力性	不稳定的平面、闭锁运动链	提高神经肌肉系统的兴奋性和控制能力
	难	动力性	不稳定平面、开放运动链	加强复杂条件下核心控制能力

因此，核心专门性力量是一种在神经肌肉、生理结构、能量代谢、心理适应等方面与专项技术动作相适应的力量能力，它在核心稳定性能力提高的基础上与专项需求主动适应和对接，把所获得的基础性力量和功能性力量通过协调性力量的整合而顺畅地在专项竞技中表达出来，简单地说就是，突出的动态稳定性和强大的腰髋收缩力量。在专项实践中，它不仅为核心稳定性提供力量支援，而且还能够主动发力满足专项技术的特殊需求，成为人体运动的重要“发力源”。

二、核心力量训练的作用

核心力量存在于所有运动项群中，所有体育动作都是以中心肌群为核心的运动链，强有力的核心肌群对运动中的身体姿势、运动技能和专项技术动作起着稳定和支持作用。任何竞技项群的技术动作都不是依靠某单一肌群就能完成的，它必须动员许多肌肉群协调做功。核心肌群在此过程中担负着稳定重心、环节发力、传导力量等作用，同时也是整体发力的主要环节，对上下肢体的协同工作及整合用力起着承上启下的枢纽作用。

（一）增加身体稳定性，正确完成技术动作

研究发现，核心力量的不足将导致练习者在长期训练过程中容易出现运动损伤，例如练习者的髋部肌群力量不足，由此可能导致人体髋/躯干姿势改变和膝关节损伤，膝关节前侧疼痛和髌骨软化与髋关节外展肌软弱以及屈肌紧张有关。髋部肌群的不正确运动会导致髋关节内翻和髋关节屈曲，在下蹲和跳跃落地过程中容易形成膝关节外翻，造成前十字韧带负荷增高。经研究发现，髋关节外旋力量不足与膝关节意外受伤有关。目前大多数练习者膝关节康复过程中都特别强调核心力量和局部肌群力量的训练。

在体育运动过程中，核心肌群的作用是协助人体需要做功的肌肉发力、协助动作力量从躯干近端向远端传输，附着在髋关节、骨盆和脊柱上的肌肉在躯体中央集合，协同发挥必要的、多样的稳定功能来保证远端各环节发挥其特定的运动功能，因此，近端稳定性是远端灵活性和远端完成各种运动功能任务的基础。此外，从核心的局部稳定功能和发力功能来看，核心肌群与几乎所有的肢体远端运动都有着密切的关系。例如，在 5 000 m 跑中的小腿折叠摆动与着地、转髋等动作，跳跃时的收腹，投掷手榴弹中最后的出手等。

（二）提高身体的控制力和平衡能力

在一些肌肉近端固定、末端发力的运动中，如投掷、摆拳等被称为“鞭打”的动作中，都需要核心力量的参与，它可以将下肢和躯干肌的力量快速准确地传递到上肢，提高能量的输出。同样，主要以下肢为最后发力点的运动，如跑步、跳跃等，也需要上肢和腰腹力量的参与，这种参与程度的好坏主要取决于人体对核心部位控制程度的好坏。

（三）提高力量输出效率、改善技术动作功效

当躯干能够得到稳固的支持，四肢的应力也能够随之减小，由此肢体能够游刃有余地进行更加协调的技术动作。如在进行 400 m 障碍训练中的跳跃动作时，强有力的核心力量能够保证身体在空中的姿态，肢体可在腾空中协调运动，并能在落地时，脚和手以控制的方式同时落地，强大的核心肌群不仅是身体姿势变化的原动肌，而深层次的小肌群扮演了稳定肌的角色，两者共同参与、协调配合，使得练习者的四肢完成了精准到位、衔接流畅的技术动作。四肢能够协调自如地工作，保证较好的能量传递，提高能量输出。

（四）弥补传统力量训练的不足，提高力量的产生和传递效率

核心力量训练对传统力量训练是一种有益的补充。传统力量训练是在一种稳定支撑状态下进行的力量训练。但在实际运动中，身体重心处于不断变化之中，这种不稳定的运动条件使得在传统稳态下所发展的力量在运动中难以发挥出来。核心力量训练强调神经对多块肌肉的支配和控制，兼顾了核心深层和浅层肌群，是在非稳态下、在多个轴向内发展肌肉力量、平衡和整体协调能力的训练。

（五）预防动作中的损伤，降低受伤概率

核心区的稳定性或核心力量不佳，容易破坏运动中的运动链，出现肢体代偿负荷，引起局部负荷突然加大，导致损伤。因此，核心力量训练一方面可以提高核心区肌肉稳定和移动的力量水平，另一方面还能够减小关节的负荷，达到预防损伤的目的。

三、核心力量训练方法

（一）自由力量训练方法

自由力量训练是指运用无固定轨迹的自由重量器械进行核心力量训练，是从核心稳定性训练到核心专门性力量训练的过渡，也即通过自由力量练习使核心体位模式训练与专项动作模式训练之间实现无缝对接与转化，故我们称为“转化对接模式训练”。

1. 稳态下的自由力量练习

该类练习也是传统力量练习中应用较多的练习方法，其特点是支撑面相对稳定，练习器械无固定轨迹（如杠铃、壶铃、哑铃、弹力带、水袋、沙护腿等）。当人们首次接触核心力量练习方法时，难免会认为核心力量训练无外乎就是传统的腰腹肌力量练习，不过换个名词而已。可一旦深入了解，就会发现传统的腰腹肌力量练习仅为核心力量训练的方法之一，并且两者在概念上有着本质的区别，即核心力量训练为“腰椎-骨盆-髋关节”的整体练习，而传统腰腹肌练习仅为核心力量训练中的局部练习。

（1）稳态下闭锁式自由力量练习

稳态下闭锁式自由力量练习是指在稳定条件下以肢体远端固定为主的自由力量练习方式。练习的主要目的在于构建稳态下的闭锁式运动链，为肢体的发力、导力提供支撑和保障，提高动作效能；练习多与传统腰腹肌

练习方式相似。常用练习方法有站姿单臂哑铃侧屈、站姿杠铃旋转等。稳态下闭锁式自由力量练习示例见图 15-7、图 15-8。

图 15-7　稳态下闭锁式自由力量练习(起始阶段)

图 15-8　稳态下闭锁式自由力量练习(练习阶段)

(2) 稳态下开放式自由力量练习

稳态下开放式自由力量练习是指在稳定条件下以肢体近端固定为主的自由力量练习方式。练习的主要目的在于构建稳态下的开放式运动链，为核心肌群的发力、导力提供支撑和保障，提高能量的输出效率和动作效能。常用练习方法有仰卧负重卷、负重仰卧举腿等。稳态下开放式自由力量练习示例见图 15-9、图 15-10。

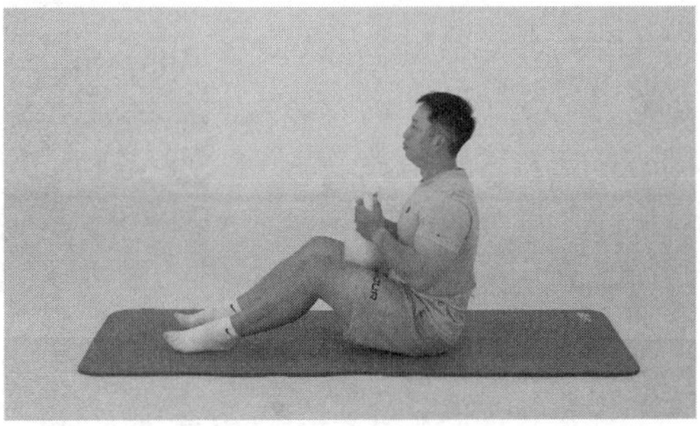

图 15-9　稳态下开放式自由力量练习(起始阶段)

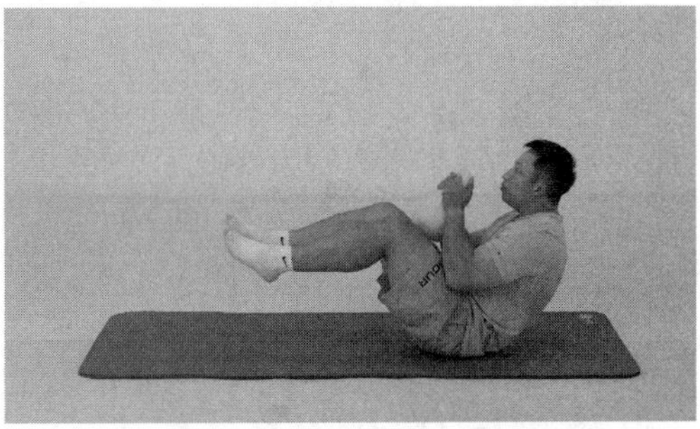

图 15-10　稳态下开放式自由力量练习(练习阶段)

2. 非稳态下的自由力量练习

非稳态下的自由力量练习是指在不稳定的支撑界面上(如瑞士球、滑板、悬吊绳等)，使用自有重量器械来进行的多关节、多维度的力量练习方式。如让练习者单脚站立于滑板上方，做各种手持哑铃或肩负杠铃蹲起、推拉、旋转等多种练习形式；再如仰俯卧或坐立于瑞士球上，做各种手持哑铃屈伸、内收外展、旋转等动作练习。这种力量练习方法进一步增加了练习难度，通常适用于核心肌群稳定和运动能力在中级以上水平的练习者，他们都经过了初期的稳态或非稳态下的核心力量训练，并在稳态下能够持单一运动器械完成正确的技术动作，在动作过程中能较好地控制身体，保持躯干处于正确的姿势。这类练习也是向核心功能性力量练习过渡与转换的关键阶段。

（1）非稳态下闭锁式自由力量练习

非稳态下闭锁式自由力量练习是指在非稳定条件下以肢体远端固定为主的自由力量练习方式。练习的主要目的在于构建不稳定条件下的闭锁式运动链，提高身体在动态中发力、传递及平衡的能力。如半球杠铃深蹲、半球杠铃侧屈/旋转等。非稳态下闭锁式自由力量练习示例见图 15-11、图 15-12。

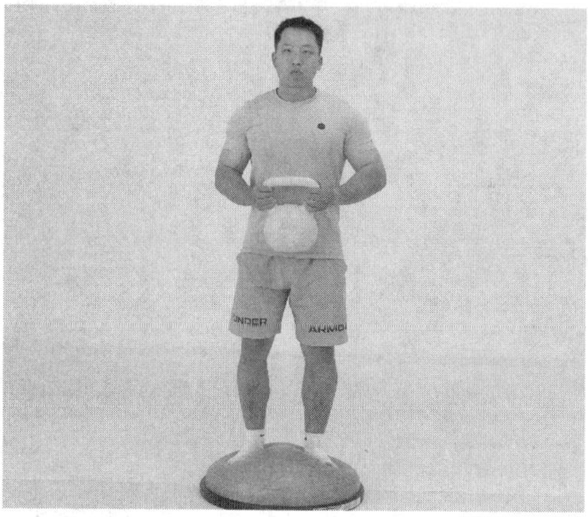

图 15-11　非稳态下闭锁式自由力量练习（起始阶段）

图 15-12　非稳态下闭锁式自由力量练习（练习阶段）

（2）非稳态下开放式自由力量练习

非稳态下开放式自由力量练习是指在非稳定条件下以肢体近端固定为主的自由力量练习方式。练习的主要目的在于构建不稳定条件下的开放式运动链，为肢体在运动中的主动发力创造条件，保证运动链上力的产生、传导及功能放大，使训练所获取的整体力量发挥出应有的水平。如负重瑞士球侧向旋转、负重瑞士球卷腹等。非稳态下开放式自由力量练习示例见图 15-13、图 15-14。

图 15-13　非稳态下开放式自由力量练习（起始阶段）

图 15-14　非稳态下开放式自由力量练习（练习阶段）

（二）核心专门性力量训练方法

核心专门性力量训练又称专项动作模式训练，是核心力量训练的本质和重点，是指根据竞技项目的专项技术和练习者的个体特点来进行的专项动作技术条件下的力量训练，是核心力量训练的高级阶段。这种核心力量练习方法可以在稳定或非稳定条件下进行，可以徒手进行，也可以使用自有重量器械进行，其特点是在专项技术动作模式下，练习专项技术动作所需要的神经支配、肌肉力量、能量代谢及本体感觉。

核心专门性力量训练更加强调和突出核心力量在专项运动中的作用，要求与专项动作模式下肢体的重点运动肌群相结合，协调用力，而不像在传统力量练习中将某个关节孤立起来单独做功。这类练习要求练习器械或肢体在动作用力过程中，有明显的加速或减速，或使器械（如实心球等）在肢体末端突然爆发性地释放。练习应密切配合呼吸，在呼气发力时加速度明显增大，器械明显加速。练习常用器材有杠铃、哑铃、壶铃、弹力带、实心球、瑞士球、平衡盘、专门练习器等。

第三节　应急救援项目核心专门性力量训练

一、核心专门性力量训练

人们普遍认为，在应急救援中大多数救援动作需要通过四肢来完成，因此对于四肢的训练十分重视，但是动作不是开始于四肢，而是始于身体中心，即身体的核心区部位。身体中的一切结构都是通过核心区联系起来的，肩和脊柱、髋关节等核心区域的交织模式，形成了最优化动作。因此核心力量是救援动作的基础，具体包括躯干、髋关节和肩关节的稳定，它们这三个区域提供了运动的中心轴。在救援过程中，保持核心区的坚实稳定，能够更强有力的完成救援动作，发展核心专门性力量。身体的能量传递得越好，动作就越高效，关节磨损及肌肉撕裂的概率也会降低。如果救援人员有很好的核心力量，当他肩负救援设备向前迈步时，力量能均匀地向上传递，从脚、小腿、臀部传向躯干、肩关节和头部，如果缺乏核心力量特别是髋关节的稳定性，能量会在髋关节“泄露”，身体会出现代偿动作。更多的压力将由上面的腰部和下面的膝关节承受，长期如此会导致一系列劣变性问题。

当开始一个救援动作时，腹横肌是最早开始工作的肌肉之一，它的主要功能是稳固骨盆和躯干，试将腹横肌看作一个天然承重带，它起到包裹和支撑躯干的作用，包裹和连接着肋骨、腹部和骨盆。当救援人员收腹时，就像是拉紧了承重带，以确保对骨盆和腰部的保护。此外，腰腹部肌肉的充分激活可以帮助稳定骨盆，从而有助于下肢肌肉收缩产生的力量沿着正确的力量有效且高效地传导。

根据应急救援人员职业任务中的工作技术，分析核心区主要肌肉关节活动情况（表 15-2），并对相应肌群做专门性力量训练。

表 15-2　应急救援任务工作技术的核心区主要肌肉关节活动分析表

职业技术	肌肉关节活动	运动轴面	核心区涉及的主要肌肉
特殊环境负重运动技术	在负重运动中主要利用躯干肌肉群如腹直肌、腹横肌背阔肌、臀大肌、髂腰肌等长收缩维持身体平衡，以及髋关节、膝关节、踝关节屈伸	矢状面 冠状面 水平面	腹直肌、腹横肌、背阔肌、臀大肌、髂腰肌

表 15-2(续)

职业技术	肌肉关节活动	运动轴面	核心区涉及的主要肌肉
救援拖带技术	在强制拖带行动中主要利用背阔肌、腹直肌、腹横肌、臀大肌、髂腰肌、竖脊肌、三角肌后束、肱三头肌、大小圆肌、肱肌、前臂屈肌群等收缩，以及肩关节、肘关节、腕关节的屈伸	矢状面 冠状面 水平面	背阔肌、腹直肌、腹横肌、臀大肌、髂腰肌、竖脊肌
救援搜寻技术	躯干肌肉群的等长收缩 肩关节和髋关节的屈伸和伸展 踝关节的屈曲	矢状面 冠状面 水平面	腹直肌、背阔肌、股二头肌、股外侧肌、股中间肌、股内侧肌、股直肌
瓦砾清除技术	上肢、躯干及下肢肌肉群的等长收缩 肩关节和髋关节屈伸和伸展 肘关节、膝关节和踝关节的屈伸	矢状面 冠状面 水平面	臀大肌、半膜肌、半腱肌、股二头肌、股外侧肌、股中间肌、股内侧肌、股直肌、斜方肌
登高攀爬技术	上肢肌群的向心收缩前臂的屈伸	水平面	腹直肌、背阔肌、股二头肌、股外侧肌、股中间肌、股内侧肌、股直肌
支撑救援技术	上肢肌肉的内收与伸展 核心肌群的等长收缩	矢状面	背阔肌、腹直肌、腹横肌、臀大肌、髂腰肌、竖脊肌
堵漏救援技术	上肢、躯干及下肢肌肉群的等长收缩 前臂肌群环转	矢状面	前臂屈肌、肱二头肌、肱三头肌、三角肌、胸大肌、背阔肌
破拆救援技术	上肢、躯干及下肢肌肉的等长收缩 肩关节的屈伸和伸展 肘关节的屈伸	矢状面 水平面	腹横肌、腰大肌、腹直肌、腹内斜肌、腹外斜肌、竖脊肌、腰方肌及臀部肌群
灭火救援技术	上肢肌群的等长收缩 肩关节和上肢肌肉屈曲和伸展 核心肌群等长收缩	水平面	腹横肌、腹直肌、腹内斜肌、腹外斜肌、竖脊肌、背阔肌
水域救援技术	肩关节和上肢肌肉屈伸 髋关节与下肢肌肉屈伸 肘关节、膝关节和踝关节的屈伸	矢状面 冠状面 水平面	背阔肌、胸大肌、腹直肌、腹横肌、竖脊肌、臀大肌、股四头肌、股二头肌
绳索救援技术	肩关节和上肢肌肉屈伸 髋关节与下肢肌肉屈伸 肘关节、膝关节和踝关节的屈伸	矢状面 水平面	背阔肌、竖脊肌、胸大肌、腹直肌、臀大肌、股四头肌、股二头肌、腓肠肌、比目鱼肌

二、应急救援项目核心专门性力量训练方法

根据应急救援工作任务中的特殊环境负重运动技术、救援拖带技术、救援搜寻技术、瓦砾清除技术、登高攀爬技术、支撑救援技术、堵漏救援技术、破拆救援技术、灭火救援技术、水域救援技术、绳索救援技术，设计所涉及核心区肌肉的核心专门性力量训练方法，主要有以下几个方面：

(一) 腰腹力量的徒手练习

腰腹部位的徒手练习是核心力量的基础练习，主要是为了让练习者体会核心肌群的用力和掌握身体的整体协调。

1. 俯卧支撑单侧抬手

[动作名称] 俯卧支撑单侧抬手

[练习目的] 主要强化腰部、侧腹肌肉,次要强化前腿肌肉。

[练习方法] 俯卧身体,双肘、双脚支撑地面,双脚打开肩宽,腿部肌肉,臀部肌肉,核心腰腹肌肉,背部肌肉绷紧,头部保持中立;一侧手肘支撑,另一侧手臂缓缓抬起至与背部呈一条直线,保持 1 s,缓缓放下回双肘支撑处,重复进行以上动作。

[练习要求] 在练习时保持含胸低头收下巴的状态。见图 15-15、图 15-16。

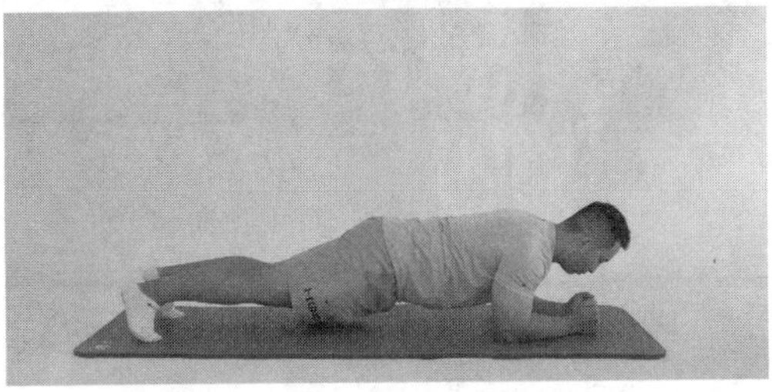

图 15-15　俯卧支撑单侧抬手(支撑阶段)

图 15-16　俯卧支撑单侧抬手(抬手阶段)

2. 俯卧支撑单侧抬腿

[动作名称] 俯卧支撑单侧抬腿

[练习目的] 主要强化侧腹肌肉,次要强化腰部肌肉。

[练习方法] 俯卧身体,双肘、双脚支撑地面,双脚打开肩宽、腿部肌肉、臀部肌肉、核心腰腹肌肉,背部肌肉绷紧,头部保持中立;双肘、一侧脚尖保持支撑,抬起另一侧腿至肌肉发力极限,顶端保持 1 s,缓缓放下发力推回到起始位置,重复进行以上动作。

[练习要求] 注意不要脖子向上或向前伸、腹部反弓。见图 15-17、图 15-18。

图 15-17　俯卧支撑单侧抬腿(支撑阶段)

图 15-18　俯卧支撑单侧抬腿(抬腿阶段)

3. 侧桥支撑

[动作名称] 侧桥支撑

[练习目的] 主要强化侧腰腹肌肉。

[练习方法] 身体侧卧,下方手臂支撑地面,大小臂呈 90°,上侧手臂叉腰,双腿并拢支撑地面;腰腹部发力,手臂,双腿支撑住体面,将髋部抬

起至身体呈一条直线，同时打开手臂向身体上方延伸；保持 1 s，缓缓回到起始姿态，重复进行。

［练习要求］注意缓慢控制身体；呼吸均匀、不要憋气。见图 15-19、图 15-20。

图 15-19　侧桥支撑（起始阶段）

图 15-20　侧桥支撑（支撑阶段）

4. 臀桥

［动作名称］臀桥

［练习目的］主要强化臀部肌肉，次要强化腰腿部肌肉。

［练习方法］平躺在瑜伽垫上，双腿打开至肩膀宽度，大小腿呈 90°，双脚踏实地面，背部保持平整，双臂自然放在身体两侧；臀部发力，脚尖抬起，微微外旋，脚跟支撑地面，将臀部抬离地面至腿部、髋部、腰腹部与胸肩部呈一条直线，顶端保持 1 s，缓缓下降臀部回到起始位置，重复进行。

［练习要求］注意腰部不要反弓。见图 15-21、图 15-22。

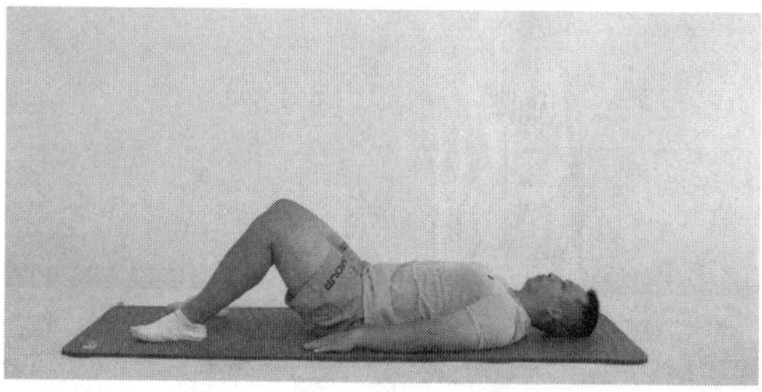

图 15-21　臀桥（起始位置）

图 15-22　臀桥（最高位置）

5. 燕飞式

［动作名称］燕飞式

［练习目的］主要强化背部肌肉，次要强化腿部后侧肌肉。

［练习方法］俯卧身体趴在瑜伽垫上，双腿略微分开，双臂打开，手掌指向前方；身体后侧链肌群发力，将双腿，双手抬离地面，使身体反弓，在顶端保持 1 s，随后缓缓回到起始位置，重复进行。

［练习要求］注意脖子过度紧张导致借力过多。见图 15-23、图 15-24。

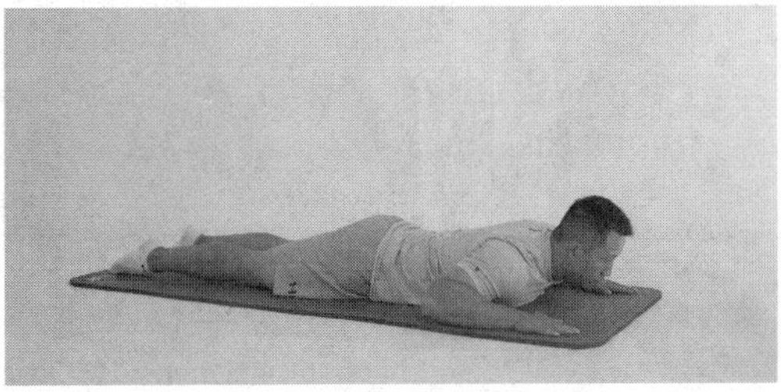

图 15-23　燕飞式(起始阶段)

图 15-24　燕飞式(背伸阶段)

6. 坐姿 V 字支撑

[动作名称] 坐姿 V 字支撑

[练习目的] 主要强化下背肌肉，次要强化侧背、中背肌肉。

[练习方法] 腰背挺直坐姿在瑜伽垫上，双腿并拢，双臂自然放在身体两侧支撑地面；双臂向上举起超过头顶，腹部发力将双腿抬起，同时身体向后倾，使身体呈 V 字，保持 5 s 以上(具体时间根据训练水平和目的进行调整)。

[练习要求] 注意臀部夹紧和手臂抬起幅度。见图 15-25、图 15、26。

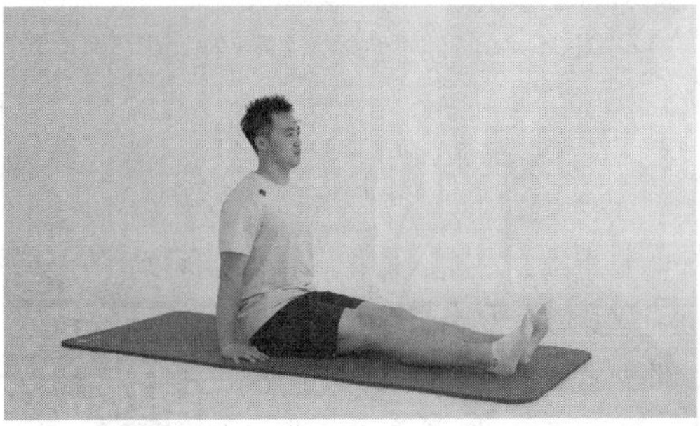

图 15-25　坐姿 V 字支撑(起始阶段)

图 15-26　坐姿 V 字支撑(发力阶段)

7. 仰卧单腿蹬车

[动作名称] 仰卧单腿蹬车

[练习目的] 主要强化中背肌肉，次要强化侧背、后束肌肉。

[练习方法] 平躺在瑜伽垫上，双手置于耳朵两侧，双腿并拢抬高至小腿平行于地面；腹部发力，上身左侧手臂靠拢右侧膝盖，同时身体扭转，左侧腿部伸展向远端伸出，保持 1 s，另一侧交替进行上述动作，重复进行。

[练习要求] 注意上挺躯干时，头不要前引。见图 15-27、图 15-28。

8. 俯身单侧触肩

[动作名称] 俯身单侧触肩

[练习目的] 主要强化上背肌肉，次要强化腰腹肌肉。

[练习方法] 俯卧身体，双手、双脚支撑地面，双脚打开肩宽，腿部肌肉、臀部肌肉、核心腰腹肌肉、背部肌肉绷紧，头部保持中立；保持身体中立，抬起一侧手臂，屈肘轻触另一侧肩膀，随后缓缓回到初始位置，与另一侧手臂交替进行。

图 15-27　仰卧单腿蹬车(起始阶段)

图 15-28　仰卧单腿蹬车(发力阶段)

[练习要求] 注意腿、手臂抬起幅度。见图 15-29、图 15-30。

图 15-29　俯身单侧触肩(支撑阶段)

图 15-30　俯身单侧触肩(触肩阶段)

9. 俯卧单侧触膝

[动作名称] 俯卧单侧触膝

[练习目的] 主要强化腰腹肌肉,次要强化股四肌肉。

[练习方法] 俯卧身体,双手、双脚支撑地面,双脚打开肩宽,腿部肌肉、臀部肌肉、核心腰腹肌肉、背部肌肉绷紧,头部保持中立;保持身体中立,一侧手臂抬起,同时腹部发力将身体微微拱起,抬起手臂轻轻触碰对侧腿部膝盖,随后缓缓回到初始位置,与另一侧手臂交替进行。

[练习要求] 注意速度。见图 15-31、图 15-32。

图 15-31　俯卧单侧触膝(支撑阶段)

图 15-32　俯卧单侧触膝(触膝阶段)

10. 俯卧单侧提膝外展

[动作名称] 俯卧单侧提膝外展

[练习目的] 主要强化臀腹肌肉,次要强化腰腹肌肉。

[练习方法] 俯卧身体,双手、双脚支撑地面,双脚打开肩宽,腿部肌肉、臀部肌肉、核心腰腹肌肉、背部肌肉绷紧,头部保持中立;保持身体中

立，抬起一侧膝盖向胸部方向靠拢，提至腹部位置，臀部发力将腿部外展至身体平面，随后缓缓回到初始位置，与另一侧腿部交替进行。

［练习要求］注意腿抬起幅度。见图 15-33、图 15-34、图 15-35。

图 15-33　俯卧单侧提膝外展（支撑阶段）

图 15-34　俯卧单侧提膝外展（提膝阶段）

图 15-35　俯卧单侧提膝外展（外展阶段）

（二）不稳定性的核心练习

不稳定性的核心练习可以有效提高队员动态条件下的核心控制能力，主要是为了让队员体会核心区之间的协调用力。

1. 瑞士球平板支撑

［动作名称］瑞士球平板支撑

［练习目的］主要强化腰部肌肉，次要强化侧腹、臀部肌肉。

［练习方法］将瑞士球置于平面，俯卧身体，双肘支撑在瑞士球上，双脚支撑地面，双脚打开肩宽，腿部肌肉，臀部肌肉，核心腰腹肌肉，背部肌肉绷紧，头部保持中立，使身体呈一条直线；此姿态保持 5 s 以上（具体时间根据训练水平和目的进行调整）。

［练习要求］注意核心发力问题，不要出现腰塌或臀部抬高。见图 15-36。

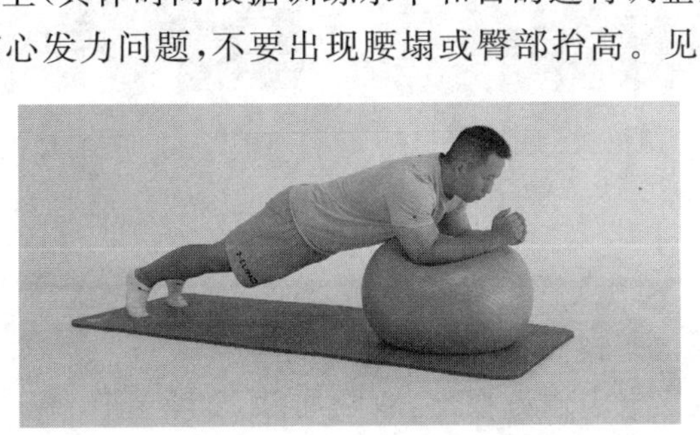

图 15-36　瑞士球平板支撑

2. 瑞士球鸟狗式

[动作名称] 瑞士球鸟狗式

[练习目的] 主要强化臀部、后腿肌肉，次要强化下背。

[练习方法] 瑞士球置于平面，身体躯干处俯卧在瑞士球上，双手支撑地面，双腿跪姿支撑地面，背部肌群收紧，头部中立；保持核心段稳定，同时抬起一侧手臂和伸直对侧腿，随后缓缓放下，并与另一侧交替进行。

[练习要求] 注意向下时，核心稳定；向上时，腿部不要过度上抬，腰部代偿。见图 15-37、图 15-38。

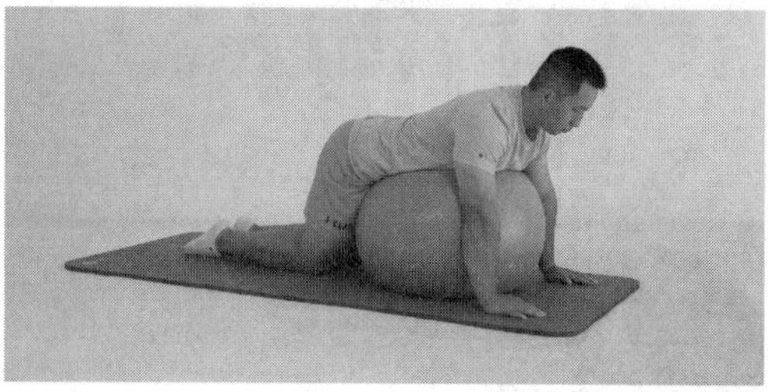

图 15-37　瑞士球鸟狗式（起始阶段）

图 15-38　瑞士球鸟狗式（伸展阶段）

3. 瑞士球支撑单侧抬腿

[动作名称] 瑞士球支撑单侧抬腿

[练习目的] 主要强化臀部、大腿肌肉，次要强化背部肌肉。

[练习方法] 瑞士球置于平面，俯卧身体，双手支撑地面，双腿并拢支撑在瑞士球上，腿部肌肉，臀部肌肉，核心腰腹肌肉，背部肌肉绷紧，头部保持中立；保持身体稳定，向上抬起一侧腿部，顶端保持 1 s，缓缓回到瑞士球上，与另一侧腿部交替进行。

[练习要求] 注意动作速度不宜过快，躯干减少后仰。见图 15-39、图 15-40。

图 15-39　瑞士球支撑单侧抬腿（支撑阶段）

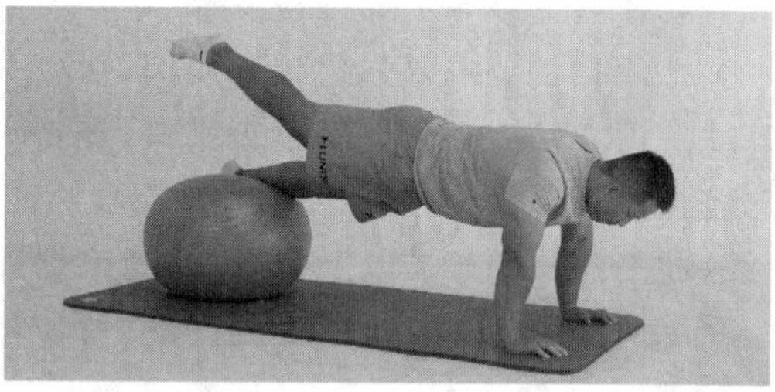

图 15-40　瑞士球支撑单侧抬腿（抬腿阶段）

4. 瑞士球 V 字支撑推球

[动作名称] 瑞士球 V 字支撑推球

[练习目的] 主要强化下腹部肌肉。

[练习方法] 上身直立坐于瑜伽垫上，双腿屈膝，双手抱住瑞士球置于双膝上；腹部发力将双腿抬起，同时身体向后倾，使身体呈 V 字；保持身体姿态，双手将瑞士球向上推起举过头顶，随后缓缓放下，重复进行。

[练习要求] 注意腹部收紧,不要出现塌腰。见图 15-41、图 15-42。

图 15-41　瑞士球 V 字支撑推球(起始阶段)

图 15-42　瑞士球 V 字支撑推球(推球阶段)

5. 瑞士球两头起单侧手臂触球

[动作名称] 瑞士球两头起单侧手臂触球

[练习目的] 主要强化侧腹肌肉,次要强化腰部肌肉。

[练习方法] 平躺于瑜伽垫上,双腿夹住瑞士球,双手向头部上方伸展,腹部发力,将双腿抬起,同时一侧手臂向对侧腿部触球,随后缓缓回到起始位置,与另一侧手臂交替进行。

[练习要求] 注意发力时速度均匀。见图 15-43、图 15-44。

图 15-43　瑞士球两头起单侧手臂触球(起始位置)

图 15-44　瑞士球两头起单侧手臂触球(触球阶段)

6. 瑞士球屈腿臂伸展

[动作名称] 瑞士球屈腿臂伸展

[练习目的] 主要强化腰部、侧腹肌肉,次要强化前腿肌肉。

[练习方法] 坐在瑜伽垫上,腹部发力,双腿屈膝抬起,双手包住瑞士球置于双膝上;保持身体姿态,双手抱住瑞士球向上伸展至头部两侧,随后缓缓回到初始位置,重复进行。

[练习要求] 发力时,需要缓慢控制;呼吸均匀,不要憋气。见图 15-45、图 15-46。

7. 瑞士球卷腹

[动作名称] 瑞士球卷腹

[练习目的] 主要强化侧腹肌肉。

图 15-45　瑞士球屈腿臂伸展(起始阶段)

图 15-46　瑞士球屈腿臂伸展(伸展阶段)

[练习方法] 瑞士球置于平面,双腿打开肩宽支撑地面,上半身平躺在瑞士球上,双手十指相扣举过头顶,腹部、臀部肌群保持紧绷,使身体呈一条直线;腹部发力将上半身向下半身卷动至肩胛离开球面,随后缓缓回到起始位置,重复进行。

[练习要求] 发力时,需要缓慢控制;呼吸均匀,不要憋气。见图 15-47、图 15-48。

图 15-47　瑞士球卷腹(起始阶段)

图 15-48　瑞士球卷腹(卷腹阶段)

8. 瑞士球臀桥

[动作名称] 瑞士球臀桥

[练习目的] 主要强化臀部肌肉、次要强化腹部肌肉。

[练习方法] 瑞士球置于平面,上身平躺在瑞士球上,双腿打开至肩膀宽度,大小腿呈 90°,双脚踏实地面,背部平整,双臂自然放在身体两侧;臀部发力,脚尖抬起,微微外旋,脚跟支撑地面,将臀部抬离地面至腿部、髋部、腰腹部与胸肩部呈一条直线,顶端保持 1 s,随后缓慢下降臀部回至动作起始位置。

[练习要求] 注意腰部过度反曲问题;腹部需要收紧。见图 15-49、图 15-50。

图 15-49　瑞士球臀桥(起始阶段)

图 15-50　瑞士球臀桥(发力阶段)

9. 瑞士球侧桥

[动作名称] 瑞士球侧桥

[练习目的] 主要强化腰腹、胸部、肩部肌肉、次要强化背部肌肉。

[练习方法] 身体侧卧，下方手臂支撑地面，大小臂呈 90°，上侧手臂叉腰，双腿夹住瑞士球下侧腿支撑地面；腰腹部发力，手臂、双腿支撑住体面，将髋部抬起至身体呈一条直线，同时打开手臂向身体上方延伸；保持 1 s，缓缓回到起始姿态，重复进行。

[练习要求] 注意保持核心稳定，身体不要出现晃动。见图 15-51、图 15-52。

图 15-51　瑞士球侧桥(起始阶段)

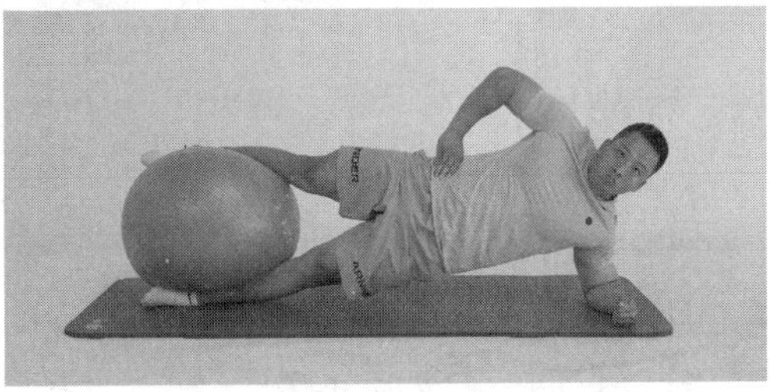

图 15-52　瑞士球侧桥(支撑阶段)

10. 瑞士球胸椎扭转

[动作名称] 瑞士球胸椎扭转

[练习目的] 主要强化腰腹、胸部、肩部肌肉，次要强化背部肌肉。

[练习方法] 瑞士球置于平面，上身平躺在瑞士球上，双腿打开至肩膀宽度，大小腿呈 90°，双脚踏实地面，背部平整，双手十指相扣放在身体上方；练习方法：保持身体姿态，胸椎带动双手向一侧扭转至当前活动度的最大位置，保持 1 s，随后缓缓回到起始位置，再向另一侧进行扭转，重复进行。

[练习要求] 注意保持核心稳定，身体不要出现晃动。见图 15-53、图 15-54。

图 15-53　瑞士球胸椎扭转(起始阶段)

图 15-54　瑞士球胸椎扭转(旋转阶段)

11. 瑞士球支撑手臂前伸

[动作名称] 瑞士球支撑手臂前伸

[练习目的] 主要强化腰腹、胸部、肩部肌肉、次要强化背部肌肉。

[练习方法] 瑞士球置于平面，跪姿立于瑞士球后侧，双手手掌放在瑞

士球上；保持小腿支撑地面，身体绷成直线同时双手将瑞士球向前推出至身体远端，远端保持 1 s，随后缓缓拉回起始位置，重复进行。

[练习要求] 注意保持核心稳定，身体不要出现晃动。见图 15-55。

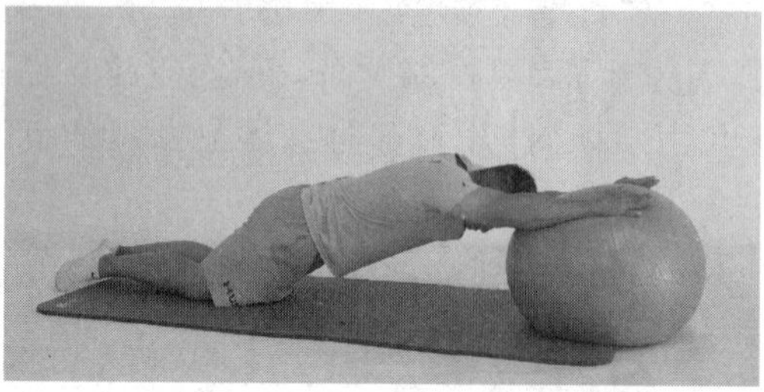

图 15-55　瑞士球支撑手臂前伸

12. 瑞士球平板支撑滑动

[动作名称] 瑞士球平板支撑滑动

[练习目的] 主要强化腰腹、胸部、肩部肌肉，次要强化背部肌肉。

[练习方法] 将瑞士球置于平面，俯卧身体，双肘支撑在瑞士球上，双脚支撑地面，双腿打开与肩同宽，腿部肌肉、臀部肌肉、核心腰腹肌肉、背部肌肉绷紧，头部保持中立；保持身体姿态，双肘向前方缓缓伸展至身体远端，随后缓缓回到起始位置，重复进行。

[练习要求] 注意保持核心稳定，身体不要出现晃动。见图 15-56、图 15-57。

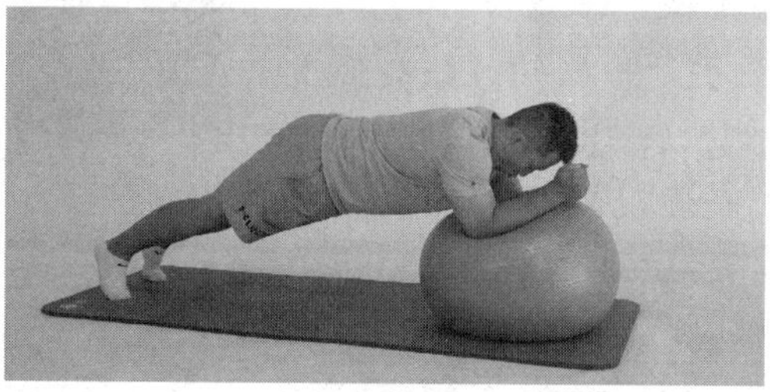

图 15-56　瑞士球平板支撑滑动(支撑阶段)

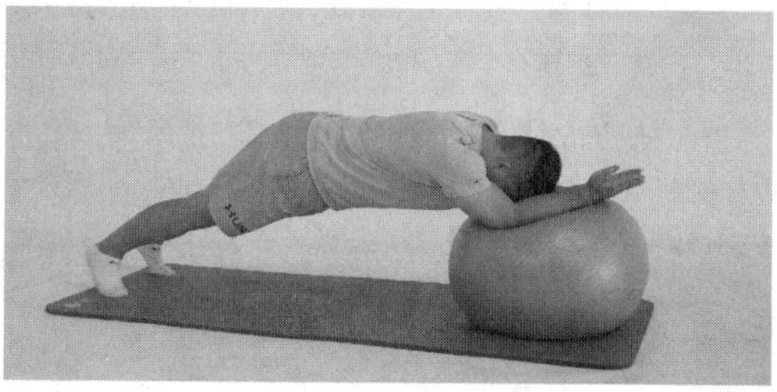

图 15-57　瑞士球平板支撑滑动(滑动阶段)

(三) 阻力带相关练习

1. 弹力圈、弹力带燕飞式

[动作名称] 弹力圈、弹力带燕飞式

[练习目的] 主要强化腰背部肌肉。

[练习方法] 俯卧身体趴在瑜伽垫上，双腿略微分开，将弹力圈置于小腿上，双臂打开，手掌指向前方，抓住弹力带；身体后侧链肌群发力，将双腿、双手抬离地面，拉开弹力带至头部后侧，同时身体反弓，远端保持 1 s，随后缓缓回到起始位置，重复进行。

[练习要求] 注意保持发力稳定，控制身体匀速进行。见图 15-58、图 15-59。

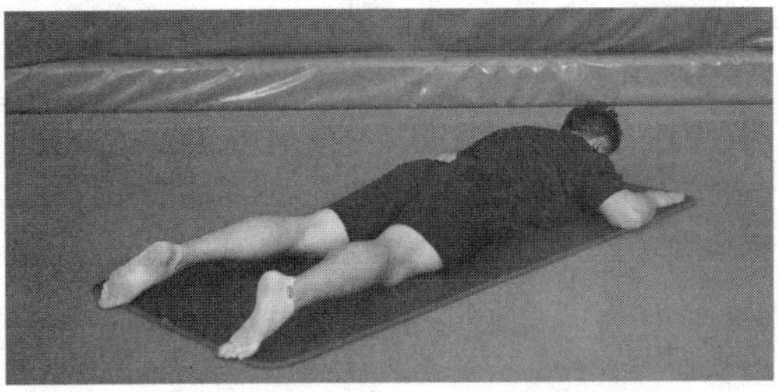

图 15-58　弹力圈、弹力带燕飞式(起始阶段)

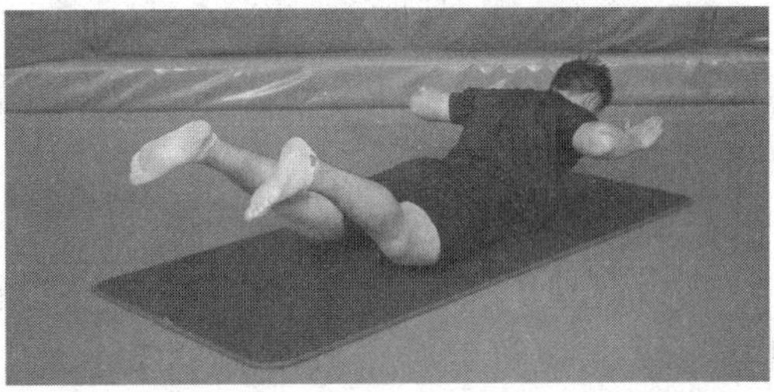

图 15-59　弹力圈、弹力带燕飞式(发力阶段)

2. 弹力圈臀桥

[动作名称] 弹力圈臀桥

[练习目的] 主要强化臀部肌肉,次要强化腹部肌肉。

[练习方法] 平躺在瑜伽垫上,双腿打开至肩膀宽度,弹力圈置于膝盖上方,大小腿呈 90°,双脚踏实地面,背部保持平整,双臂自然放在身体两侧;臀部发力,脚尖抬起,微微外旋,脚跟支撑地面,双臂伸直,将臀部抬离地面至腿部、髋部、腰腹部与胸肩部呈一条直线,顶端保持 1 s,缓缓下降臀部回到起始位置,重复进行。

[练习要求] 注意腰部过度反曲问题,腹部需要收紧。见图 15-60、图 15-61。

图 15-60　弹力圈臀桥(起始阶段)

图 15-61　弹力圈臀桥(发力阶段)

3. 弹力圈侧屈腿

[动作名称] 弹力圈侧屈腿

[练习目的] 主要强化腰腹、胸部、肩部肌肉,次要强化背部肌肉。

[练习方法] 身体侧撑,下方手臂支撑地面,大小臂呈 90°,上侧手臂叉腰,弹力圈置于膝盖上方,双腿支撑地面;手臂、双腿支撑住地面,上侧腿绷住脚尖提起,提膝至髋部,随后缓缓回到起始位置,重复进行。

[练习要求] 注意保持核心稳定,身体不要出现晃动。见图 15-62、图 15-63。

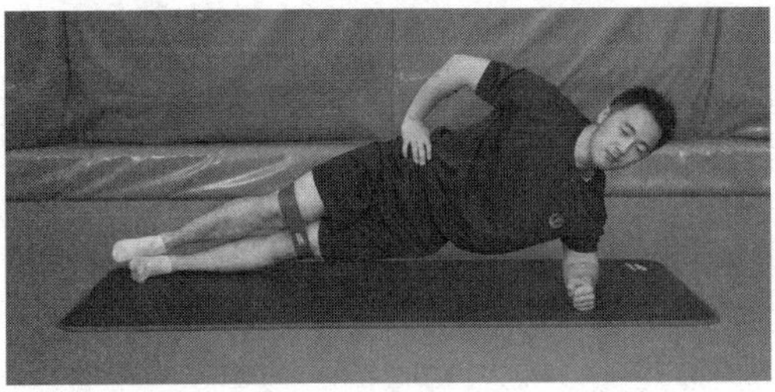

图 15-62　弹力圈侧屈腿(起始阶段)

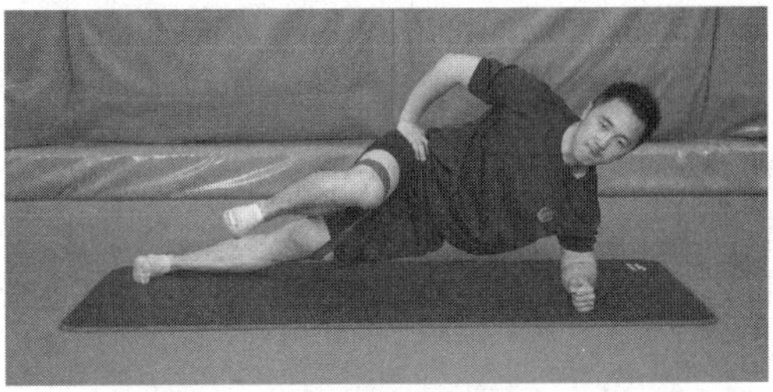

图 15-63　弹力圈侧屈腿(侧屈腿阶段)

第四节　应急救援项目动力链训练方法

一、人体动力链释义

动力链理论被应用到人体科学还要追溯到 1955 年，由 Dr. Arthru Steindler 基于工程机械领域的术语，延伸至人体动作与科学。它是一个由一系列关节连接起来的刚性、重叠的部分组成的系统，这些关节统称为动力链。上肢动力链包括：手指、手腕、小臂、肘、大臂、盂肱关节、肩胛骨、上肢相邻脊柱。下肢动力链包括：脚趾、足、踝关节、小腿、膝关节、大腿、髋关节、骨盆、下肢相邻脊柱。这一观点认为在每个身体节段内发生的运动能够形成“闭合链”或“开放链”的运动模式。

闭合链是指一个给定末端的最远端固定在地板上或另一个固体物体上的位置。这个固定的位置改变了关节和周围肌肉组织在动力链条上的运动。举个例子，如果在下蹲时脚放在地上，当身体下降到下蹲位置时，腿链的其余部分(即脚踝、膝盖和臀部)将向末端的固定端(脚的位置)移动。相反，开放链是指动作中肢体远端可在空间中自由移动，例如在没有固定肢体远端运动的负重机器上用哑铃或坐姿腿伸展进行二头肌卷曲时。

二、动力链的影响因素

动力链的影响因素有很多，包括踝关节的活动度、膝盖稳定性、髋关节活动度和力量、核心力量、肩胛骨稳定性、肩关节力量和活动度等等。我们从中可以发现关节相邻假说的身影，也就是身体相邻两个关节分别担任灵活和稳定的角色。如果其中某一关节丧失了其主要功能，那么与其相邻的关节就会放下自己的工作去帮助该关节行使其功能，在此情况下，动力链传递力量的效率就会大打折扣，甚至会积劳成疾。而高效的动力链能够减少关节的压力，产生最大的力量和速度(包括加速和减速)。

三、动力链在应急救援人群中的应用

在日常生活中，大部分的动作使用场景，比如移动家具、搬运重物、放置行李箱、做家务等，大家会发现动作的特点都是下肢与地面接触形成闭链式远固定，而上肢倾向于在空间中活动形成开链式近固定。

而应急救援人群在完成各种作业技术如救援拖带、破拆等，也呈现出类似的动力链模型。在这样的动作模式里，上肢动力链和下肢动力链各司其职，相互协作，上肢能施展出的力量往往从下肢和核心区传递而来。因此下肢的力量尤其是核心的稳定对上肢力量起着决定性的作用。

四、应急救援人群动力链训练方法

1. 死虫式

[动作名称] 死虫式

[练习目的] 主要强化下肢及腹部肌肉。

[练习方法] 平躺于瑜伽垫上，屈腿 90°，将双腿抬高，同时双手向前延伸保持伸直；保持身体姿态，一侧手臂与对侧腿同时缓缓下放地面，即将触碰地面时停住，随后缓缓回到起始姿态，而后对侧手臂与腿交替进行。

[练习要求] 匀速发力；呼吸均匀，不要憋气。见图 15-64、图 15-65。

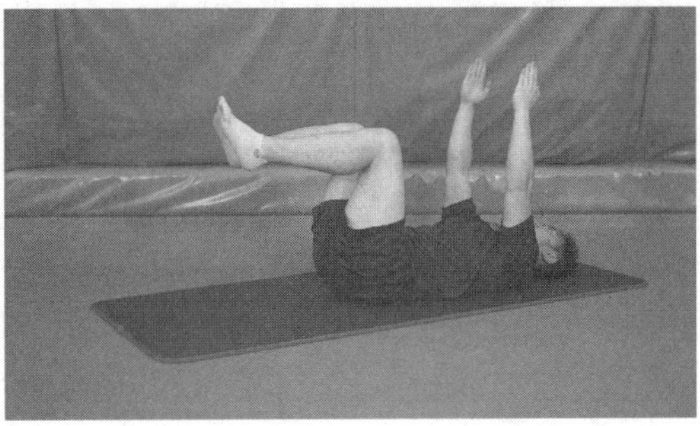

图 15-64　死虫式(起始阶段)

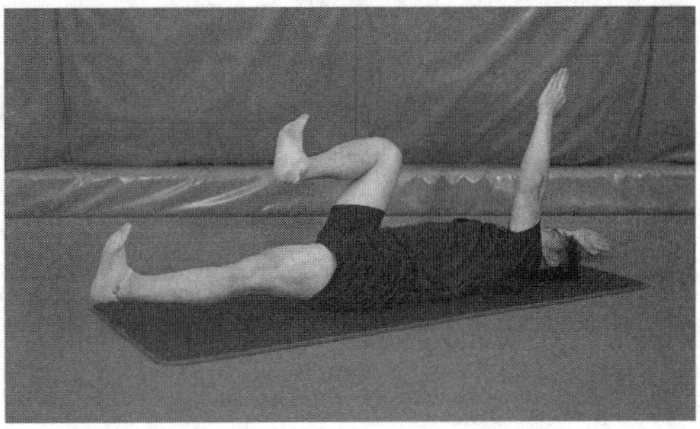

图 15-65　死虫式(完成阶段)

2. 仰卧四肢蜷身

[动作名称] 仰卧四肢蜷身

[练习目的] 主要强化前侧核心肌肉。

[练习方法] 平躺于瑜伽垫上,屈腿 90°,将双腿抬高,同时双手向前延伸保持伸直;保持身体姿态,双臂向肩膀两侧地面缓缓下放,同时双腿并拢绷直缓缓向地面下放,即将触碰地面时停住,随后缓缓回到起始姿态,重复进行。

[练习要求] 发力时,需要缓慢控制;呼吸均匀,不要憋气。见图 15-66、图 15-67。

图 15-66　仰卧四肢蜷身(起始阶段)

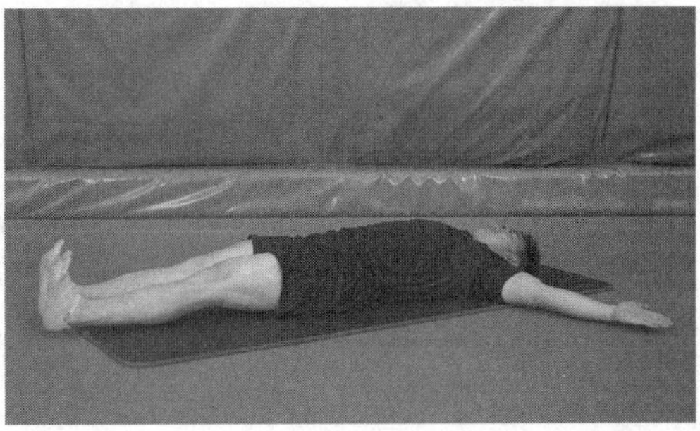

图 15-67　仰卧四肢蜷身(下放阶段)

3. 仰卧四肢拉弓

[动作名称] 仰卧四肢拉弓

[练习目的] 主要强化前侧核心肌肉。

[练习方法] 平躺于瑜伽垫上,双腿并拢,屈腿 90°,将双腿抬高,同时双手向前延伸保持伸直;双臂向肩膀两侧斜向拉开,缓缓向地面下放,同时一侧腿绷直缓缓向地面下放,手腿即将触碰地面时停住,随后缓缓回到起始姿态,与对侧交替进行。

[练习要求] 发力时,需要缓慢控制;呼吸均匀,不要憋气。见图 15-68、图 15-69、图 15-70。

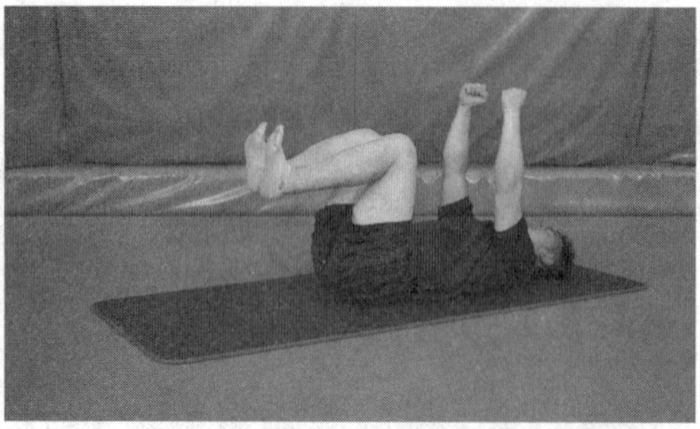

图 15-68 仰卧四肢拉弓(起始阶段)

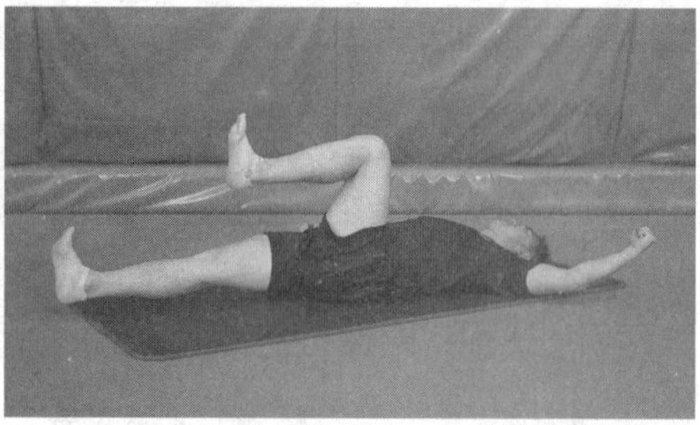

图 15-69 仰卧四肢拉弓(下放姿态 1)

图 15-70 仰卧四肢拉弓(下放姿态 2)

4. 钢线下劈

[动作名称] 钢线下劈

[练习目的] 主要强化侧腹肌。

[练习方法] 将支点置于头顶上方,调节至合适重量,双手握住一个手柄,身体呈弓箭步姿态;保持核心收紧,快速旋转身体,使手柄从上至下进行削砍动作,直至双手位于一侧髋部,随后缓缓回到起始位置,重复进行。

[练习要求] 爆发发力;呼吸均匀,不要憋气。见图 15-71、图 15-72。

图 15-71 钢线下劈(起始位置)

图 15-72 钢线下劈(下拉位置)

5. 半球钢线下劈

[动作名称] 半球钢线下劈

[练习目的] 主要强化侧腹肌及髋部稳定性。

[练习方法] 将支点置于头顶上方，调节至合适重量，双手握住一个手柄，身体呈弓箭步姿态，一侧膝盖跪于半球上；保持核心收紧，旋转身体，使手柄从上至下进行削砍动作，直至双手位于一侧髋部，随后缓缓回到起始位置，重复进行。

[练习要求] 匀速发力；呼吸均匀，不要憋气。见图 15-73、图 15-74。

图 15-73　半球钢线下劈(起始位置)

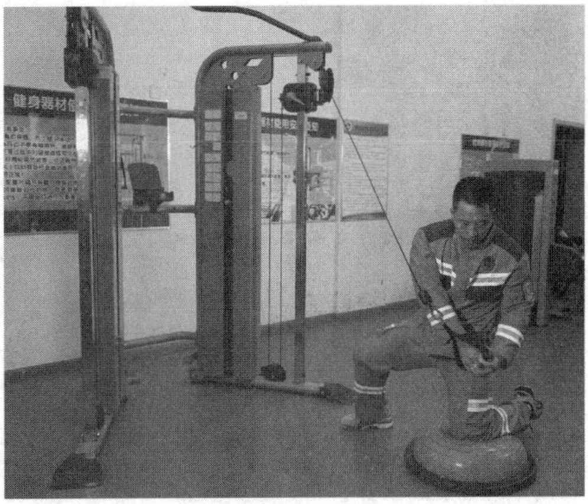

图 15-74　半球钢线下劈(下拉阶段)

6. 钢线上劈

[动作名称] 钢线上劈

[练习目的] 主要强化侧腹肌。

[练习方法] 将支点置于身体下方，调节至合适重量，双手握住一个手柄，双腿分开肩宽，身体呈直立姿态；保持核心收紧，旋转身体，使手柄从下至上进行削砍动作，直至双手位于一侧肩膀上方，随后缓缓回到起始位置，重复进行。

[练习要求] 爆发发力，呼吸均匀，不要憋气。见图 15-75、图 15-76。

图 15-75　钢线上劈(起始位置)

图 15-76　钢线上劈(上拉位置)

7. 半球钢线上劈

[动作名称] 半球钢线上劈

[练习目的] 主要强化侧腹部肌肉。

[练习方法] 将支点置于身体下方,调节至合适重量,双手握住一个手柄,身体呈弓箭步姿态,一侧膝盖置于半球上方;保持核心收紧,旋转身体,使手柄从下至上进行削砍动作,直至双手位于一侧肩膀上方,随后缓缓回到起始位置,重复进行。

[练习要求] 匀速发力;呼吸均匀,不要憋气。见图 15-77、图 15-78。

图 15-77 半球钢线上劈(起始位置)

图 15-78 半球钢线上劈(上拉位置)

第十六章　体能测试与评估方法

第一节　身体功能性测试与评估方法

一、功能性动作筛查(FMS)

功能性动作筛查是由美国理疗师 Gray Cook 2001 年首次提出,是一种简单且量化的基础运动能力评价方法,适用于无急性疼痛症状、肌肉损伤人群的筛查系统。FMS 由跨栏、单跪、肩部柔韧、下肢柔韧、体旋(以上动作需要进行身体左右两侧的测试)、深蹲、俯卧撑 7 个基本测试动作组成,其中,肩部柔韧、俯卧撑和体旋动作还各附带有一个疼痛排除动作。测试者根据受测者完成这 7 个基本测试动作的质量进行量化评分,满分为 21 分。评分标准分为 0～3 分 4 个等级:3 分对应为能够按照要求完成动作;2 分对应为受试者可以完成动作,但是出现了动作代偿;1 分对应为不能完成动作;当测试过程中出现任何疼痛,此测试对应的评分则为 0 分(疼痛排除动作时出现疼痛同样为 0 分)。每个动作左右侧各对应一个得分,总分取两侧中较低的评分,见表 16-1。

表 16-1　FMS 测试评分标准

名称	分数标准			
	3 分	2 分	1 分	0 分
过顶深蹲	躯干与胫骨平行或垂直地面 股骨低于水平 膝盖脚尖方向一致 木棒对齐脚部	躯干与胫骨平行或垂直地面 股骨低于水平 膝盖没有在脚的内侧 木棒对齐脚部 足跟垫高	胫骨和躯干不平行 股骨没有低于水平 膝盖在脚内侧(内扣) 木棒没有对齐脚	测试部位疼痛
上跨步	臀部、膝盖和脚踝在矢状平面内保持对齐 腰椎几乎无移动 木棒和障碍保持平行	臀部、膝盖和脚踝之间没有对齐 腰椎出现运动 木棒和障碍无法保持平行	在障碍步骤中无法跨过障碍 失去平衡	测试部位疼痛
直线弓箭步	木棒接触脊柱 木棒保持垂直 躯干几乎没有运动 木棒和脚保持在矢状面上 膝盖触及板的中心 前脚保持在起始位置	木棒未保持接触 木棒不能保持垂直 躯干有运动 木棒和脚没有保持在矢状面内 膝盖没有接触板的中心 前脚无法保持起始位置	在测试板上失去平衡 无法完成动作模式 无法进入初始位置	测试部位疼痛
肩部灵活性	双拳长度在一手内	双拳长度在一手半	双拳长度超过一手半	测试部位疼痛

表 16-1(续)

名称	分数标准			
	3 分	2 分	1 分	0 分
直腿主动上抬	踝关节垂直线位于大腿中段和髂前上棘之间 肢体静止保持中立位置	踝关节垂直线位于大腿中段和膝盖之间 肢体静止保持中立位置	踝关节垂直线位于膝盖下方 肢体静止保持中立位置	测试部位疼痛
躯干稳定俯卧撑	男性拇指与前额顶部对齐进行 女性拇指与下巴对齐进行 身体作为一个整体抬起，脊柱没有滞后	男性用拇指与下巴对齐进行 女性用拇指与锁骨对齐进行	男性无法拇指与下巴对齐进行 女性无法用拇指与锁骨对齐进行	测试部位疼痛
扭转/旋转稳定性	手和膝盖同时离开地面 能够执行这个模式，同时保持手臂和腿与平板平行移动 手指触碰外踝 膝盖和肘充分伸展	手和膝盖没有同时离开地面 不能执行这个模式，无法同时保持手臂和腿与平板平行移动 不触碰地面，触摸相对的肘部和膝盖	失去平衡 手无法触碰外踝 膝和肘无法充分伸展 无法保持初始位置	测试部位疼痛

FMS 可作为身体筛查的一部分，以确定受试者身体上存在的但可能在进行传统医学检查和运动表现评价时很难发现的问题。在很多情况下，肌肉柔韧性和力量的不平衡性，以及损伤史等问题是很难被发现的，这些问题已经被公认为是运动损伤最大的潜在因素且可以通过 FMS 测试得以确认。

二、Y 型平衡测试：Y-balance test

Y 型平衡测试起源于美国，是一种综合功能性测试。该测试是由星形偏移平衡测试(star excursion balance test，SEBT) 发展而来的，既可用于上肢，也可用于下肢。通过测试能够反映出测试者的下肢(或上肢)稳定能力和左右平衡问题，用于精确测量身体单侧支撑时执行相关动作的能力及两侧功能的不对称程度。YBT 测试在 SEBT 测试 8 个方向的基础上，修改为前、后中、后外 3 个方向，并加入上肢测试(YBT-UQ)。上肢 YBT 测试包括 3 个运动方向(外 X、内上 Z、内下 Y)，下肢 YBT 测试也包括 3 个运动方向(前 X、后内 Y、后外 Z)。在复杂且恶劣的救援环境中，救援人员更需要具备这种平衡能力，依靠单腿支撑在高负荷、多变向状态下保持稳定，同时它也可以对身体功能性进行精确评估从而判断实际救援过程中存在的损伤风险，因此在救援人员的训练中引入 Y 型平衡测试是非常必要的。Y 型平衡测试见图 16-1、图 16-2。YBT 测试方法及注意事项见表 16-2。

图 16-1　Y 型平衡测试(下肢)

图 16-2　Y 型平衡测试(上肢)

表 16-2　YBT 测试方法及注意事项

测试方法	注意事项	测试结果
① 脱去鞋袜,测量腿长(髂前上棘至内踝距离,精确到 0.5 cm)。 ② 光脚站在中间测试板红线后方。 ③ 保持单脚站在中间,同时对侧脚将测试记录板,分别沿着三个方向(前方、后外侧、后内侧),尽量向远处推出,换另一侧重复三次。 ④ 在一次推的过程中不要脚踩测试记录板(不能借力支撑),伸出去的脚必须与测试记录板保持接触。 ⑤ 推到最远处之后回归起始直立动作(控制动作,不能失去平衡)。 ⑥ 每个方向记录三次有效数据,取其中最大值为最后数据,最远距离以指示针的边缘来确定,数据精确到 0.5 cm。以肢体的长度为基准,计算其接触到的最远距离占肢体长度的百分比。 ⑦ 综合评分(%):[(前+后外+后内)/(3×腿长)]×100,总分应该大于 95%	① 测试要在赤脚状态下完成。 ② 不能猛踢记录板,推出去之后能够还原站稳,中途不能碰地,脚尖不能超过红线。 ③ 推出过程中,支撑腿的足跟可以抬高,要求有良好的动作控制,最后回归直立位站稳之后可放下伸出的脚。 ④ 测试过程中,要求全程双手叉腰。 ⑤ 如果测试一个方向失败三次,就继续进行,最多可尝试 6 次,如果失败超过 4 次,那么这个方向的记录为 0	① 前向双侧差异大于 4 cm,下肢受伤概率为正常的 2.5 倍。 ② 三个方向每一项都低于下肢长度(髂前上棘至外踝),下肢受伤风险为正常的 6.5 倍。 ③ 综合评分小于 95%,下肢存在较大损伤风险

第二节　基本体能测试与评估方法

应急救援任务中常常伴随着搬运、拖拽、爬行、跳跃、冲刺、奔跑等行为,因此需要运用科学有效的体能测试与评估以了解救援人员的体能状态水平,从而针对个体设计相应的训练方案以应对复杂救援环境。体能测试工具可以很好地衡量应急救援人员的体能水平和工作能力。基本体能测试顺序见表 16-3。

表 16-3 基本体能测试顺序

顺序	测试类型	测试项目
1	非疲劳性测试	垂直摸高、立定跳远
2	敏捷性测试	5-10-5、T 形跑
3	最大力量和力量测试	1RM 双侧后深蹲、1RM 上肢实力推测试
4	冲刺跑(短跑测试)	40 码冲刺跑
5	肌肉耐力测试	引体向上
6	疲劳无氧耐力测试	温盖特测试
7	有氧耐力测试	12 min 无限制跑测试

根据以上的顺序可以使每个测试的可靠性最大化。基本体能测试的具体方法步骤与标准见表 16-4。

表 16-4 基本体能测试的具体方法步骤与标准

测试	所需器材	效度验证	信度验证
纵跳测试	商用 Vertec 测试器	—	—
立定跳远	商用立定跳远测试垫	—	—
5-10-5	秒表 标志盘 田径场或球场	—	0.91
40 码测试	计时系统、田径场	—	0.89～0.97
1RM 双侧后深蹲	自由力量和力量架	是 0.92～0.99	是 0.85
1RM 平板卧推(自由重量)	自由力量和力量架	是	否
俯卧撑力竭	无	有	有

一、爆发力测试

Vertec 垂直摸高测试是一项常用的爆发力测试方法,测试简单易行,并且衡量下肢爆发力较准确。Vertec 垂直摸高测试内容见表 16-5。

表 16-5 Vertec 垂直摸高测试内容

名称	内容
测试步骤(使用 Vertec 设备)	1. 测量救援人员的体重,并以 kg 为单位。 2. 首先测量并记录受试者的站姿摸高高度。测试时,受试者站在器械的正下方,用强侧手在脚跟不离地的情况下尽可能高地触够 Vertec 的塑料叶片。每个叶片之间的距离为 1.27 cm,红色叶片之间的间隔距离为 1.67 cm。 3. 热身:在受试者熟悉了测试流程和 Vertec 器械后,首先进行 5 min 左右的中等强度有氧练习,之后进行针对髋关节、腘绳肌、股四头肌、小腿和肩关节的动态活动度练习;最后,受试者可以进行几次试跳,从而熟悉下蹲纵跳动作。 4. 测量并记录受试者的纵跳摸高成绩

表 16-5(续)

名称	内容
注意事项	1. 本测试中，受试者在跳跃前不能助跑。 2. 测试时，受试者需原地快速下蹲、摆臂、快速起跳并用强侧手触摸塑料叶片。 3. 3 次试跳，取最好成绩

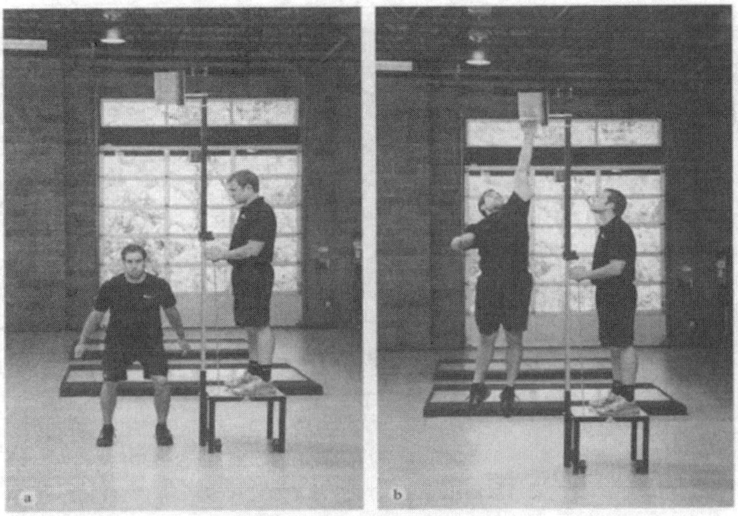

图 16-3　Vertec 垂直摸高测试

立定跳远(SIJ)也是常用的下肢爆发力表现测试之一。可以将立定跳远测试与纵跳摸高测试一起进行综合分析，立定跳远反映的是横向位移能力，而纵跳反映的是纵向位移能力。使用立定跳远测试的结果，可以以最好成绩百分比的方式组织训练(例如取 3 次 90% 立定跳远最好成绩)。立定跳远测试内容见表 16-6。

表 16-6　立定跳远测试内容

名称	内容
测试步骤	1. 用 1 m 的标志胶带面贴出起跳线。 2. 热身。受试者在熟悉了立定跳远测试程序后，同垂直摸高测试的热身步骤进行热身活动。之后，受试者可以进行几次非全力的试跳。这一测试对于下肢肌肉和关节的要求比较高，因此充分的热身非常重要。 3. 测试并记录。受试者脚趾立于起跳线后，先进行一个下蹲反向动作之后尽力跳远。用小的胶带标记受试者最近的一只脚脚跟的位置。 4. 记录 3 次试跳的最好成绩，精确到 1 cm。 5. 记录受试者脚趾至最近的一只脚脚跟的距离
注意事项	1. 本测试中，受试者在跳跃前不能助跑。 2. 完成动作后，受试者须原地快速下蹲、摆臂、快速起跳。 3. 2 次试跳，取最好成绩

二、灵敏测试

5-10-5 测试是最常见的灵敏测试之一，又称 Pro-灵敏测试或 20 码往返跑。该项测试非常适合需要短距离加速及变向的运动项目，如篮球、排球以及美式橄榄球等。测试时要求受试者尽力快速完成全程。受试者测试的次数控制在 3 次以下，以减少疲劳带来的影响。5-10-5 测试内容详见表 16-7、图 16-4。

表 16-7　5-10-5 测试内容

名称	内容
测试步骤	1. 受试者采用骑跨的方式面向前方立于中线。 2. 可以通过倒计时的方式提醒受试者启动。如果使用电子测试设备，可以用电子设备设置倒计时。此外，也可以使用受试者启动、电子测试设备自动激活的方式。 3. 受试者首先向左跑 5 码，之后变向并向右跑 10 码，再变向跑 5 码。救援人员每次变向脚都要触到标志线。 4. 每位受试者可以进行 2～3 次测试，但两次测试之间需要安排 3～5 min 的休息，从而保证受试者充分恢复。 5. 在起点和终点安排测试工作人员。本测试的起点和终点在同一条目标线上
注意事项	如果使用秒表计时，计时员应在受试者第一个动作后开始计时。计时的单位一般为 0.01 s。与电子计时相比，手计时的成绩往往更快。因此，进行多次测试时，测试员要注意测试方法的统一；受试者可以根据专项来调整测试方式，但并不是所有的方式都有测试标准

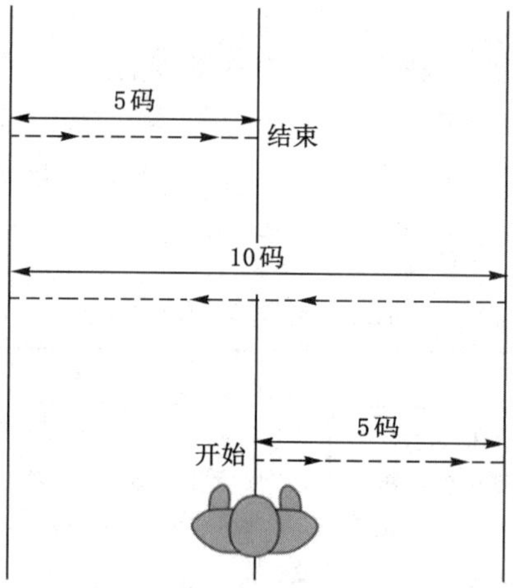

图 16-4　5-10-5 测试

三、最大力量测试

(一) 1RM 双腿后蹲测试

1RM 后蹲测试是最大下肢肌肉力量最常见的测试方法之一，测试方式简单且高效，能够直观地反映受试者的下肢最大力量和身体整体的联动协调性，并且通过测试能够更好地安排日常训练的负荷。1RM 双腿后蹲测试内容见表 16-8、技术动作示例见图 16-5。

表 16-8　1RM 双腿后蹲测试内容

名称	注意事项
测试步骤	受试者采用前臂旋前的锁握方式，握距稍宽于肩；杠铃杆置于三角肌后束上(高杠位)；双脚站距稍宽于肩，受试者下蹲时保持脚尖稍稍朝外；受试者下蹲的最低位置为大腿与地面平行，受试者在没有辅助的情况下使杠铃保持连续的运动。为确保安全，至少需要两名保护人员分别站在杠铃的两侧，在杠铃的上升和下降过程中跟随杠铃运动。 1. 受试者用能完成 5～10 次重复动作的重量进行热身，休息 1 min。 2. 用受试者完成 3～5 次重复动作的重量完成热身。 3. 在步骤 1 所采用重量的基础上增加 14～18 kg 或 10%～20%、休息 2 min。 4. 用受试者完成 2～3 次重复的近乎最大力量。 5. 在步骤 3 所采用重量的基础上增加 14～18 kg 或 10%～20%、休息 2～4 min。 6. 受试者使用步骤 5 所采用重量基础上增加 14～18 kg 或 10%～20%的重量尝试完成 1RM 测试、休息 2～4 min。 7. 如果受试者不能完成 1RM 测试，减去 7～9 kg 或 5%～10%的重量，让受试者完成一次重复、休息 2～4 min。 8. 继续增加或降低重量直至受试者能用正确的技术完成一次重复。受试者应该在 5 次以内完成 1RM 最大力量测试
注意事项	1. 为安全起见，测试台放在指定区域并与其他设施分开。 2. 安排至少两名保护人员，以防受试者受伤

图 16-5　1RM 双腿后蹲测试技术动作示例

（二）1RM 上肢实力推测试

由于救援行动的特殊性，过顶推举的肌力测试更贴合实际并且在日常训练中收益更大，因此上肢肌力测试选取上肢实力推测试更有意义。上肢实力推测试能够反映上肢整体肌力、全身力量的协调程度以及核心的力量与稳定性。1RM 上肢实力推测试内容见表 16-9、技术动作示意图见图 16-6。

表 16-9　1RM 上肢实力推测试内容

名称	内容
测试步骤	找到肩稍宽的握据稍做外旋，让掌根顶住杠铃，肩关节外旋打开，控制好肩部，微微打开背阔更好的稳定肘部，杠铃置于健步完成出杠，三头有意识地靠向背阔，控制肩胛骨，收紧臀部往前顶，核心紧绷，杠铃停在锁骨位置，肩部手臂同时发力向上主动推起杠铃超过头部。 1. 受试者重复举起负重 5～10 次作为热身、休息 1 min。 2. 估算一个全新的热身负荷，这个负荷应达到以下标准：在步骤 1 中的重量增加 5%～10%，受试者可以完成 3～5 次重复动作、休息 2 min。 3. 以步骤 2 中的负荷为基础，增加 5%～10%，引导受试者完成 1RM、休息 2～4 min。 4. 步骤 3 中的重量增加 5%～10%，使受试者可以完成 1RM、休息 2～4 min。 5. 如果受试者 1RM 尝试失败，减少负重 2.5%～5%、休息 2～4 min。 6. 继续增加或减少负重直至使用适当技术测得 1RM。1RM 应该在 5 次尝试内达到
注意事项	1. 为安全起见，测试台放在指定区域并与其他设施分开。 2. 安排至少两名保护人员，以防受试者受伤

图 16-6　1RM 上肢实力推测试技术动作示意图

四、速度测试

40 码冲刺跑是最常用的速度测试之一，该项测试总距离较短、时程也较短（<7 s）。对于所有的速度测试而言，最重要的是受试者需要以最快的速度完成全程，同时测试的次数一般不超过 3 次，其目的是减少由于疲劳引发的运动表现下降。最大速度测试内容见表 16-10、测试场景示意图见图 16-7。

表 16-10　最大速度测试内容

名称	内容
测试步骤	1. 受试者立于起跑线后。根据专项可以选择不同的起步姿势如可以采用 3 点式起跑姿势或 4 点起动姿势。 2. 可以通过倒计时的方式提醒受试者启动。如果使用电子测试设备，可以用电子设备设置倒计时。此外，也可以使用电子测试设备自动激活的方式。 3. 每位受试者可以进行至少 2 次测试，但两次测试之间需要安排 3～5 min 的休息，从而保证受试者充分恢复

表 16-10(续)

名称	内容
注意事项	1. 如果使用秒表计时,计时员应在受试者第一个动作后开始计时。计时的单位一般为 0.01 s。与电子计时相比,手计时的最后结果往往要快 0.24 s。因此,进行多次测试时,测试员需注意测试方法要统一。 2. 测试者可以根据专项来调整测试距离,测试的距离可以自行选择,但并不是所有的距离都有测试标准

图 16-7　测试场景示意图

五、局部肌肉耐力测试

局部肌肉耐力测试是肌肉持续长时间进行某一项特定运动的能力,也可解释为肌肉维持特定动作的时间。例如上肢动作测试俯卧撑练习、腰腹部测试仰卧起坐练习、上背部测试引体向上练习等。因此局部肌肉耐力也被认为是肌肉重复收缩时的耐疲劳能力。引体向上的重复次数是衡量上肢肌肉耐力的重要指标。引体向上测试内容详见表 16-11、引体向上测试技术动作见图 16-8。

表 16-11　引体向上测试内容

名称	内容
测试步骤	1. 两手用宽握距正握(掌心向前)单杠,略宽于肩,两脚离地,两臂自然下垂伸直。 2. 用背阔肌的收缩力量将身体往上拉起,当下巴超过单杠时稍作停顿,静止 1 s,使背阔肌彻底收缩。 3. 逐渐放松背阔肌,让身体徐徐下降,直到恢复完全下垂,重复再做,直至无法完成标准动作
注意事项	1. 下巴过杠记一次,两次动作之间不能停顿休息。 2. 不可借助惯性荡起

图 16-8　引体向上测试技术动作

六、无氧耐力测试

目前公认的无氧耐力测试的准确方式是在 20 世纪 70 年代由以色列温盖特研究所运动医学部研发的温盖特测试(Wingate test)。温盖特测试主要用于最大无氧功率评估和平均无氧功率的评估。温盖特测试内容见表 16-12、温盖特测试实验见图 16-9。

表 16-12　温盖特测试内容

名称	内容
测试步骤	1. 测试先测定受试者身高、体重、肺活量及皮脂厚度,然后让受试者以 0.05 kg/净千克体重为负荷,以最快速度全力蹬车 30 s,同时记录蹬踏圈数和心率,并将每 5 s 的蹬车数代入下面公式,单位是瓦特(W)。 2. 最大无氧功率(第一个 5 s)=5 s 最大蹬车圈数×前车轮周长×阻力×6.11。最大无氧功率的能量来源于 ATP 及 CP 的分解。 3. 平均无氧功率:将 6 个 5 s 车轮转的圈数相加除以 6。其能量来源于 ATP、CP 及无氧糖酵解。 4. 无氧功率递减率=(最高无氧功率－最低无氧功率)/最高无氧功率×100%。 该指标表示的是在无氧供能条件下的疲劳程度
注意事项	温盖特测试运动强度极大,容易造成受试者肌肉损伤。测试要求受试者充分休息,无严重运动损伤,禁食 2 h,4 周内身体健康,情绪良好和自愿参与测试

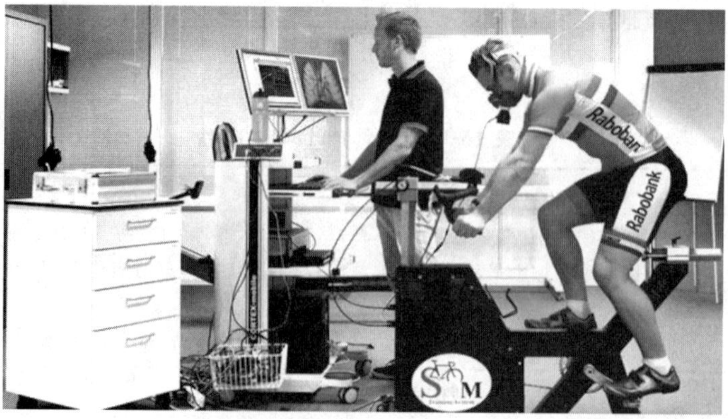

图 16-9　温盖特测试实验

七、有氧耐力测试

12 min 耐力跑能够简便快捷且直观有效地反映出受试者的有氧耐力，并以此进行针对性训练。12 min 耐力跑测试内容见表 16-13。

表 16-13　12 min 耐力跑测试内容

名称	内容
测试步骤	1. 在 400 m 的田径场或平坦的环形跑道，每隔 100 m 设置标记。 2. 受试者站在起跑线后，听到起跑信号后开跑。 3. 在 12 min 内尽可能跑得更远。 4. 听到停止信号后，应停在原地，并由测试员来记录跑动距离
注意事项	1. 根据受试者实际水平，可以跑一段走一段。 2. 做足充分的热身并且注意防暑补水

第十七章　热身准备

第一节　热身准备的基本内容与形式

热身准备活动是指在正式训练和比赛前进行的有组织、有目的的专门性身体练习。热身准备活动是每次训练不可分割的一部分，是为了让救援人员在身心上为训练和比赛做好准备。良好的热身准备活动可以使救援人员产生多种生理反应，包括肌肉、核心温度的上升，神经募集提升、结缔组织暂时性粘连的减少、肌肉血流量增加、基础耗氧量增加以及激活后增强效应的产生，进而提高运动表现。有效的热身准备活动能够降低受伤概率，应根据个人特点和专项特征的需要合理安排与调整准备活动的内容，持续时间以 10～30 min 较为适宜。

一、热身准备活动的基本内容

（一）一般热身准备活动

一般热身准备活动通常由 5～10 min 的低强度有氧运动组成，例如慢跑、跳绳或骑车。这一阶段的目的是增加心率、血流量、深层肌肉温度、呼吸频率、出汗以及降低肌肉及关节的黏滞性。有氧运动之后通常是进行一般性拉伸及筋膜松解，目的是使关节活动度达到之后的运动所需的要求。

（二）专项热身准备活动

在进行一般热身准备活动阶段之后是专项热身准备活动阶段。专项热身是专项运动中针对目标肌群进行的热身练习，其主要目的是激活目标肌肉达到最佳兴奋性、使血液供氧充足、提高肌肉柔韧性、增加各个关节润滑度。专项热身是正式训练前的一个有效过渡，使训练者循序渐进地进入训练状态，并完成与专项技术相关的身体机能准备。整个准备活动应逐步进行，在不造成疲劳、减少体内能源储备的前提下，达到提升肌肉温度以及核心温度所需的足够的运动强度。

二、热身准备活动的基本形式

在热身准备活动中，被较多地采用并且较为有效的体系是提升-激活与灵活性-增强(RAMP)体系。该体系建立在一般与专项准备活动结构的基础之上，同时穿插一些有助于提升救援人员短期、中期以及长期运动表现的方法手段。提升阶段、激活与灵活性阶段和增强阶段是该体系的 3 个关键阶段。

（一）提升阶段

该阶段旨在提升主要生理指标水平以及技术水平，该阶段与一般热身准备活动相似，其目的是通过低强度运动的形式增加体温、心率、呼吸频率、血流量以及改善关节及肌肉的黏滞性。该阶段试着模拟接下来的训练中所涉及的动作模式，发展救援人员个体所需的动作模式或动作技术。该阶段始终针对专项安排练习，因此还有助于救援人员在心理上为训练或比赛做好准备。

（二）激活与灵活性阶段

这一阶段的激活与灵活性练习与传统热身准备活动中的拉伸环节相似。在这一阶段，关键动作模式（如深蹲和弓箭步）的练习可为随后的训练和救援人员的整体发展做准备。在设计该阶段热身准备活动内容时，要考虑的最重要的因素是专项所需的关节活动度；在准备活动中安排激活与灵活性阶段较之于传统的拉伸阶段，准备活动应更多地把注意力放在运动表现提升上。准备活动中所安排的练习应涵盖救援人员所需的关键动作模式，进而有助于救援人员发展必要的运动控制能力以及灵活性的练习内容。类似地，该阶段有助于解决救援人员所存在的专项动作问题。

（三）增强阶段

增强阶段与专项热身准备活动相似，但更重视运动强度。救援人员将在该阶段进行一系列专项练习，强度逐渐提高直至达到接下来的比赛或训练所需的程度。这一阶段对之后训练或比赛的运动表现至关重要，尤其是在需要救援人员表现出较高水平的速度、力量和爆发力的情况下。对于训练课的热身准备活动，则应同时为救援人员的长期发展考虑。针对这个阶段进行有效的训练计划设计，可以将大量的时间用于发展身体的关键要素，而且不需要增加总体的训练时间。实际上，该阶段最终决定了热身准备活动的最佳时长，因为增强阶段可成为训练课的关键组成部分，并与后面的训练（如速度训练和敏捷性训练）更好地衔接。

第二节　热身准备的基本方法

热身准备的方式多种多样，该部分针对适合救援队的准备活动形式进行介绍。

一、热身准备的意义

目前，热身准备活动几乎已被普遍接受，并作为训练不可缺少的部分。本质上，热身准备活动是为了让应急救援人员为训练做好准备，使身心上产生多种生理反应，进而提高运动表现以及预防可能发生的运动性损伤。这些生理反应包括：主动肌与拮抗肌更快速地收缩和放松，改善肌肉发力率和反应时，降低肌肉和关节的黏滞性，提高代谢反应，升高体温。

二、热身准备的作用

热身准备是训练课的一部分，需要在不造成疲劳、减少体内能源储备的前提下，达到提升肌肉温度及核心温度所需的足够的运动强度，强化并巩固动力定型。从而提升体温、心率、呼吸频率、血流量以及改善关节的黏滞性，将运动控制和稳定性相结合，继而达到降低运动损伤风险的目的。

三、热身准备方法

常用的热身准备方法见表 17-1。

表 17-1　常用的热身准备方法

热身方法及手段	特点
泡沫轴滚动	1. 训练前可以通过滚动对肌肉密度的降低，为接下来的热身奠定基础。 2. 根据个人自身差异，进行 5～10 min 的软组织按摩，按摩部位根据自己的扳机点、蠕变和锁闭延长和锁闭缩短部位针对性按摩放松，然后再结合静态拉伸和动态热身

表 17-1(续)

热身方法及手段	特点
静态拉伸	在关节活动度内,将身体某一部分延展至感受到阻力的幅度,并在该幅度下施加外力。详细内容见第五章柔韧素质与拉伸方法手段
动态拉伸	通过一系列专项拉伸动作为运动做好准备,通过主动伸展并模拟即将进行的专项动作,更加具有专项性且能更好地改善动态柔韧性,发展专项所需的动作模式和相关关节的活动度
PNF 伸展(本体感觉神经肌肉易化拉伸)	通过保持-放松,收缩-放松,保持-放松同时主动收缩,能够使张力过大或过度活跃的肌肉得到放松。由于可以使肌肉更进一步被抑制,因此对于柔韧性提升的效果要优于其他拉伸方式
迷你带激活	通过对相应训练肌群进行一定小幅度的阻力限制,能够更好地训练相应肌群,提升肌肉温度,降低肌纤维粘连,增加关节活动度,并巩固动作模式
稳定球激活	通过使用稳定球进行热身,增加支撑面的不稳定性,能够更好地激活人体深层的稳定肌群,提高核心的激活程度,增强动力传导,并提高神经兴奋程度

第三节　应急救援项目专项热身准备设计及应用

一、应急救援人员热身准备特征分析

应急救援人员热身准备应从救援技术特点、体能考核内容进行分析设计。首先,应急救援人员所面临的往往是时间长、任务重的突发情况,不同的情况所需要的救援技术也不尽相同,如在灭火时需要铺设水带、持枪扫射等工作,在地震后发生建筑坍塌时又需要破拆、支撑、搜寻等技术,而在处理危险化学品事故时还需要进行清洗和消杀工作。在能量代谢系统方面,人体三大供能系统均不同程度地参与其中。根据救援项目技术特征需求,各个供能系统所占比例不尽相同,所以在日常训练以及热身准备时要考虑到各个系统的特征,分别针对进行准备与训练。其次,应急救援人员在日常热身准备中,也要根据体能素质考核内容要求,对身体的关节活动度、韧带刚性、肌肉初长度及心肺适应性能力进行激活,最大限度刺激神经-肌肉系统通道的兴奋性与顺畅性,提升机体的控制力和功能性,更好地为训练和考核做好准备。救援人员常用技术动作与主要供能系统见表 17-2。

表 17-2　救援人员常用技术动作与主要供能系统

队伍名称(简称)	技术动作	工作时长	能量系统
消防	强行破门进入	短 0～10 s	ATP-CP 磷酸原供能系统
消防、油气田	架设拉梯		
消防、油气田	提拉重物		
地震	抬升瓦砾		
危化、消防、油气田	铺设水带		
矿山、地震、危化、蓝天	破拆混凝土、圆木等	1～60 s	ATP-CP 和糖酵解系统

表 17-2(续)

队伍名称(简称)	技术动作	工作时长	能量系统
矿山、消防、地震、危化、油气田、蓝天	搬运重物或背伤员	中 30～120 s	糖酵解系统为主
蓝天、地震	搬移瓦砾		
地震	创建营救通道		
危化	封堵泄漏点	30 s 以上	糖酵解和有氧氧化系统
油气田	水带整理	长 120 s 以上	有氧供能系统为主
蓝天	钻凿技术、剪切技术		
蓝天	支撑技术		
水下、蓝天	水中行走、拖带、划舟救援技术		
消防、油气田	爬楼		
矿山、危化、蓝天	绳索上升、下降技术		
矿山	灭火工作		
危化	水枪扫射		

(一) 应急救援项目常见救援技术与热身准备特征分析

(1) 负重搜寻

该技术主要运用于建筑坍塌后的搜寻工作中,救援人员需要腹部核心肌群的参与以及下肢髋膝踝关节的蹬伸。在热身准备时需要对核心肌群进行激活,可采用平板支撑、爬行等动作,下肢肌肉和关节的热身则可考虑采用静蹲、深蹲、弓步和螃蟹步等激活肌肉。由于搜寻需要快速的行走甚至奔跑,需要 ATP-CP 系统参与供能,在热身时可加入短距离冲刺练习。

(2) 破拆

该技术主要运用于建筑坍塌后为方便搜寻压在建筑下的需营救人员中,救援人员运用工具进行破拆时上肢肌群中的肩部和肘部都会持续参与工作,在热身中可加入绕环、外展、胸前摆臂等动作以此来激活相关肌群。由于破拆需要救援人员在短时间内爆发出最大力量,需要 ATP-CP 系统参与供能,在热身时可加入短距离短时间的爆发练习。

(3) 搬运重物或伤员

该技术主要运用于在徒手移开重物或搜寻到受伤人员后,首先在热身时应保障核心肌群的激活,可运用平板撑、蜘蛛爬行等动静态结合的热身方式,对于搬运重物技术整个上肢肌群都或多或少地参与工作,可采用动静态拉伸和提前活动相关肌群的方式来热身,而在背负伤员时,除了核心肌群的稳定,整个下肢肌群的力量尤为重要,在热身准备中可采用各种形式的蹲和踢来激活下肢肌群。此项技术持续时间可长可短。为保证 ATP-CP 和糖酵解系统有效参与供能,在热身中应加入速度练习以及速度耐力练习。

(4) 水中拖带

该技术主要运用于发现有溺水者需将其顺利拖带上岸时,托腋拖带与托颌拖带是常用的拖带技术，比较省力，易于控制溺水者。救援人员双手托住溺水者腋下或下颌骨两侧，用反蛙泳技术进行拖带。强制拖带是指救援人员侧卧水中，一只手臂包夹神志不清、不能积极配合的溺水者躯干，抓住溺水者大臂，固定住溺水者，另一只手臂在体侧划水，两腿做侧泳的蹬夹水动作。在强制拖带行动中上肢主要利用背阔肌、三角肌后束、肱三头肌、大小圆肌、肱肌、前臂屈肌群等收缩，以及肩关节、肘关节、腕关节的屈伸来完成，在热身准备时要充分活动上肢肌肉和关节，尽量运用动态热身的方式激活肌肉，主动延展关节的灵活度，此项任务需救援人员在热身准备时加入糖酵解系统的热身来保障进行救援时该系统的正常供能。

（二）应急救援项目常见体能训练内容与热身准备特征分析

应急救援体能训练是提高救援队伍战斗力的基本载体和重要基础，是救援队伍训练内容的重要组成部分。应急救援的体能训练主要是由如下几个方面构成。

（1）力量训练。力量训练要循序渐进，主要增加四肢的肌肉力量和整体协调能力。力量训练包括引体向上、哑铃扩胸、双腿深蹲起立、立定跳远等。

（2）耐力训练。主要进行肌肉耐力、有氧耐力、无氧耐力训练。耐力训练也涉及心理素质训练和毅力训练。如 5 000 m 长跑、万米行军等。

（3）爆发力训练。主要进行肌肉力量和反应速度的训练，即肌肉以最短时间释放出最大的力量，包括短跑、跳跃等。

（4）灵敏性训练。主要训练快速反应、迅速掌握各种动作的协调性和准确性，提高大脑皮质神经反应的灵活性，常用敏捷梯等道具进行。

（5）柔韧性训练。主要为打开救援人员的关节活动度，在应对非常规地形时能够用异常体位进行救援工作，可用静态和动态拉伸进行。

由上可见，应急救援人员的体能训练内容是从多个素质出发的，不同于执行救援任务的是在体能训练时相对拥有充分的热身准备时间，所以除按照正常的热身顺序（拉伸-激活-专项）进行外，针对不同的训练项目还应当有的放矢地进行热身准备活动，如针对能量系统以及不同素质偏向的热身准备。

热身准备环节是整个训练的起始环节，每个救援人员都应高度重视本环节，热身方式其实是大同小异。在此仅针对性地对训练需着重热身的体能素质进行单独罗列，而在时间充分的情况下建议按正常的顺序（拉伸-激活-专项）进行热身，无论是体能训练还是进行救援任务，在进行充分热身后，往往效果会事半功倍（见表 17-3）。

表 17-3　不同类别训练的热身准备侧重点

训练类别	热身准备的侧重点
力量训练	动态拉伸与小重量对应肌群的抗阻训练
柔韧性训练	关节活动度与肌肉参与度，提升动作质量，减少运动损伤
耐力训练	能量系统的供能能力
灵敏性训练	主动拉伸后的关节活动度、神经兴奋性
爆发力训练	神经兴奋性、肌肉募集程度以及关节活动度

二、应急救援人员专项热身准备的设计

1. 毛毛虫爬行

[动作名称] 毛毛虫爬行

[动作要点] 自然站立，双脚与肩同宽；在膝关节微屈的同时向前弯腰，双手放在地上且与肩同宽；重心向后移（即重力不要直接施加在双手上），臀部高高地悬在空中；双手交替向前移动，直至身体呈俯卧撑地起始姿势；双脚交替小步移动至双手处，同时保持膝关节微屈；重复这一动作向前走一段距离。

[练习要求] 双手依次向前爬行，直至位于肩部正下方，身体呈一条直线，保持自然匀速呼吸。建议做 2 组×15 次。见图 17-1、图 17-2、图 17-3。

图 17-1　毛毛虫爬行（向下阶段）

图 17-2　毛毛虫爬行（支撑阶段）

图 17-3　毛毛虫爬行（返回阶段）

2. 弓箭步伸展

[动作名称] 弓箭步伸展

[动作要点] 双腿并拢站立，双脚平行且与肩同宽；左脚向前迈出一大步且平放于地上，脚尖朝前；左髋和左膝缓慢屈曲，左膝位于左脚的正上方；右膝微微屈曲并缓慢下降至距地面 3～5 cm，右脚脚尖朝前；身体重量均匀地分布在右脚大拇指和左脚脚掌之间；身体“坐”在右腿上，以使躯干垂直于地面；伸展左髋和左膝，用力推离地面；右脚离地并往前置于左脚旁；身体站直，停住，然后右脚向前跨步使身体往前，之后双脚交替向前重复上述动作。

[练习要求] 核心收紧，弓步向前，双手举过头顶并向上延伸，眼睛看着手的方向，身体微微后仰，依次重复 10～15 次。见图 17-4、图 17-5、图 17-6。

图 17-4　弓箭步伸展(起始位置)

图 17-5　弓箭步伸展(过渡阶段)

图 17-6　弓箭步伸展(下蹲阶段)

3．过头侧屈弓步侧伸展

[动作名称] 过头侧屈弓步侧伸展

[动作要点] 站直,双脚平行且与肩同宽;左脚向前迈出一大步且平放于地上,脚尖朝前;左髋和左膝缓慢屈曲,左膝位于左脚的正上方;右膝微微屈曲并缓慢下降至距地面 3～5 cm,右脚脚尖朝前;右手高举,躯干向左侧屈;回到躯干直立的姿势,然后伸展左髋和左膝,用力推离地面;右脚离地并往前置于左脚旁;身体站直,停住,然后右脚向前跨步使身体往前,之后双脚交替向前重复上述动作。

[练习要求] 建议每次逐渐增大动作幅度,逐步提高动作速度,保持肌肉相当动作的主动控制,重复 5～10 次。见图 17-7、图 17-8。

4．行进间抱膝

[动作名称] 行进间抱膝

[动作要点] 站直双脚平行且与肩同宽;左脚向前跨步,右髋和右膝屈曲,右腿大腿抬高,尽量靠近胸部;双手抱住右膝前侧,将右膝进一步向上提并使大腿靠近胸部;在右髋和右膝屈曲的同时,右脚背屈;保持躯干正直,停顿片刻然后放下右脚;将重心移至右腿上,换左腿重复上述练习;每

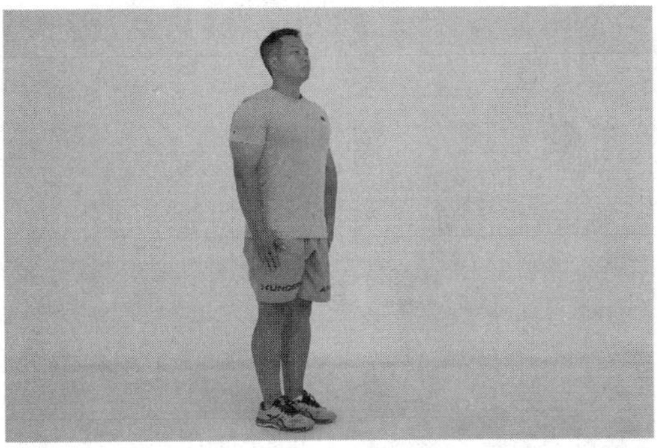

图 17-7　过头侧屈弓步侧伸展(起始位置)

图 17-8　过头侧屈弓步侧伸展(伸展阶段)

一步交替向前迈,并逐步增加动作幅度和速度。

[练习要求] 行进间单腿支撑,双手抱膝提踵,建议重复 8～10 次。见图 17-9、图 17-10。

图 17-9　行进间抱膝(起始位置)

图 17-10　行进间抱膝(拉伸阶段)

5. 脚跟-脚尖小腿伸展

[动作名称] 脚跟-脚尖小腿伸展

[动作要点] 站直,双脚平行且与肩同宽;右脚向前迈出一小步,右脚的脚跟先触地,保持足背屈;右脚迅速向前移动,尽可能高地上升到大脚趾触地;左脚前摆以再迈出一小步;换左脚重复上述动作,之后继续双脚交替向前进行练习。

[练习要求] 保持正常呼吸节奏,维持身体平衡,协调发力,建议重复 8～10 次。见图 17-11、图 17-12、图 17-13。

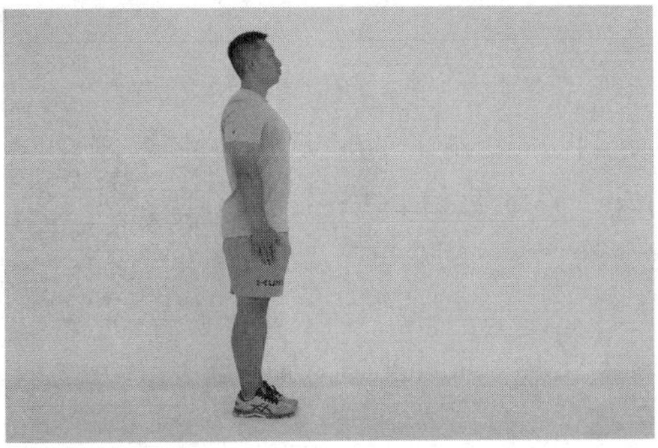

图 17-11　脚跟-脚尖小腿伸展(起始位置)

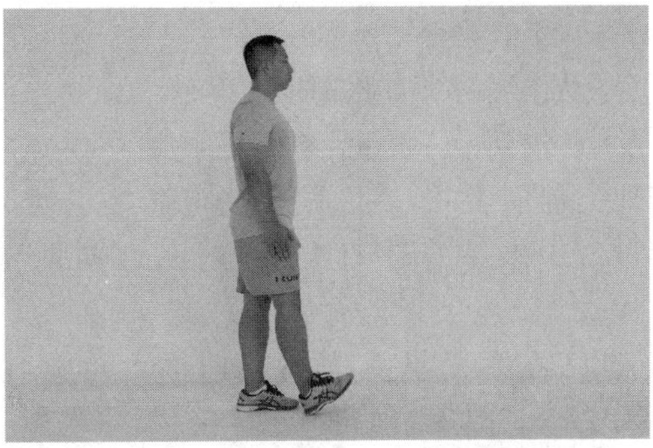

图 17-12　脚跟-脚尖小腿伸展(伸展阶段)

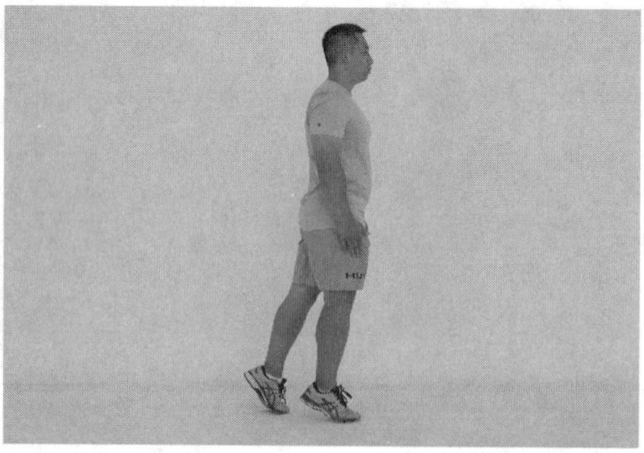

图 17-13 脚跟-脚尖小腿伸展(转换阶段)

6. 单腿站立体前屈

[动作名称] 单腿站立体前屈

[动作要点] 站直,左脚向前迈出一小步;弯腰,左臂向前伸同时右腿尽量向后伸;两侧大腿尽量呈 90°夹角;俯身至感觉腘绳肌受到拉伸的位置即可,最终尽可能地使身体与地面平行;右手向下;支撑腿的腘绳肌和臀肌发力,使身体回到起始姿势;向前迈出一步,换另一条腿重复上述练习。

[练习要求] 核心用力收紧,两侧大腿尽量呈 90°夹角,双手打开维持平衡,建议重复 8~10 次。见图 17-14、图 17-15。

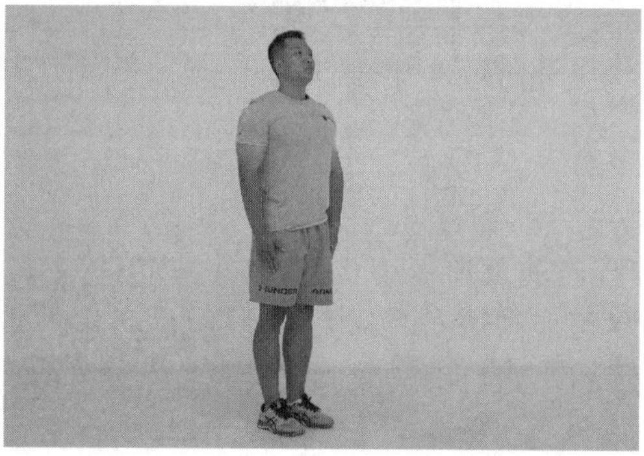

图 17-14 单腿站立体前屈(起始位置)

图 17-15 单腿站立体前屈(向下阶段)

7. 直腿前踢

[动作名称] 直腿前踢

[动作要点] 站直,双臂向胸前伸出;左脚踮起,同时右腿伸直并尽可能地向前向上抬;在右腿抬至最高处主动用力下压,回到起始姿势;在整个过程中维持身体直立姿势;一边向前走,一边换另一条腿重复上述动作。

[练习要求] 尽可能地向前向上抬腿,注意边走边做,协调发力,建议重复 15~20 次。见图 17-16、图 17-17。

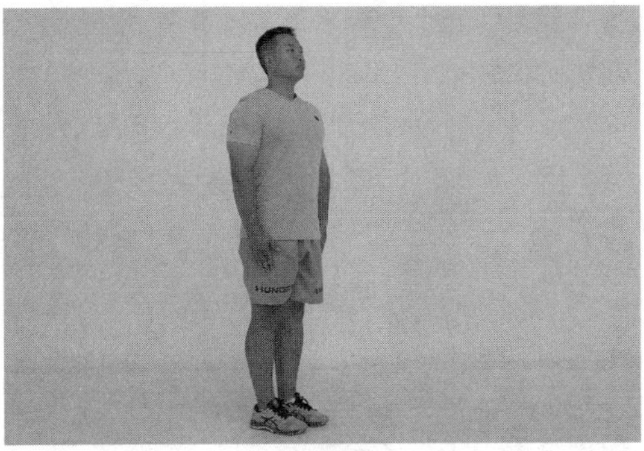

图 17-16 直腿前踢(起始位置)

图 17-17 直腿前踢(前踢阶段)

8. 蜘蛛爬行

[动作名称] 蜘蛛爬行

[动作要点] 身体呈俯卧撑姿势,肘部屈曲,但身体高度要低于常规的俯卧撑姿势;左腿向前抬并旋外,左膝位于左肘外侧;双手在身前交叉向前移动,之后右脚向前迈至右手外侧,重复上述动作继续向前走;双侧继续交替重复进行,向前走完一定的距离。

[练习要求] 膝盖不接触地面,保持腰背挺直,正常呼吸,头保持中立,建议重复 8～10 次。见图 17-18、图 17-19。

图 17-18 蜘蛛爬行(准备姿势)

图 17-19 蜘蛛爬行(向左阶段)

图 17-20 蜘蛛爬行(向右阶段)

9. 弓箭步脊柱旋转

[动作名称] 弓箭步脊柱旋转

[动作要点] 自然站立,双腿并拢,肩膀放松,双手自然垂于身体两侧;双手握拳相对,屈肘向上抬起至肩膀高度,向前跨步,使身体呈弓箭步姿

态；保持下半身稳定，将上半身向跨步腿侧旋转，随后缓缓回到弓箭步姿态，重复进行。

［练习要求］目视前方，保持下半身稳定，呈弓箭步姿态，上半身向跨步腿侧旋转，建议重复8～10次。见图17-21、图17-22。

图17-21　弓箭步脊柱旋转（下蹲阶段）

图17-22　弓箭步脊柱旋转（旋转阶段）

10．交替侧弓箭步

［动作名称］交替侧弓箭步

［动作要点］自然站立，双腿并拢，肩膀放松，双手自然垂于身体两侧；双手沿着肩膀位置向身体前侧伸展并握拳；一侧腿支撑，另一侧腿脚尖外旋并向侧向大跨步，使身体呈侧弓箭步姿态，随后缓缓回到中立位，全程保持上半身直立状态，重复进行。

［练习要求］收腹，跨步下压，挺胸两臂向前平举，交替锻炼，逐渐加大动作幅度，建议重复8～10次。见图17-23、图17-24。

图17-23　交替侧弓箭步（起始位置）

图17-24　交替侧弓箭步（下蹲阶段）

第十八章　恢复与再生练习方法

第一节　健康与运动中的营养因素

良好的营养可为应急救援人员的身体健康、修复、构建肌肉组织提供必需的营养素，还能为其训练、救援、集中精神和维持注意力提供能量供给。根据应急救援人员的具体需求所制订的营养计划有助于帮助应急救援人员降低损伤和疾病的风险，并最大限度地提高训练的适应能力（通过训练取得的能力提升），同时帮助应急救援人员在救援时有更好的能量储备。应急救援人员所从事的救援活动有其特定的生理要求，每位应急救援人员的营养需求取决于诸多因素，如年龄、体形、身体成分、性别、遗传因素、训练环境和条件、运动损伤、医学营养需求，以及训练的时长、频率和强度等。

本节将从常量营养素（碳水化合物、蛋白质和脂肪）和微量营养素（维生素和矿物质）来进行介绍。

一、碳水化合物

碳水化合物由碳、氢和氧组成，是主要的能量来源。根据其含有的单糖的数量，碳水化合物可以分为3类：单糖、双糖和多糖。

单糖（葡萄糖、果糖和半乳糖）是不能被再分解的糖类。在体内，葡萄糖以血糖的形式存在于血液循环中，是细胞的主要供能物质。葡萄糖分子还能聚合成糖原，即一种存储在肌肉和肝细胞中的多糖。果糖与葡萄糖具有相同的化学式，但由于原子排列不同，所以前者味道更甜，而且具有与葡萄糖不同的特质。半乳糖是第三种单糖，与葡萄糖结合可形成乳糖。

双糖（蔗糖、乳糖和麦芽糖）由连接在一起的两个单糖分子构成。蔗糖（或白砂糖）是最常见的双糖，由一个葡萄糖分子和一个果糖分子组成。蔗糖存在于大多数水果中，我们常从甘蔗和甜菜的糖浆中提取蔗糖来制备红糖、白糖或糖粉，乳糖（葡萄糖＋半乳糖）仅存在于在哺乳动物的乳汁中。麦芽糖（葡萄糖＋葡萄糖）主要在多糖消化分解过程中产生。它是酒精发酵过程的产物，是啤酒中主要的碳水化合物。

多糖，又称复杂碳水化合物，含有数千个葡萄糖分子。最常见也最重要的多糖是淀粉、纤维和糖原。淀粉是植物中葡萄糖的储存形式。谷物、豆类和蔬菜是淀粉的优质来源。在淀粉被用作能量来源之前，它必须先被分解成葡萄糖。膳食纤维是植物细胞壁的组成成分，也是碳水化合物的一种形式。纤维素、半纤维、6-葡聚糖和果胶属于膳食纤维；这些和非碳水化合物纤维材料（木质素）对人类消化酶有部分抗性。纤维对人体具有不同的生理作用，有些可延迟胃排空，暂时增加饱腹感，而有些可增加体积和水含量，减少便秘和粪便排空时间。此外，某些可溶性纤维可降低胆固醇的吸收，因此，摄入它们可以改善血液中胆固醇的水平。而益生菌膳食纤维可选择性地激肠道内益生菌的生长。富含纤维的食物包括豆类、大部分水果和蔬菜,以及一些全麦食品。

多项研究表明,碳水化合物可以提高有氧耐力运动表现,延缓疲劳时间,对高强度间歇运动的力量输出和表现也有增强的作用。应急救援人员每天应该摄入的碳水化合物应占总能量的55%～65%,若以中等强度(70%～80%的最大摄氧量)训练90 min或更长时间,碳水化合物的摄入量应为8～10 g/kg体重。碳水摄入来源应多样且丰富,应急救援人员应该增加蔬菜、水果、天然谷物的摄入量。

二、蛋白质

蛋白质是人体细胞主要的结构和功能成分。日常蛋白质的摄入对于维持人体健康、生殖功能及细胞的结构和正常功能至关重要的。蛋白质由碳、氢、氧和氮构成,氨基酸是蛋白质的基本组成单位。氨基酸是指含有氨基的分子,数十个到几百个氨基酸组合在一起,形成自然界中的数千种蛋白质。人体内的各种蛋白质由20种氨基酸组合而成。其中,有4种氨基酸可以在人体内合成,因此被认为是“非必需的”,即无须通过饮食摄取。8种氨基酸是“必需的”,即人体自身不能合成,必须通过饮食获得。最后,有8种氨基酸被认为是“条件必需的”。通常情况下,它们不是必需的,但是在发生疾病和处于压力之下时,它们则转化为必需的,此时必须通过饮食获得。

高质量的蛋白质容易被消化,并且其包含所有的必需氨基酸。动物蛋白(包括鸡蛋、乳制品、肉、鱼和家禽)含有所有必需氨基酸,而大豆是唯一包含所有8种必需氨基酸的植物蛋白。当应急救援人员在进行低热量饮食时,高蛋白饮食有助于减少肌肉流失。根据应急救援人员训练量的不同,需要摄入每天1.2～1.5 g/kg体重的蛋白质。可以选择富含蛋白质的食物有很多,其中包括:肉类、蛋类、奶类、海产类、豆类等。可以适当增加摄入海产品的数量和种类来代替一部分的肉类。

三、脂肪

脂肪(甘油三酯)在分子结构上与碳水化合物相同,脂肪由碳、氧、氢三种元素组成;脂肪酸链具有更多的碳、氢原子(相对于氧原子),所以每克脂肪酸可以提供更多的能量,每克脂肪可以提供约9 kcal能量,而每克碳水化合物和蛋白质可提供约4 kcal能量。

脂肪主要分为饱和脂肪和不饱和脂肪。饱和脂肪酸没有双键,它们的碳分子被氢饱和。饱和脂肪酸可用于一些生理和结构功能,但人体内可生成这类脂肪酸,因此对饱和脂肪酸没有饮食要求。不饱和脂肪酸通过双键将碳分子连接在一起,使其更容易产生化学反应。含一个双键的脂肪酸被称为单不饱和脂肪酸,含有两个或更多双键的脂肪酸被称为多不饱和脂肪酸。由于人体自身不生成,以下两种多不饱和脂肪酸是必需的:亚麻油酸和亚麻脂酸。这两种脂肪酸在健康细胞膜的形成、大脑和神经系统正常的发育和运作以及激素生成这3方面是不可或缺的。含有亚麻油酸的食品类型丰富,包括大豆油、玉米油和红花油及它们的制品等。含有亚麻脂酸的食物较少,一般有鱼类,特别是富含脂肪的鱼类,如鲑鱼、大比目鱼、鳟鱼和鲭鱼,这些鱼的脂肪中含有亚麻脂酸,人们还可以通过摄入亚麻籽、核桃、大豆油或芥花油来满足亚麻脂酸的需求。除了其生理功能,脂肪的重要性还体现在它构成了许多食物特有的风味、香气和质地。通常,大多数膳食脂肪和油是包含所有三类脂肪酸的混合物,而其中之一占主导地位。大豆油、玉米油、葵花籽油和红花油的多不饱和脂肪酸比例相对较高;橄榄油、花生油和菜籽油含有大量的单不饱和脂肪酸;大多数动物脂肪和热带油类

(如椰子油、棕榈油)的饱和脂肪酸含量相对较高。此外,储存在人体内的脂肪具有许多功能。在人体中,能量主要以脂肪组织的形式储存,但也有一小部分存在于骨骼肌中;身体脂肪的作用还包括隔离和保护器官、调节激素及运输和储存脂溶性维生素A、维生素D、维生素E和维生素K。

肌肉和血液循环中的脂肪酸都是运动中潜在的能量来源。相较于身体储存有限的碳水化合物,脂肪的储存量非常大,能为训练提供大量的能量。在休息和低强度活动期间(例如长时间搜救),较高比例的能量供给来自脂肪酸的氧化。应急救援人员从饱和脂肪中摄入的热量不应该超过10%,尽量用不饱和脂肪酸来代替。需要避免摄入含有反式脂肪的部分氢化油,减少固体脂肪的摄入以及精加工谷物制品的摄入,运动后要尽量避免饮酒。

四、维生素

维生素是一种有机化合物(即含有碳原子),分为水溶性维生素和脂溶性维生素。执行特定代谢功能需要极少量的维生素时,维生素常起辅酶的作用,促进体内的多种反应。

水溶性维生素溶于水,包括B族维生素(维生素B_1、维生素B_2、维生素B_3、维生素B_6、维生素B_9、维生素B_{12})和维生素C,是通过血液运输的。除了常年储存于肝脏的维生素B外,水溶性维生素在体内的储存量并不多。人体仅使用所需量的维生素,然后通过尿液排出多余的维生素。

脂溶性维生素包括:维生素A、维生素D、维生素E、维生素K,因此通过血液中的脂肪运输,并储存在体内脂肪组织中。过量预生成的维生素A具有毒性,并且与机体强烈的不良反应有一定的关联性,包括肝损伤、颅内压(假性脑瘤)、眩晕、恶心、头痛、皮肤刺痒、关节和骨骼疼痛、昏迷,甚至死亡。通过饮食可能摄入过量的维生素A,这通常是由补剂中维生素A的含量过高引起的。摄入的维生素D若达到中毒水平,可导致心律失常和血钙升高,进而引起血管和组织钙化,并对心脏、血管和肾脏造成损害。维生素E是抗氧化剂,可降低血液浓度。经常摄入过量的维生素E可导致血清中维生素E浓度过高,这样的浓度与出血性中风的风险增加有关,特别常见于使用血液稀释剂的人。由于维生素K有助于凝血,摄入过多,可能会与一些抗凝血药物相互抑制阻断。

研究发现,在补充多种B族维生素之后,有氧耐力会得到明显改善,但是应急救援人员每日摄入不应超过50 mg的维生素B_3,否则将会阻碍脂肪动员,影响应急救援人员有氧耐力的工作表现。

五、矿物质

矿物质有益于骨骼、牙齿和指甲的结构组成,也是酶的重要组成部分,并且具有多种代谢功能。例如,钙对于骨骼和牙齿的形成和功能、神经信号传递和肌肉收缩都是必需的。铁是氧气运输所必需的元素,也是能量代谢所需酶的组成部分。钙、磷、镁、铁和电解质钠、钾以及氯化物通常被称为主要矿物质。矿物质对于救援人员的骨骼健康、携氧能力及体液和电解质平衡都起到重要作用。

值得注意的是两种矿物质:铁和钙。救援人员的饮食摄入缺少足够的铁和钙元素,则会提升骨质减少或骨质疏松的风险以及出现缺铁性贫血的情况,这两种情况都可能影响救援人员的健康状况。

铁对血红蛋白的功能和合成来说都是必不可少的,而血红蛋白是一种将氧运输至全身的蛋白质。除此之外，铁是肌红蛋白的重要组成部分，它将氧运输至肌肉。铁在生长发育、细胞功能及某些激素的合成和功能中起重要作用。

食物中的铁有两种类型：血红素铁和非血红素铁。血红素铁来源于血红蛋白，常见于原本含血红蛋白和肌红蛋白的肉类食物（红肉、鱼和家禽）中。血红素铁比非血红素铁更易于吸收，并且人们摄入的其他任何食物都不会影响人们对血红素铁的吸收。人体对血红素铁的吸收率为15%～35%。

非血红素铁是其他非肉类食物中铁元素的存在形式，包括蔬菜、谷物和含铁元素的强化早餐谷物。只有2%～20%的非血红素铁能被吸收。而且，血红素铁不受同时摄入的食物中的化合物影响，非血红素铁的吸收却会受到诸多因素的影响。例如，菠菜中的非血红素铁就会受到一种被称为植酸的物质的影响（植酸是植物中磷酸盐的储存形式）。植酸会降低非血红素铁的吸收。此外，其他几种物质也会降低非血红素铁的吸收，包括单宁（常见于茶和葡萄酒中）、钙（常见于乳制品和多种维生素中）、多酚、植酸盐（常见于豆科、植物和天然谷物中）及大豆中的部分蛋白质。为了增加非血红素铁的吸收，人们可以在摄入富含维生素C的食物、饮料或在摄入含非血红素铁食物的同时，摄入含血红素铁的食物。例如，同时摄入菠菜与肉类，这可以增加菠菜中铁的吸收。

补铁的方式很多，每种食物提供铁元素的数量都不尽相同，同时也有不同的生物利用率和潜在的副作用，如胃不适。此外，补充钙、镁可能会干扰铁的吸收。若需要摄入铁的补剂，需要在医生或注册营养师的推荐和指导下服用。

钙有助于成人保持骨密度、保证牙齿健康以及调节肌肉收缩，在神经系统、血管扩张和收缩、激素和酶的分泌中发挥着重要作用。在日常膳食中钙的摄入量不足时，储存在骨骼中的钙元素就会被释放，以满足机体的需求并维持血液、肌肉和细胞间液中钙浓度的恒定，因此，缺钙容易造成骨质疏松，增加骨折的风险。

应急救援人员应在饮食中加入乳制品和一些富含钙的食物，若应急救援人员的钙需求无法通过饮食来满足，医生可以建议其开始补钙。

第二节　运动恢复干预与再生手段

恢复过程是指人体在运动过程中和运动结束后，各种生理机能和运动中消耗的能源物质逐渐恢复到运动前水平的变化过程。运动过程中消耗的物质，只有在恢复期得到完全恢复，人体机能才能得以提高；反之，将会出现过度训练或过度疲劳，导致运动能力下降，甚至出现损伤。运动过程与恢复过程的合理安排及良好组合才是机体对运动负荷产生最佳适应性变化的前提条件。在运动训练中，恢复过程与运动过程具有同等重要的作用，充分的机能恢复是取得良好运动效果的保障。

一、运动恢复干预手段

应急救援人员在长时间高强度运动后通常需要一些干预措施的介入来促进机体的恢复。本节详细介绍了促进身体机能恢复的物理干预手段。在练习这些动作时，应该循序渐进，要清楚身体的体能状况，根据自身的实际情况去选择动作。切记听从机体发出的信号，将正确的姿势放在首位。练习者可以根据自身情况，适当提高动作难度或者降低动作难度。

（一）PNF 拉伸

1．PNF 胸部拉伸

［动作名称］PNF 胸部拉伸

［动作要点］被拉伸者盘腿坐在瑜伽垫上，被拉伸者双手抱头，双臂向后打开；搭档在被拉伸者身体后侧，用小腿抵住被拉伸者的背部，双手扶住被拉伸者的双肘。

［练习要求］在中等不适的位置保持拉伸 10 s，随后搭档发力，将双肘继续向后拉伸同时被拉伸者发力对抗，等长收缩 6 s，随后被拉伸者放松肌肉，搭档继续发力向后拉伸，保持被动拉伸 30 s。见图 18-1。

图 18-1　PNF 胸部拉伸

2．PNF 腹股沟拉伸

［动作名称］PNF 腹股沟拉伸

［动作要点］被拉伸者盘腿坐在瑜伽垫上，双脚相对，身体前倾，双手抓住脚掌；搭档在被拉伸者身后，保持跪姿，同时双手压住被拉伸者的双膝。

［练习要求］在中等不适的位置保持拉伸 10 s，随后搭档发力，将双膝继续向下压，同时被拉伸者发力对抗，等长收缩 6 s，随后被拉伸者放松肌肉，搭档继续发力向下压，保持被动拉伸 30 s。见图 18-2。

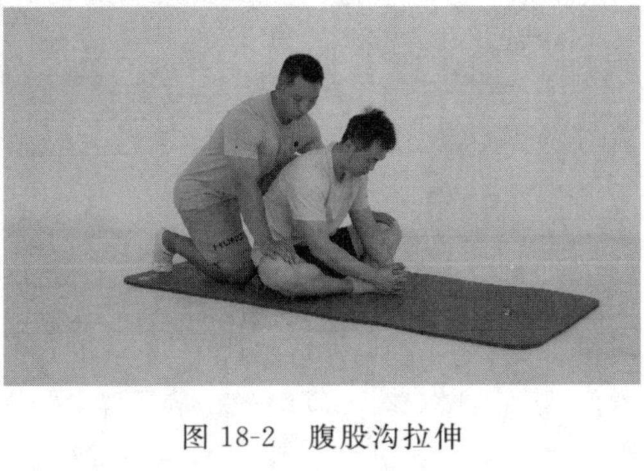

图 18-2　腹股沟拉伸

3．PNF 腘绳肌拉伸

［动作名称］PNF 腘绳肌拉伸

［动作要点］平躺在瑜伽垫上，抬起一侧腿，搭档单膝跪在瑜伽垫上，同时一侧小腿压住拉伸者另一侧腿部，双手扶住被拉伸者抬起的腿，一手扶住膝盖，一手扶住脚腕。

［练习要求］在中等不适的位置保持拉伸 10 s，随后搭档发力，将腿部向前压同时被拉伸者发力对抗，使拉伸腿做等长收缩 6 s，随后被拉伸者放松肌肉，搭档继续发力将腿部向前压，保持被动拉伸 30 s；随后进行另一侧。见图 18-3。

图 18-3　PNF 腘绳肌拉伸

4. PNF 屈髋肌群拉伸

［动作名称］PNF 屈髋肌群拉伸

［动作要点］平趴在瑜伽垫上，抬起一侧腿，搭档单膝跪卧在瑜伽垫上，同时一侧小腿压住拉伸者另一侧腿部，双手扶住被拉伸者抬起的腿，一手扶住膝盖，一手压住髂后上棘。

［练习要求］在中等不适的位置保持拉伸 10 s，随后搭档发力，将腿部向上压同时被拉伸者发力对抗，使拉伸腿做等长收缩 6 s，随后被拉伸者放松肌肉，搭档继续发力将腿部向上压，保持被动拉伸 30 s；随后进行另一侧。见图 18-4。

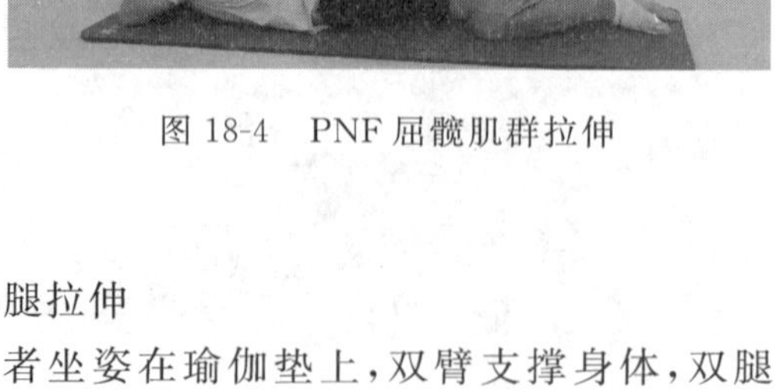

图 18-4　PNF 屈髋肌群拉伸

5. PNF 小腿拉伸

［动作名称］PNF 小腿拉伸

［动作要点］被拉伸者坐姿在瑜伽垫上，双臂支撑身体，双腿伸直并拢；搭档跪姿在被拉伸者脚掌处，双手掌根推住脚尖向被拉伸者身体方向前压；

［练习要求］在中等不适的位置保持拉伸小腿 10 s，随后搭档发力，将

脚尖前压同时被拉伸者发力对抗，做等长收缩 6 s，随后被拉伸者放松肌肉，搭档继续发力将脚尖向前压，保持被动拉伸 30 s。见图 18-5。

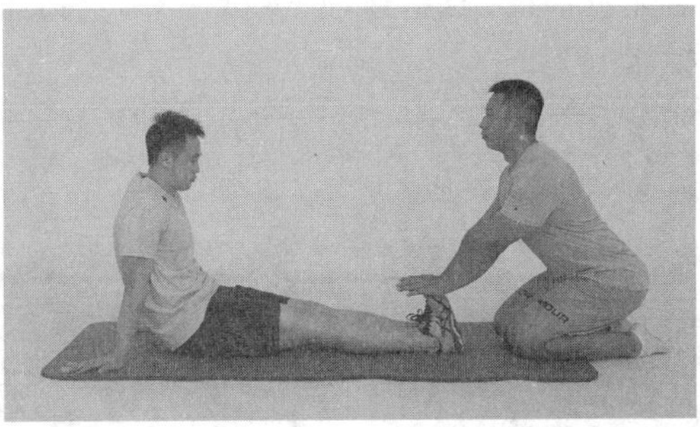

图 18-5　PNF 小腿拉伸

6. PNF 臀部拉伸

[动作名称] PNF 臀部拉伸

[动作要点] 平躺在瑜伽垫上，抬起一侧腿，并弯曲，使膝盖朝向胸部，搭档单膝跪卧在瑜伽垫上，同时一侧小腿压住拉伸者另一侧腿部，双手扶住被拉伸者抬起的腿，一手扶住膝盖侧面，一手扶住小腿，并向被拉伸者身体的斜前方进行推压。

[练习要求] 在中等不适的位置保持拉伸 10 s，随后搭档发力，将腿部向斜前压的同时被拉伸者发力对抗，使臀部肌群做等长收缩 6 s，随后被拉伸者放松肌肉，搭档继续发力将腿部向斜前方压，保持被动拉伸 30 s；随后进行另一侧。见图 18-6。

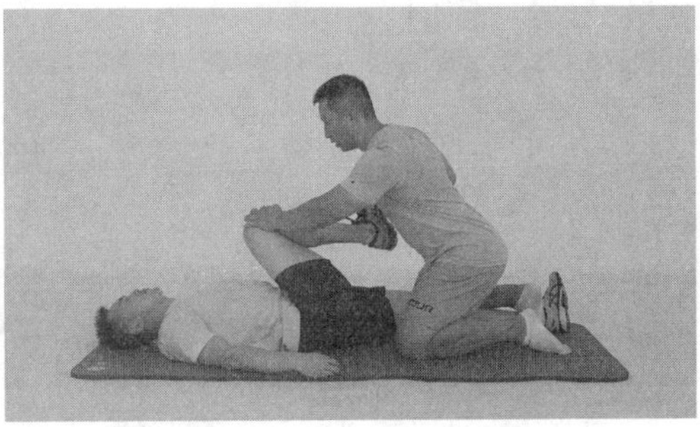

图 18-6　PNF 臀部拉伸

（二）泡沫轴松解

肌肉中有两个主要的感受器，肌梭和高尔基腱器（后简称腱梭），肌梭感受肌肉的长度并施以相对的力去对抗长度的改变，腱梭感受肌肉张力并让肌肉反射性舒张。当肌梭激活时，腱梭受到抑制；当腱梭激活时，同样肌梭受到抑制，这就是肌肉的自生抑制原理。由于泡沫轴的材质原因，能够对肌肉的扳机点、肌纤维黏滞点等位置施加一定的压力，激活腱梭，抑制肌梭，并使肌肉缓缓舒张开，从而达到放松肌肉的目的，能够帮助肌肉恢复，并且增加肌肉的弹性和柔韧性。

1. 泡沫轴胸椎段松解

[动作名称] 泡沫轴胸椎段松解

[动作要点] 将泡沫轴置于平面，双腿屈曲，微微分开，身体平躺在泡沫轴上，胸椎段肌肉压在轴体上。

[练习要求] 双手放在耳朵两侧；微微滚动泡沫轴找到扳机点，在扳机点保持轻度不适，缓缓反复滚动，持续 20～60 s。见图 18-7、图 18-8。

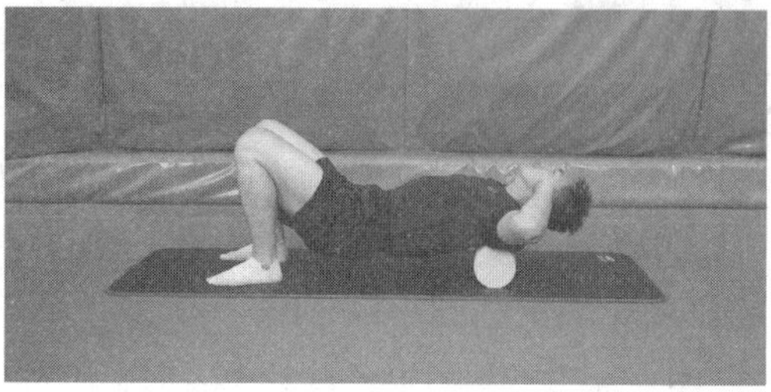

图 18-7　泡沫轴胸椎段松解(起始阶段)

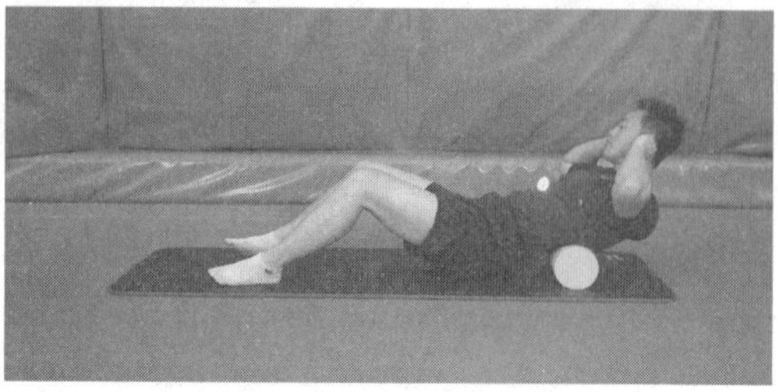

图 18-8　泡沫轴胸椎段松解(放松阶段)

2. 泡沫轴臀部松解

[动作名称] 泡沫轴臀部松解

[动作要点] 将泡沫轴置于平面，抬起一侧腿屈曲，架在另一侧膝盖处，同时抬腿侧臀部肌群压在轴体上，一侧手臂扶住腿部，一侧手臂支撑地面。

[练习要求] 微微滚动找到扳机点，在扳机点保持轻度不适，缓缓反复滚动，持续 20～60 s，两侧交替进行。见图 18-9、图 18-10。

图 18-9　泡沫轴臀部松解(起始阶段)

图 18-10　泡沫轴臀部松解(放松阶段)

3. 泡沫轴腘绳肌松解

[动作名称] 泡沫轴腘绳肌松解

[动作要点] 将泡沫轴置于平面，坐在瑜伽垫上，双臂自然放在身体后侧支撑地面，双腿微微打开，将腘绳肌压在轴体上，双臂将身体支撑起至臀部抬离地面。

[练习要求] 微微滚动泡沫轴找到扳机点，在扳机点保持轻度不适，缓缓反复滚动，持续 20～60 s。见图 18-11、图 18-12。

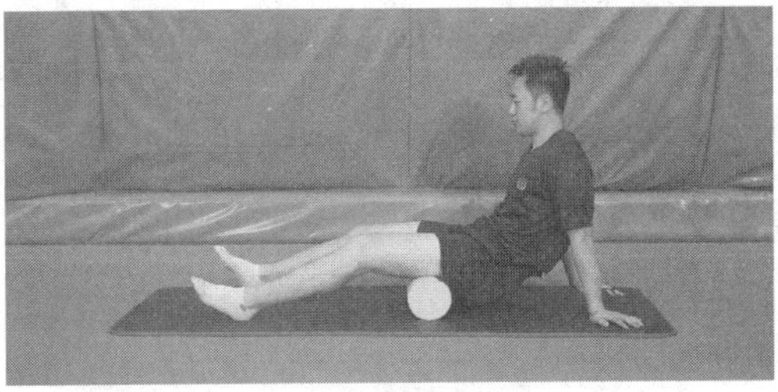

图 18-11　泡沫轴腘绳肌松解(起始阶段)

图 18-12　泡沫轴腘绳肌松解(放松阶段)

4. 泡沫轴小腿放松

[动作名称] 泡沫轴小腿放松

[动作要点] 将泡沫轴置于平面，坐在瑜伽垫上，双臂自然放在身体后侧支撑地面，两腿叠放，一侧腿压在另一侧腿的上方，下侧腿的小腿肌群压在轴体上，同时手臂将身体支撑起至臀部抬离地面。

[练习要求] 前后微微滚动泡沫轴找到扳机点，在扳机点保持轻度不适，缓缓反复滚动，持续 20～60 s，两侧交替进行。见图 18-13、图 18-14。

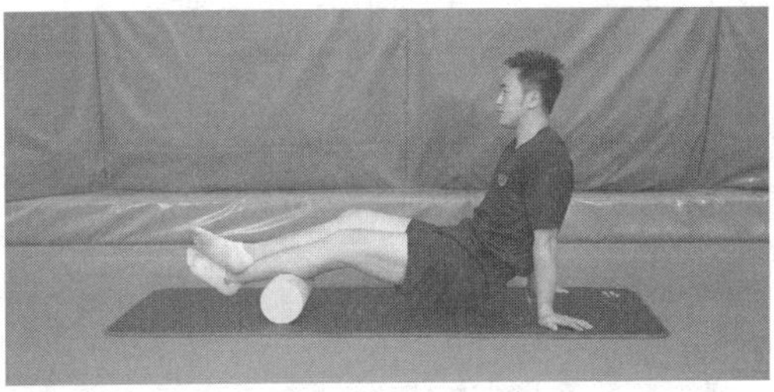

图 18-13　泡沫轴小腿放松(起始阶段)

图 18-14　泡沫轴小腿放松(放松阶段)

5. 泡沫轴髂胫束放松

[动作名称] 泡沫轴髂胫束放松

[动作要点] 将泡沫轴置于平面，侧躺在瑜伽垫上，手臂一侧支撑地面撑起身体，一侧腿屈曲，放到另一侧腿的前方，后侧腿的大腿外侧、阔筋膜张肌以及髂胫束压在轴体上，同时手臂将身体支撑起并悬空一定距离。

[练习要求] 微微滚动泡沫轴找到扳机点，在扳机点保持轻度不适，缓缓反复滚动，持续 20～60 s，两侧交替进行。见图 18-15、图 18-16。

图 18-15　泡沫轴髂胫束放松(起始阶段)

图 18-16　泡沫轴髂胫束放松(放松阶段)

6. 泡沫轴股四头肌放松

[动作名称] 泡沫轴股四头肌放松

[动作要点] 将泡沫轴置于平面，俯身趴在瑜伽垫上，双臂屈曲支撑地面，身体呈直线姿态并悬空一定距离，两腿并拢，使股四头肌压在轴体上。

[练习要求] 前后微微滚动泡沫轴找到扳机点，在扳机点保持轻度不适，缓缓反复滚动，持续 20～60 s。见图 18-17、图 18-18。

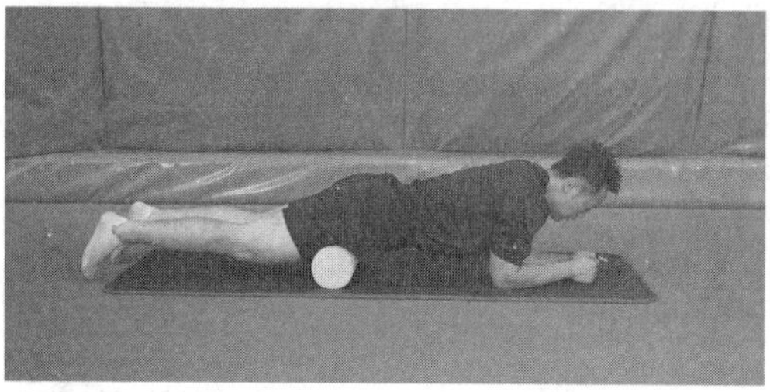

图 18-17 泡沫轴股四头肌放松（起始阶段）

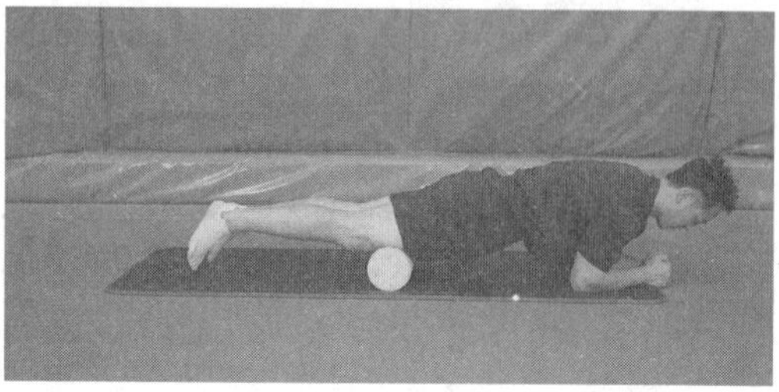

图 18-18 泡沫轴股四头肌放松（放松阶段）

7. 泡沫轴内收肌放松

[动作名称] 泡沫轴内收肌放松

[动作要点] 将泡沫轴置于平面，俯卧趴瑜伽垫上，双臂屈曲支撑地面，身体呈直线姿态并悬空一定距离，一侧腿支撑地面，另一侧腿屈曲并向外打开，将内收肌压在轴体上。

[练习要求] 内外微微滚动泡沫轴找到扳机点，在扳机点保持轻度不适，缓缓反复滚动，持续 20～60 s，两侧交替进行。见图 18-19、图 18-20。

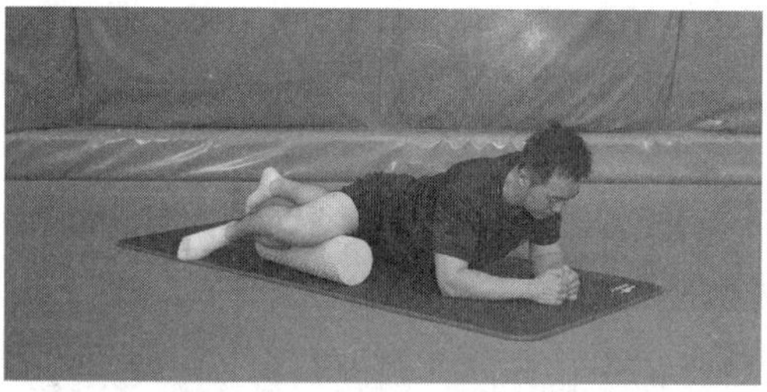

图 18-19 泡沫轴内收肌放松（起始阶段）

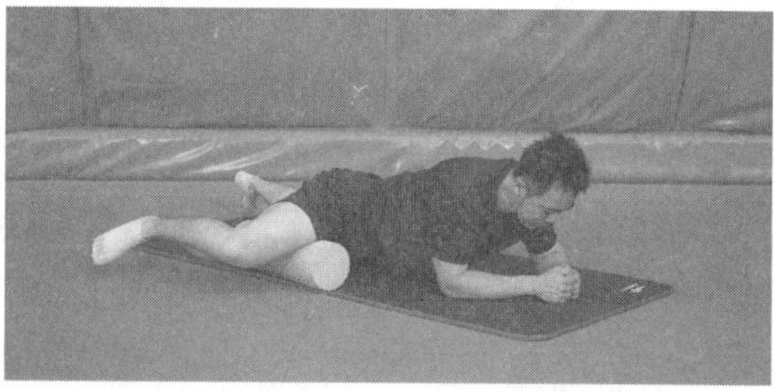

图 18-20 泡沫轴内收肌放松（放松阶段）

8. 泡沫轴背阔肌放松

[动作名称] 泡沫轴背阔肌放松

[动作要点] 将泡沫轴置于平面，侧躺在瑜伽垫上，上侧手臂扶住髋部，另一侧手臂打开向头部方向伸展，将背阔肌外侧压在轴体上。

[练习要求] 前后微微滚动泡沫轴找到扳机点，在扳机点保持轻度不适，缓缓反复滚动，持续 20～60 s，与另一侧交替进行。见图 18-21、图 18-22。

图 18-21　泡沫轴背阔肌放松(起始阶段)

图 18-22　泡沫轴背阔肌放松(放松阶段)

9. 泡沫轴胸肌放松

[动作名称] 泡沫轴胸肌放松

[动作要点] 将泡沫轴置于平面,俯卧趴在瑜伽垫上,一侧手臂支撑,另一侧手臂打开向头部方向伸展,将胸大肌压在轴体上。

[练习要求] 前后微微滚动泡沫轴找到扳机点,在扳机点保持轻度不适,缓缓反复滚动,持续 20～60 s,与另一侧交替进行。见图 18-23、图 18-24。

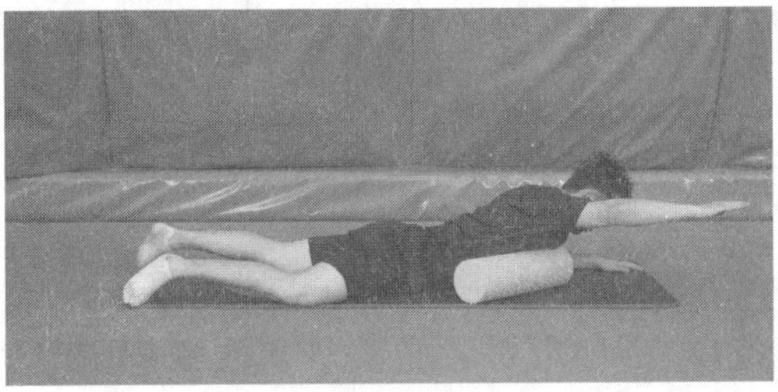

图 18-23　泡沫轴胸肌放松(起始阶段)

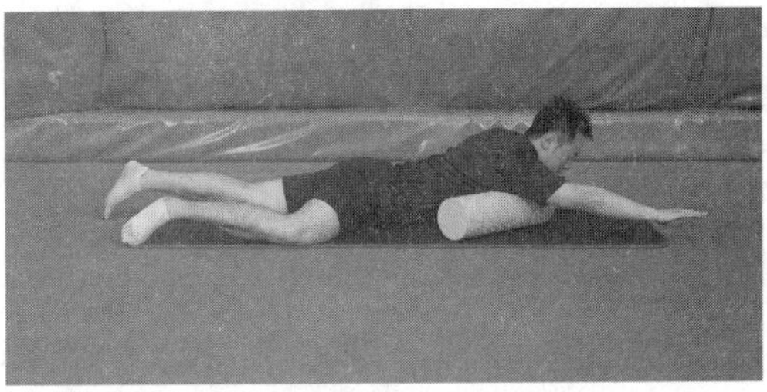

图 18-24　泡沫轴胸肌放松(放松阶段)

二、运动恢复再生手段

(一) 运动性手段

1. 整理活动

整理活动是指运动后进行的各种较为轻松的身体练习,其目的是消除疲劳,促进体力恢复。实验证明,运动结束后,通过整理活动使参与运动的肌肉做一些伸展或牵拉运动,可减少肌肉的延迟性酸痛和硬度,加速肌肉机能的恢复。运动结束后,如果不做整理活动而骤然静止,将会影响血液循环和呼吸运动,使氧气的补充及静脉回流受阻,心输出量减少,血压下降,脑组织暂时性缺血,从而引起一系列不良反应,甚至出现“重力性休克”。此外,剧烈运动时,由于骨骼肌持续紧张收缩,使大量代谢产物堆积,肌肉硬度增加,导致机能下降,出现疲劳。运动结束后,通过整理活动,可减少肌肉的延迟性酸痛,有助于消除疲劳。

2. 积极性休息

积极性休息是指运动过程中为了消除疲劳而采取的各种变换动作或运动强度的练习。积极性休息更适合于少量肌肉群参与工作所引起的局部疲劳,或运动强度较大而引起的快速疲劳。如长时间慢跑所导致的下肢疲劳,可通过一些轻微的上肢活动得到消除;引体向上产生的上肢疲劳,可通过慢跑活动得以消除等。在运动训练过程中,采取调整训练内容、变换运动形式的积极性休息,对于消除疲劳、促进恢复具有重要作用。

（二）运动恢复的营养学手段

运动时消耗的物质需要饮食中的营养物质来补充。因此，合理安排营养膳食是消除疲劳、促进恢复以及提高运动能力的重要手段。在长时间运动过程中，体内糖原大量消耗，因此训练后的膳食应适当增加糖的含量。研究发现，长时间运动（连续 3 天长跑）后，救援人员食用高糖膳食，肌糖原可在 48 h 完全恢复。若食用高脂肪和高蛋白膳食，运动结束后第 5 天尚未完全恢复。而热环境下的运动，由于机体的水分和电解质的丢失较多，故可采取少量多次的方法补充适量的液体（如淡盐水）。大多数项目救援人员膳食中蛋白质、脂肪、糖三种营养素的重量之比应为 1∶1∶7，能量百分比应为 9.5∶22∶68.5。运动后应多食用碱性食物，如奶类、动物血液、水果、蔬菜、豆制品等。由此可见，根据不同项目救援人员的营养、代谢特点，合理安排膳食（如食物的种类及其比例），有利于促进机能恢复和提高运动训练效果。

（三）运动恢复的中医药手段

应用中医药调理可改善人体的代谢能力，促进机能的恢复。目前认为，运动性疲劳的恢复应从健脾益气、补肾壮阳或补益气血方面入手，针对不同的疲劳症状，对症下药。常用的方法有：① 汤剂内服法（口服），如服用复方中药。如阿胶能够促进骨髓造血功能，增加血液中红细胞和血红蛋白含量，提高血液运输氧能力。② 汤剂熏洗法（外用），如利用当归、苍术等制成的中药汤剂具有扩张外周血管，促进血液循环，提高机体运输氧气的能力，维持机体内环境稳定，加快疲劳消除等作用。

（四）运动恢复的心理手段

过度训练可引起与躯体性疲劳相联系的心理疲劳，使救援人员表现出主观感觉乏力、兴趣减退、意志减弱、厌倦、动机水平下降、抑郁等不良心理症状。过度训练易导致积累性疲劳，直接影响救援人员的身体健康、正常训练和比赛。大多数学者认为，神经系统功能降低、神经细胞抑制过程加强是引起不良心理反应的主要因素，与训练负荷安排不当、恢复措施不足等因素有密切关系。因此，采用合理的心理调节是促进疲劳消除、提高训练效果的重要手段。常用的心理恢复手段有：心理暗示法、意念放松法、肌肉放松法、呼吸调整法、音乐放松、心理调整训练法，以及赏识、激励和人文关怀等。

第三节　应急救援项目常见运动损伤预防及处理

一、运动损伤概念

外界各种因素作用于人体，使其产生组织或器官在解剖上或者功能上的破坏，并引起不同程度的局部或全身反应，称为损伤。体育运动过程中所发生的损伤，称为运动损伤。

应急救援项目的损伤不同于一般的体育运动项目中的损伤，应急救援项目的运动损伤与救援环境及条件、工作年限等因素有关。应急救援项目运动损伤种类多、部位广（高发于腰部、膝关节、踝关节、部分上肢肩颈），伤情轻重各异，小伤和轻伤居多，以部位小、损伤轻、慢性损伤、软组织伤为主要特征。据有关数据统计，应急救援人员常见的运动损伤以慢性损伤、软组织损伤、骨关节损伤为主，慢性损伤主要指局部过度负荷、长年累月的细微损伤积累而造成的劳损，或因急性损伤处理不及时转化成慢性损伤。其主要特点是：发病时间长、症状较轻、持续时间长，如髌骨劳损、疲劳性骨膜炎等。软组织损伤中以扭伤、韧带拉伤、肌肉劳损为主。同时，骨关节损伤主要以半月板损伤为主。表 18-1 以消防队员为例，展示了应急救援项目中常见的运动损伤部位。

表 18-1　消防队员常见损伤部位

损伤部位		损伤占比/%
下肢损伤	膝关节损伤	52.7
	踝关节损伤	45
	小腿损伤	28.2
	足部损伤	26.4
	大腿损伤	20
躯干部位损伤	腰部损伤	57.7
	背部损伤	57.7
	胸部损伤	5
	腹部和内脏损伤	1.8
上肢损伤	肩关节损伤	21.8
	手臂部损伤	17.3
	肘关节损伤	13.2
	上臂损伤	9.1
其他损伤	头部损伤	3.6
	颈部损伤	14.1
	其他部位	2.7

二、应急救援项目常见运动损伤预防

在应急救援过程中，造成运动损伤的原因是多方面的，主要原因有缺乏运动损伤知识、救援强度过大、训练前准备活动不充分、心理状态不良以及救援环境恶劣等。

为科学预防运动损伤的发生，可以从以下几个方面予以考虑：提高防范意识、科学合理的运动、加强自我保护意识、注重饮食摄入以及加强医务监督等。

（一）提高防范意识

运动损伤的发生，常与应急救援项目参加者、组织者、指导者对运动损伤的危害认识不足，思想上无防伤观念，缺乏预防运动损伤的基本知识有关。忽视了循序渐进的原则，盲目地进行体育锻炼，甚至将预防运动损伤的科学态度与勇敢、顽强、拼搏的体育精神对立起来，使应急救援项目运动参加者、组织者、指导者不能积极地采取各种预防措施，发生损伤后也不能进行积极有效的治疗。应急救援人员应该充分认识运动损伤给应急救援项目参加者带来的危害，在组织性、纪律性及安全性方面进行教育，克服麻痹思想，树立以预防为主的思想观念。

（二）科学合理的运动

进行科学合理的教学、训练及活动，组织安排要遵循体育卫生原则。应急救援项目要加强易伤部位及相对薄弱部位的训练，尤其重视准备活动和伸展，重视救援技术动作的正确合理运用。

1. 准备活动

合理的准备活动必须包括一般性和专项性两个方面。一般性的准备活动常有跳、慢跑、牵拉、抗阻力量练习法等，其目的是增加应急救援人员的心率、血流量、深层肌肉温度、呼吸频率、排汗量以及降低肌肉的黏滞性。专项准备活动应该包括应急救援项目所涉及的人体运动部位的活动。准备活动的时间应为 15～30 min，强度应依照项目而定，主观测定强度的指标是出汗但不疲劳。

2. 掌握正确的救援技术，防止运动损伤

救援技术掌握不正确，造成局部负荷过重，在动作定形之后反复地练习，会引起损伤的不断发生，所以要注意在动作的形成阶段，不断地调整动作的节奏和结构，使之合理化，从而避免运动损伤的发生。

3. 加强易伤部位及相对薄弱部位的锻炼

应急救援项目及其技术动作对应急救援人群有特殊的要求，人体自身某些部位在运动中所表现出的解剖生理弱点，这些都是导致运动损伤发生的潜在因素。因此根据应急救援项目的特点加强易伤部位的锻炼，是避免运动损伤发生的有效方法。

4. 充分的恢复

恢复手段对于预防损伤有益处，不及时采用恢复手段会导致疲劳无力。如出现这种现象并且训练负荷同时下降就表明运动“过量”了，不及时纠正就会出现过度疲劳。多数情况下，应急救援人员对运动过量的反应是加大训练来克服无力和运动负荷下降，这样易造成损伤，同时也易造成过度疲劳。科学的方法是及时采用恢复手段，教练员应及时观察救援人员的身体状态并调整训练计划。训练日记应详细记录赛季、睡眠休息日及晨脉。如有连续晨脉增加，特别是伴有疲劳无力，则应减量或停训 1～2 天。

（三）加强自我保护意识

过度心理紧张，可以使肌肉紧张，而紧张的肌肉会使主动肌和被动肌之间的协调失衡，从而影响技术动作，加大损伤危险性。注意力不集中会使应急救援人员的反应力下降，也是造成损伤的一个因素。心理淡漠也易造成损伤。失去兴趣的队员，不愿做准备活动，技术动作也易出现错误造成损伤。要经常认真地对运动场地、设备、器材以及个人运动用品进行检查，防止在训练中出现意外。

（四）注重饮食摄入

营养不良会加大损伤的危险性。糖供应不足会加大蛋白质、脂肪的分解，使得中枢神经系统的兴奋性下降、注意力不集中、反应迟钝以及肌肉收缩无力，可导致潜在肌肉损伤的发生。营养不良是大强度训练中肌肉拉伤的原因之一。水不能及时补充会加大血液的黏稠性而间接造成肌肉损伤。矿物质是骨的重要组成成分，矿物质的补充不足会影响骨的营养而加大损伤的危险性。

（五）加强医务监督

应急救援人群应定期进行体格检查。参加重大救援任务的前后，要进行身体检查或复查，以观察救援任务前后的身体机能变化。对体格检查不合格者，不允许参加救援任务，伤病初愈的人参加应急救援训练时，应取得医生的同意。检查时，要特别注意观察运动系统的局部反应，如局部有无肿胀、发热，肌肉有无酸痛，关节有无肿胀等。如有不良反应，要及时诊治，此时不宜加大训练负荷，更不宜练习高强度动作。

（六）合理使用运动保护器械

适合的运动保护器械可以使应急救援人群避免在运动中发生损伤，例如应急救援人群为避免踝关节的崴伤而设计的护踝，此外绷带和黏膏支持带的使用对于保护和治疗受伤的应急救援人员也起着非常重要的作用。运动保护器材的选择和购买是救援人员健康防护中的一个重要因素。只有正确选择和使用运动保护器材才能达到防止损伤的目的，使用太旧、已损坏或不合适的保护器材将会增加损伤的危险性。

三、应急救援项目常见运动损伤处理方法

在应急救援项目中，常见的运动损伤包括：软组织及肌肉的扭伤和拉伤、骨折、出血、休克及心跳呼吸停止、特殊伤病、慢性损伤等几种类别。

下面将介绍应急救援项目常见的几种运动损伤处理方法。

（一）成人心肺复苏（无颈椎损伤）处理方法

观察环境，双手轻拍伤员双侧肩膀，俯身在伤员两侧耳边高声呼叫，判断伤员有无意识。用扫视方法判断伤员是否有呼吸、是否不能正常呼吸（叹息样呼吸），时间 5～10 s，判断伤员有无呼吸。

打开气道（仰头举颏法）观察伤员口中是否有异物，若有应侧头将异物取出，打开并放好呼吸膜，一只手掌小鱼际（小手指侧的掌侧缘）压住伤员额头，另一手食指、中指并拢，托住伤员下颏（下颌骨处），轻轻将气道打开，使头后仰 90°，口对口吹气，张大嘴，包严伤员口唇，捏紧鼻翼，吹气 1 s，可见胸廓隆起，抬头换气，松鼻翼，观察胸廓是否回落，按上述标准吹第二口气，张大嘴，包严伤员口唇，捏紧鼻翼，吹气 1 s，可见胸廓隆起。以按压 30 次吹 2 口气为 1 组，连续做 5 组。

若做完 5 组以后伤员苏醒，打开气道，评估循环及呼吸，一只手小鱼际压住伤员额头，另一只手食指、中指并拢在气管与颈侧肌肉之间沟内触摸其颈动脉搏动，同时用眼睛扫视伤员的呼吸，时间 5～10 s，心肺复苏成功。确定胸外按压部位，解开伤员衣服，将一只手的掌根放在伤员两乳头连线中点（胸骨下 1/2 处）。

双手掌根重叠，十指相扣，掌心翘起，手指离开胸壁，肩、肘、腕关节上下垂直，上半身前倾，以髋关节为轴，向下垂直按压。以 100～120 次/min 的频率、垂直向下按压 30 次。按压深度 5～6 cm。每次按压后，确保胸壁完全回弹。

复苏后，整理伤员衣服，将伤员搬运到脊柱板上，固定后抬走。若 5 组完成以后伤员没有苏醒，继续重复上述操作，按压 30 次吹 2 口气为 1 组。见图 18-25、图 18-26、图 18-27、图 18-28。

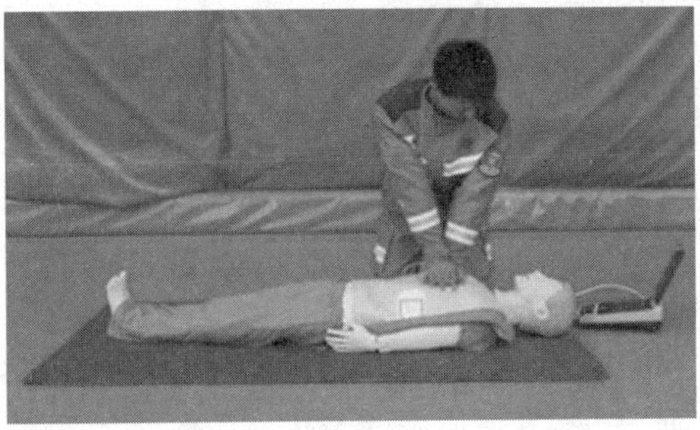

图 18-25　成人心肺复苏（起始阶段）

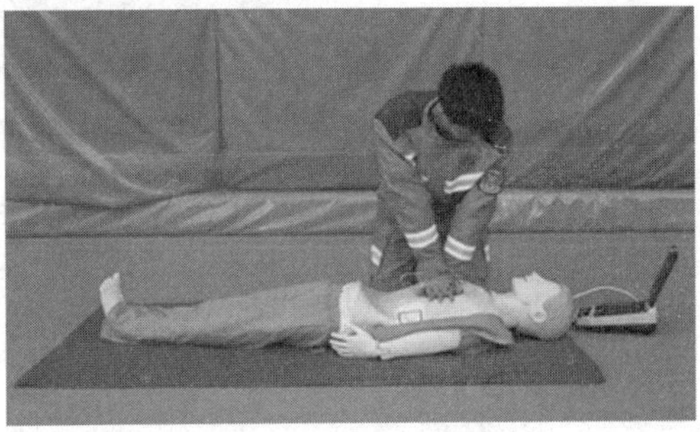

图 18-26　成人心肺复苏（复苏阶段）

图 18-27　成人心肺复苏(复苏阶段)

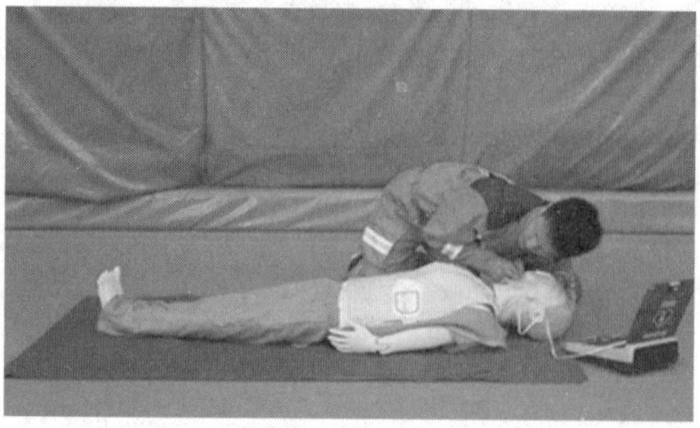

图 18-28　成人心肺复苏(复苏阶段)

（二）头顶部出血处理方法

检查伤员头部，观察伤口有无异物，有异物需清除，没有异物直接压迫止血，用足够大的(大于伤口周边 3 cm)敷料压迫在伤口上并施加压力。采用三角巾头顶帽式包扎，将三角巾的底边折两横指宽，中间三分之一置于伤员前额齐眉处，两底角经耳上方至枕后压住顶角左右交叉再返回至健侧齐眉打结，固定底边，拉紧顶角压迫伤口辅料，将顶角折叠后塞入底角交叉处固定，视伤员病情取坐位或半卧位。见图 18-29、图 18-30、图 18-31。

图 18-29　头顶部出血处理(正面视图)

图 18-30　头顶部出血处理(侧面视图)

图 18-31　头顶部出血处理(背面视图)

（三）前臂中段骨折处理方法

检查伤员前臂，报告前臂疑似骨折，无伤口。将伤肢屈曲置于胸前，检查伤肢末端运动、感觉、循环，用现场可利用物品固定，固定物超过肘、腕关节。用两条适度宽带分别固定骨折上段、下段(腕关节)，结打在固定物与伤肢之间悬吊伤肢。三角巾做大悬带悬吊伤肢，结打在颈后右侧方，伤肢末端略抬高观察伤肢末端血液循环及伤员。见图 18-32、图 18-33、图 18-34。

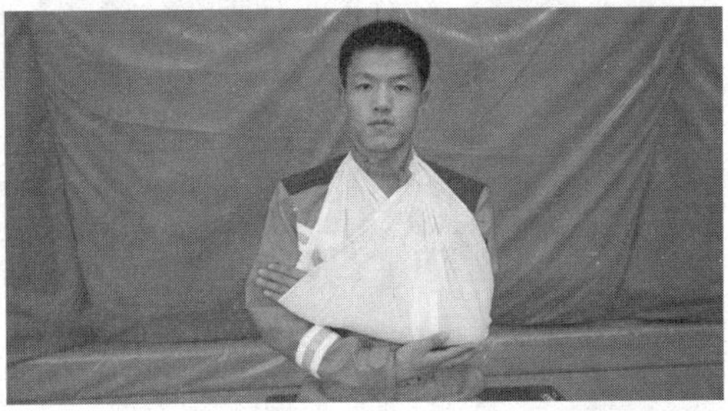

图 18-32　前臂中段骨折处理（正面视图）

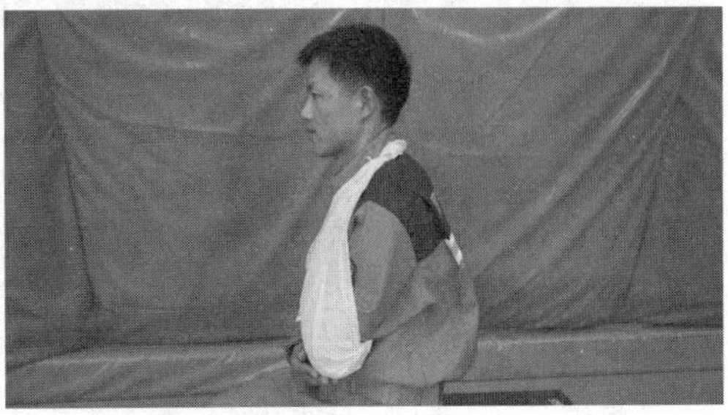

图 18-33　前臂中段骨折处理（侧面视图）

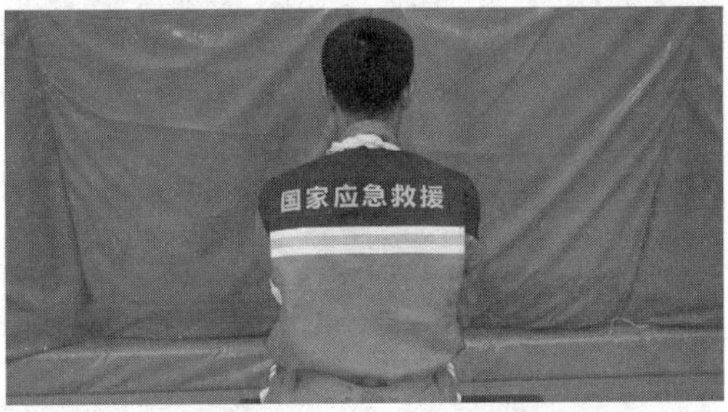

图 18-34　前臂中段骨折处理（背面视图）

（四）膝关节“8”字包扎

检查伤员膝关节，观察伤口有无异物，有异物需清除，没有异物直接压迫止血，用敷料盖住伤口，将绷带置于伤处，先在膝关节处缠绕两圈，之后用绷带分别压在膝关节上下两边，向后缠绕肢体，在膝关节处形成明显“8”字，最后绷带尾端在膝关节外侧固定。见图 18-35、图 18-36。

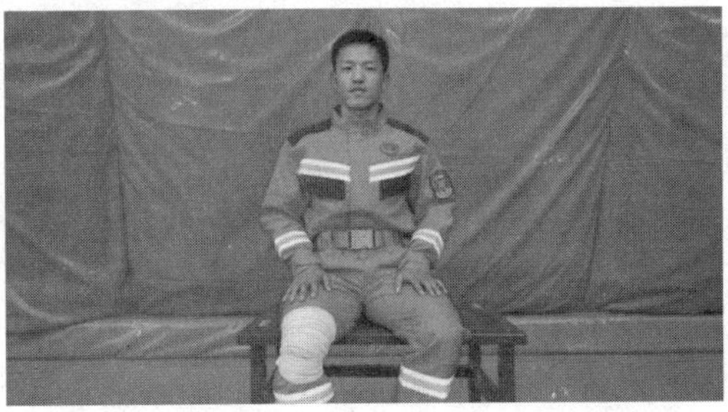

图 18-35　膝关节“8”字包扎（正面视图）

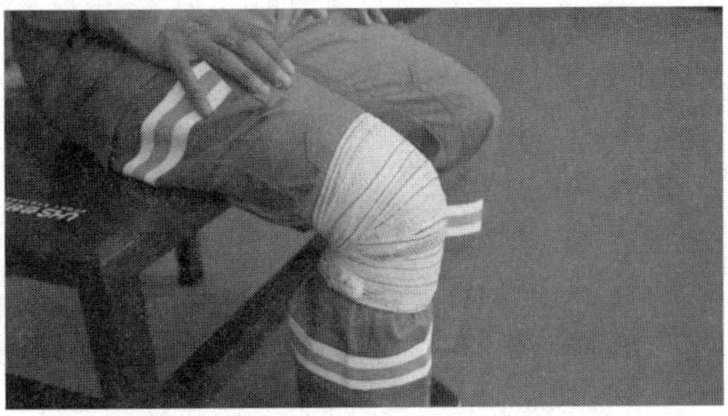

图 18-36　膝关节“8”字包扎（侧面视图）

（五）手腕关节“8”字包扎

检查伤员手腕关节，观察伤口有无异物，有异物直接清除，没有异物直接压迫止血，用敷料盖住伤口，绷带从腕部开始，先环形缠绕两圈，然后经手和腕呈“8”字形缠绕，最后绷带尾端在腕部外侧固定。见图 18-37、图 18-38、图 18-39。

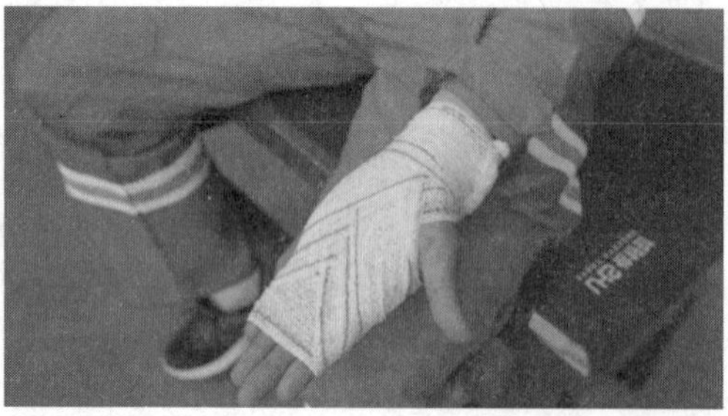

图 18-37　手腕关节“8”字包扎(掌心处)

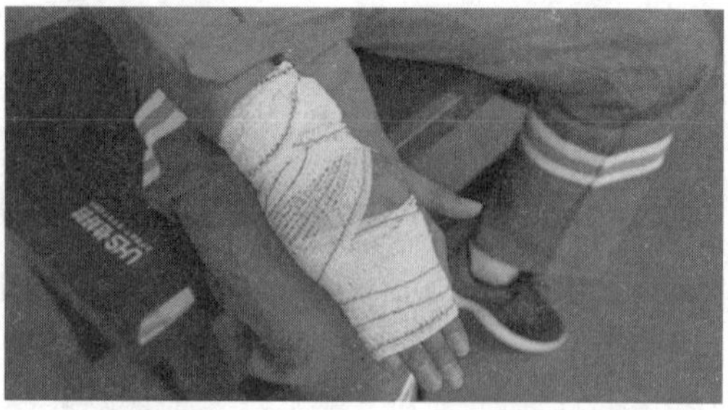

图 18-38　手腕关节“8”字包扎(掌背处)

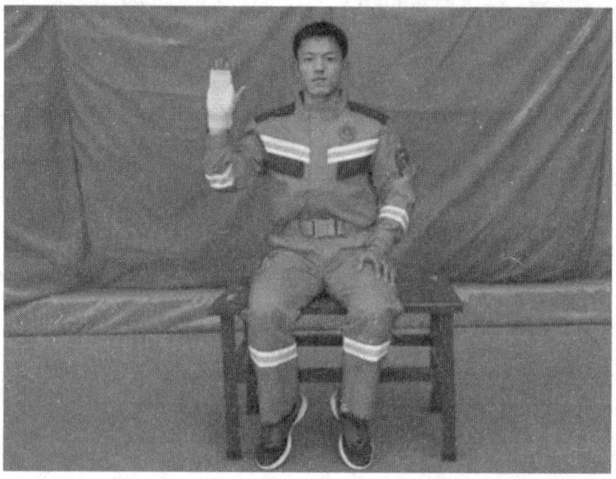

图 18-39　手腕关节“8”字包扎(正面视图)

四、应急救援项目常见运动损伤康复性训练

当应急救援人员发生运动损伤时,损伤部位相关身体机能会迅速下降,例如经常伴随着损伤部位的炎症、水肿,以及肌肉力量、柔韧性、灵敏性等身体素质的下降。

应急救援人员在损伤后,要想重新回归训练和一线战斗,需要经过损伤组织的处理、愈合以及损伤组织功能的重建。

在经过一系列的处理以及损伤愈合阶段,为了更快地康复以及重回一线,需要对受伤的应急救援人员进行相关康复性训练,在训练中需要着重于模拟特定活动的要求和功能性,包括特定关节角度的肌力强化训练、特定速度的肌肉活动训练以及进一步促进神经肌肉控制的训练,从而使得应急救援人员能够尽快地恢复健康。本节重点介绍损伤组织功能重建的相关训练。

常见运动损伤的康复性训练动作汇总如下。

1. 俯卧弹力圈抬腿

[动作名称] 俯卧弹力圈抬腿

[动作要点] 身体趴在瑜伽垫上,双腿并拢,双臂屈肘,手掌指向身体前方;弹力圈置于双腿膝盖上方,核心段保持稳定,对抗弹力圈阻力,抬起一侧腿使该侧腿远离地面,顶端停留 1 s,随后缓缓放下回到接近触地,始终保持弹力圈张力,重复进行。

[练习要求] 臀肌发力,保持核心稳定,正常呼吸,避免大小腿弯曲,练习 2～4 组,每组 8～12 次,每次保持 1 s。见图 18-40、图 18-41。

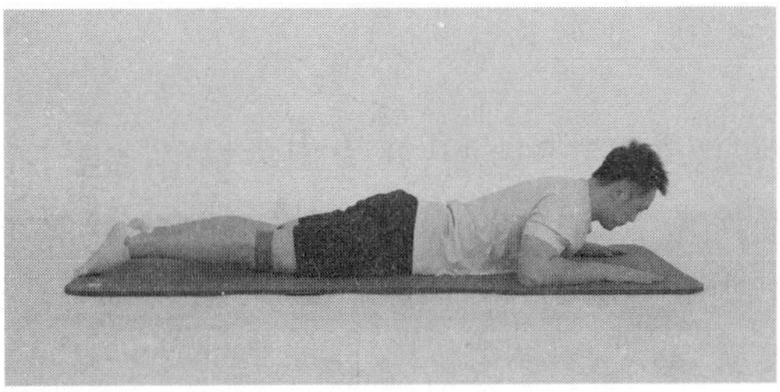

图 18-40　俯卧弹力圈抬腿(起始阶段)

图 18-41　俯卧弹力圈抬腿(发力阶段)

2. 弹力圈侧卧抬腿

[动作名称] 弹力圈侧卧抬腿

[动作要点] 身体侧卧,下侧手置于脑后,上侧手叉腰,双腿并拢,弹力圈置于双腿膝盖上方;保持身体姿态,上侧腿脚尖外旋同时绷紧腿部肌肉,向上对抗弹力圈阻力抬高腿部,顶端保持 1 s,随后缓缓下降至接近触腿,始终保持弹力圈的张力,重复进行。

[练习要求] 臀肌发力,外展时整个身体在同一垂直平面上,避免屈髋,练习 2～4 组,每组 8～12 次,每次保持 1 s。见图 18-42、图 18-43。

图 18-42　弹力圈侧卧抬腿(起始阶段)

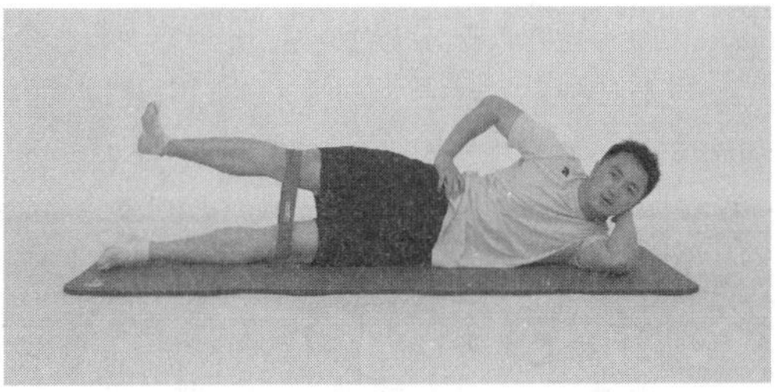

图 18-43　弹力圈侧卧抬腿(发力阶段)

3. 弹力圈蚌式开合

[动作名称] 弹力圈蚌式开合

[动作要点] 身体侧卧,下侧手置于脑后,上侧手叉腰,双腿并拢,弹力圈置于双腿膝盖上方,随后双腿屈曲;保持身体姿态,上侧腿脚尖外旋,以髋部为中心将上侧腿外旋,顶端保持 1 s,随后缓缓下降接近触腿,始终保持弹力圈的张力,重复进行。

[练习要求] 膝关节旋外 90°时,两脚跟不分离,练习 2～4 组,每组 8～12 次,每次保持 1 s,见图 18-44、图 18-45。

图 18-44　弹力圈蚌式开合(起始阶段)

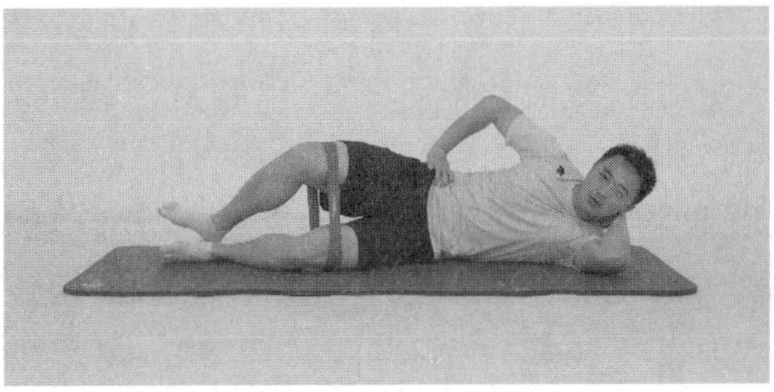

图 18-45　弹力圈蚌式开合(发力阶段)

4. 俯卧弹力圈单腿外展

[动作名称] 俯卧弹力圈单腿外展

[动作要点] 俯身双手、双膝置于地面，大腿、双臂垂直于地面；弹力圈置于膝盖上方大腿处；核心肌群收紧，使脊柱始终保持中立；对抗弹力圈的阻力，抬起一侧大腿，顶端停留 1 s，随后缓缓回到中立位，两侧交替进行。

[练习要求] 大腿与身体呈 90°，收紧核心，外展腿部，练习 2～4 组，每组 8～12 次，每次保持 1 s。见图 18-46、图 18-47。

图 18-46　俯卧弹力圈单腿外展（起始阶段）

图 18-47　俯卧弹力圈单腿外展（发力阶段）

5. 弹力圈跪姿单侧提腿

[动作名称] 弹力圈跪姿单侧提腿

[动作要点] 俯身双手、双膝置于地面，大腿、双臂垂直于地面；弹力圈置于膝盖上方大腿处；核心肌群收紧，使脊柱始终保持中立；双臂、单侧腿支撑身体，将另一侧腿（大小腿垂直姿态）向上提起，顶端保持 1 s，随后缓缓下降回初始位置，重复进行。

[练习要求] 大腿与身体呈 90°，收紧核心，保持躯干稳定，练习 2～4 组，每组 8～12 次，每次保持 1 s。见图 18-48、图 18-49。

图 18-48　弹力圈跪姿单侧提腿（起始阶段）

图 18-49　弹力圈跪姿单侧提腿（发力阶段）

6. 弹力圈跪姿单侧侧向提腿

[动作名称] 弹力圈跪姿单侧侧向提腿

[动作要点] 俯身双手、单膝置于地面，一侧大腿、双臂垂直于地面，另一侧大腿绷直向上抬起和身体呈直线；弹力圈置于膝盖上方大腿处；核心肌群收紧，使脊柱始终保持中立；双臂、单侧腿支撑身体，将另一侧腿，向身体外侧踢开，顶端保持 1 s，随后回到初始位置，重复进行。

[练习要求] 大腿与身体呈 90°，收紧核心，保持躯干稳定，练习 2～4 组，每组 8～12 次，每次保持 1 s。见图 18-50、图 18-51。

图 18-50　弹力圈跪姿单侧侧向提腿(起始阶段)

图 18-51　弹力圈跪姿单侧侧向提腿(发力阶段)

7. 弹力圈臀桥

[动作名称] 弹力圈臀桥

[动作要点] 平躺在瑜伽垫上,双腿打开至肩膀宽度,弹力圈置于膝盖上方,大小腿呈 90°,脚尖抬起,微微外旋,脚跟支撑地面,背部平整,双臂自然放在身体两侧;臀部发力,将臀部抬离地面至腿部、髋部、腰腹部与胸肩部呈一条直线,顶端保持 1 s,缓缓下降臀部回到起始位置,重复进行。

[练习要求] 臀部发力,腿、髋、腰腹部与胸肩部成一条直线,练习 2～4 组,每组 8～12 次,每次保持 1 s。见图 18-52、图 18-53。

图 18-52　弹力圈臀桥(起始阶段)

图 18-53　弹力圈臀桥(发力阶段)

8. 弹力圈自重深蹲

[动作名称] 弹力圈自重深蹲

[动作要点] 弹力圈套在膝关节上方,双腿分开,两脚间距略宽于肩,脚尖微微外展,收紧臀部,头、胸廓和骨盆在一条直线上,收紧腹部。保持脊柱中立位,背部绷紧,保持头部中立姿势,重心处于脚部正上方。髋膝同时启动,下蹲身体,膝关节保持外展,下蹲至动作底部大腿平行于地面或略低,保持 1 s,臀腿同时发力,向上蹲起,直至恢复中立位。

[练习要求] 屈膝时膝盖不超过脚尖,两脚尖向前,练习 2～4 组,每组 8～12 次,每个动作保持 1 s。见图 18-54、图 18-55。

9. 弹力圈蟹式行走

[动作名称] 弹力圈蟹式行走

[动作要点] 弹力圈套在膝关节上方,双腿分开,两脚间距略宽于肩,脚尖微微外展,收紧臀部,头、胸廓和骨盆在一条直线上,收紧腹部。保持脊柱中立位,背部绷紧,保持头部中立姿势,重心处于脚部正上方。保持身

图 18-54　弹力圈自重深蹲(起始阶段)

图 18-55　弹力圈自重深蹲(下蹲位置)

体、双手、双脚始终朝向前方,对抗弹力圈阻力,向一侧侧向小步走,随后向相反方向进行小步走,交替进行。

[练习要求] 在移动过程中,重心始终保持在同一水平面上,膝盖不超过脚尖,练习 4～6 组,移动距离为 8 m。见图 18-56、图 18-57、图 18-59。

图 18-56　弹力圈蟹式行走(起始位置)

图 18-57　弹力圈蟹式行走(右侧向移动)

图 18-58　弹力圈蟹式行走(左侧向移动)

10. 弹力圈双手外展

［动作名称］弹力圈双手外展

［动作要点］双腿略微分开，脚尖微微外展，收紧臀部，头、胸廓和骨盆在一条直线上，收紧腹部。保持脊柱中立位，背部绷紧，保持头部中立姿势。抬起双臂并伸直，将弹力圈置于手腕上；保持身体姿态，对抗弹力圈阻力，将双手向身体外侧打开，顶端停留 1 s，随后回到起始位置，重复进行。

［练习要求］双腿与肩同宽，收紧核心、臀部；保持正常呼吸，抬起手臂与地面平行，练习 2～4 组，每组 8～12 次，每次保持 1 s。见图 18-59、图 18-60。

图 18-59　弹力圈双手外展（起始阶段）

图 18-60　弹力圈双手外展（发力阶段）

11. 弹力圈半蹲手臂后伸

［动作名称］弹力圈半蹲手臂后伸

［动作要点］双腿分开略比肩宽，脚尖微微外展，收紧臀部，头、胸廓和骨盆在一条直线上，收紧腹部。保持脊柱中立位，背部绷紧，保持头部中立姿势。抬起双臂并伸直，将弹力圈置于手肘上；保持身体姿态，半蹲，同时对抗弹力圈将手臂置于身体两侧；随后将双臂向身体后侧伸展，顶端停留 1 s，随后缓缓回到起始位置，重复进行。

［练习要求］半蹲，头、胸廓和骨盆在一条直线上，背部绷紧，外展手臂，练习 2～4 组，每组 8～12 次，每次保持 1 s。见图 18-61、图 18-62、图 18-63。

图 18-61　弹力圈半蹲手臂后伸（起始阶段）

图 18-62　弹力圈半蹲手臂后伸（蓄力阶段）

图 18-63　弹力圈半蹲手臂后伸(发力阶段)

12. 弹力圈站姿手臂过顶伸展

[动作名称] 弹力圈站姿手臂过顶伸展

[动作要点] 双腿分开略比肩宽,脚尖微微外展,收紧臀部,头、胸廓和骨盆在一条直线上,收紧腹部。保持脊柱中立位,背部绷紧,保持头部中立姿势。抬起双臂并伸直,将弹力圈置于手肘上;保持身体姿态,对抗弹力圈阻力,将双手向身体上方伸展至双耳位置,顶端保持 1 s,随后缓缓回到初始位置,重复进行。

[练习要求] 保持正常呼吸,背部绷紧,双手向身体上方伸展至双耳位置,练习 2～4 组,每组 8～12 次,每次保持 1 s。见图 18-64、图 18-65。

图 18-64　弹力圈站姿手臂过顶伸展(起始阶段)

图 18-65 弹力圈站姿手臂过顶伸展(上举阶段)

13. 俯身弹力圈手臂伸展

[动作名称] 俯身弹力圈手臂伸展

[动作要点] 双腿分开略比肩宽或略宽于肩,脚尖微微外旋;腹部,腰背部核心肌群收紧,俯身并半蹲;弹力圈置于双手手腕处,随后发力向肩膀两侧打开;保持打开姿势,将双手举过头顶,保持 1 s,随后缓缓恢复起始姿势,重复进行。

［练习要求］收紧腰腹，俯身半蹲，双手举过头顶，练习 2～4 组，每组 8～12 次，每次保持 1 s。见图 18-66、图 18-67、图 18-68。

图 18-66　俯身弹力圈手臂伸展（起始阶段）

图 18-67　俯身弹力圈手臂伸展（上举阶段）

图 18-68　俯身弹力圈手臂伸展（后伸发力阶段）

14. 弹力圈单侧手臂外旋

［动作名称］弹力圈单侧手臂外旋

［动作要点］双腿略微分开，脚尖微微外展，收紧臀部，头、胸廓和骨盆在一条直线上，收紧腹部。保持脊柱中立位，背部绷紧，保持头部中立姿势。保持身体姿态，双手提起，一侧手掌抓握弹力圈的一端作为固定端，另一侧手掌抓握弹力圈的另一端作为活动端，活动端小臂以大臂为轴向身体外侧旋转，随后缓缓回到初始位置，重复进行。

［练习要求］站立姿势，小臂以大臂为轴向身体外侧旋转，缓慢回到初始位置，练习 2～4 组，每组 8～12 次，每次保持 1 s。见图 18-69、图 18-70。

15. 弹力带双臂后伸

［动作名称］弹力带双臂后伸

［动作要点］双人对站，搭档握住弹力带的中点，作为固定端，受训者站姿，抬起并伸直双臂，双手握住弹力带的两端作为活动端；保持身体姿态，双臂同时向身体后侧拉动弹力带，顶端停留 1 s，随后缓缓回到起始位置，重复进行。

［练习要求］站立姿势，受训者双臂向身后拉动弹力带，练习 2～4 组，每组 8～12 次，每次保持 1 s。见图 18-71、图 18-72。

图 18-69　弹力圈单侧手臂外旋(起始阶段)

图 18-70　弹力圈单侧手臂外旋(发力阶段)

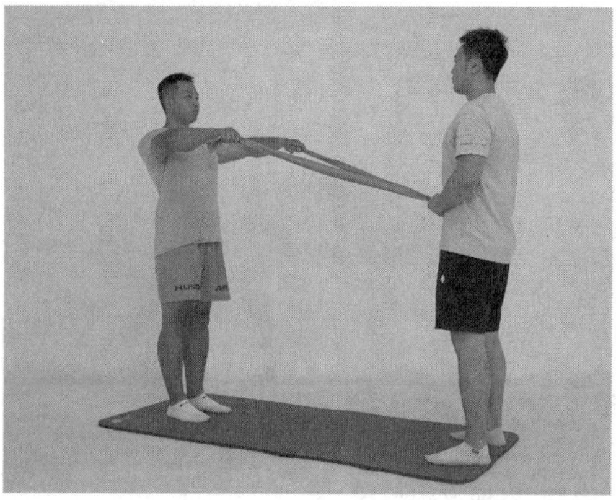

图 18-71　弹力带双臂后伸(起始阶段)

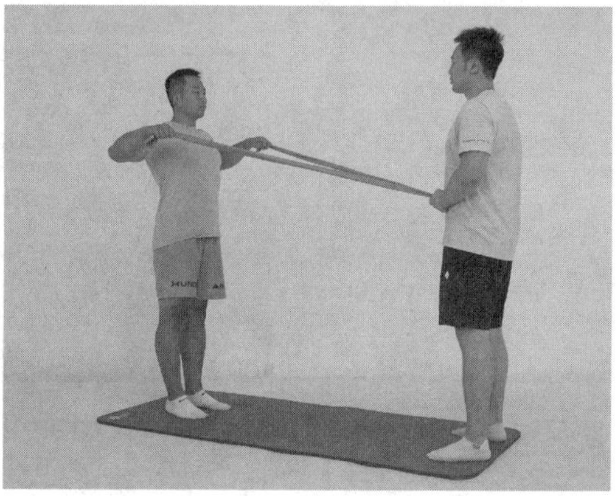

图 18-72　弹力带双臂后伸(发力阶段)

16. 弹力带双臂下压

[动作名称] 弹力带双臂下压

[动作要点] 双人对站,搭档握住弹力带的中点,作为固定端,受训者站姿,抬起并伸直双臂,双手握住弹力带的两端作为活动端;保持身体姿态,双臂同时向身体后下方发力,将弹力带拉至髋部,顶端保持 1 s,随后缓缓回到初始位置,重复进行。

[练习要求] 站立姿势,受训者双臂向下发力,将弹力带拉至髋部,练习 2～4 组,每组 8～12 次,每次保持 1 s。见图 18-73、图 18-74。

17. 站姿弹力带肩外旋

[动作名称] 站姿弹力带肩外旋

[动作要点] 双人对站,站姿双腿并拢,搭档拿住弹力带的中点,受训者拿住弹力带的两侧;双臂打开上举至大臂平行于地面,大臂垂直于小臂,小臂平行于地面;保持大臂不动,双手抓住弹力带并上旋小臂至双耳两侧的高度;保持 1 s 后慢慢回到小臂的平行于地面的位置,重复进行。

[练习要求] 站立姿势,受训者大小臂垂直,将弹力带上旋至两耳两侧,练习 2～4 组,每组 8～12 次,每次保持 1 s。见图 18-75、图 18-76。

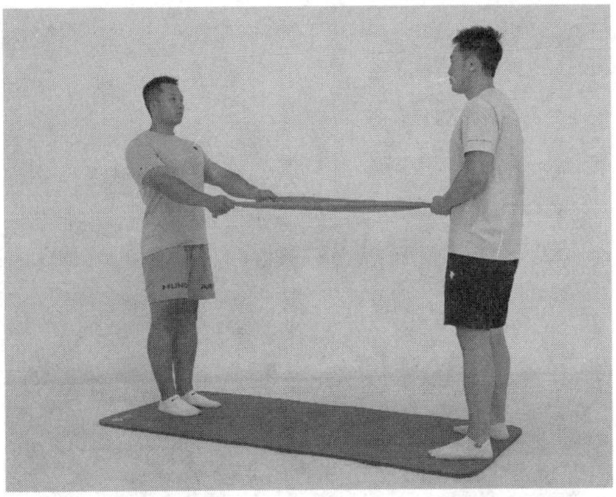

图 18-73　弹力带双臂下压(起始阶段)

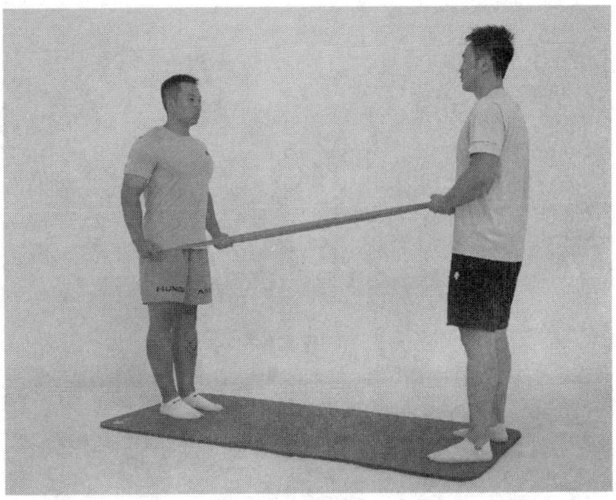

图 18-74　弹力带双臂下压(发力阶段)

图 18-75　站姿弹力带肩外旋(起始阶段)

图 18-76　站姿弹力带肩外旋(发力阶段)

18. 弹力带单侧手臂外旋

[动作名称] 弹力带单侧手臂外旋

[动作要点] 双人并排站,站姿双腿略微分开,搭档拿住弹力带的一端作为固定端,受训者拿住弹力带的另一端作为活动端;保持身体姿态,双手提起,活动端小臂以大臂为轴向身体外侧旋转,随后缓缓回到初始位置,重复进行。

[练习要求] 站立姿势,受训者小臂以大臂为轴向身体外侧旋转,练习 2～4 组,每组 8～12 次,每次保持 1 s。见图 18-77、图 18-78。

19. 弹力带双臂上旋推举

[动作名称] 弹力带双臂上旋推举

[动作要点] 双人对站,站姿双腿并拢,搭档拿住弹力带的中点,受训者拿住弹力带的两侧;双臂打开上举至大臂平行于地面,大臂垂直于小臂,小臂平行于地面;保持大臂不动,双手抓住弹力带并上旋小臂至双耳两侧的高度,随后向上推起;保持 1 s 后慢慢回到小臂平行于地面的位置,重复进行。

图 18-77　弹力带单侧手臂外旋（起始阶段）

图 18-78　弹力带单侧手臂外旋（发力阶段）

［练习要求］站立姿势，大小臂垂直，将弹力带上旋至两耳两侧，向上推起，练习 2～4 组，每组 8～12 次，每次保持 1 s。见图 18-79、图 18-80、图 18-81。

图 18-79　弹力带双臂上旋推举（起始阶段）

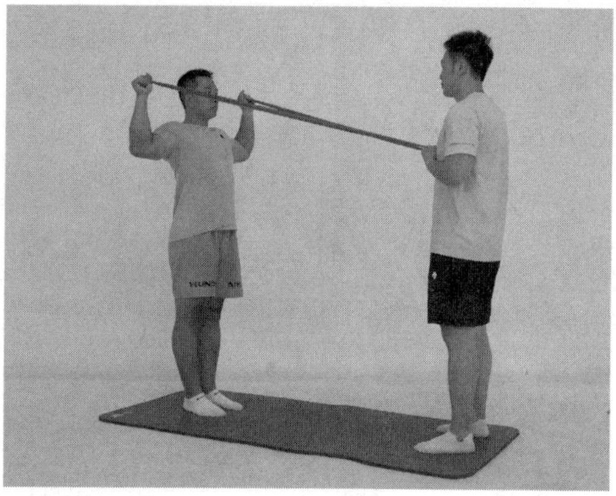

图 18-80　弹力带双臂上旋推举（外旋阶段）

图 18-81　弹力带双臂上旋推举（上举阶段）

20. 弹力圈单侧脚尖内旋

[动作名称] 弹力圈单侧脚尖内旋

[动作要点] 双人对坐，手臂支撑身体，一侧腿盘卧在下放，另一侧腿伸直压在下侧腿上，脚掌在相同位置，并将弹力圈置于脚掌上侧；随后二人同时发力，将脚尖内旋，顶端保持 1 s，随后缓缓回到起始位置，交替进行。

[练习要求] 坐姿，手臂支撑身体，二人同时发力，脚尖内旋，练习 2～4 组，每组 8～12 次，每次保持 1 s。见图 18-82、图 18-83。

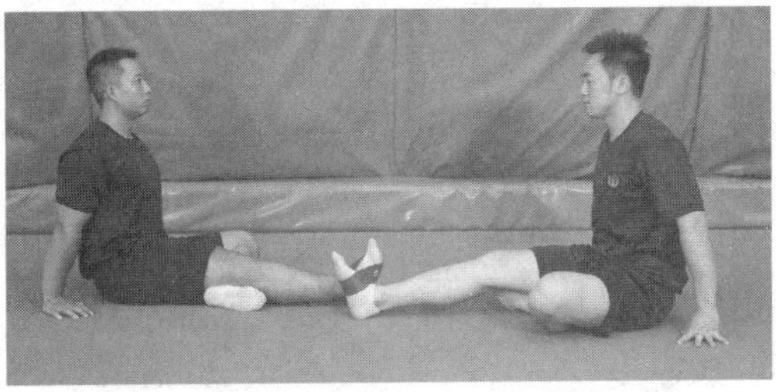

图 18-82　弹力圈单侧脚尖内旋(起始阶段)

图 18-83　弹力圈单侧脚尖内旋(发力阶段)

21. 弹力圈单侧脚尖后伸

[动作名称] 弹力圈单侧脚尖后伸

[动作要点] 双人对坐，手臂支撑身体，一侧腿盘卧在下方，另一侧腿伸直压在下侧腿上，二人脚掌相对，并将弹力圈置于脚掌上侧；随后二人同时发力，将脚尖后伸，顶端保持 1 s，随后缓缓回到起始位置，交替进行。

[练习要求] 坐姿，脚掌相对，同时发力，将脚尖后伸，练习 2～4 组，每组 8～12 次，每次保持 1 s。见图 18-84、图 18-85。

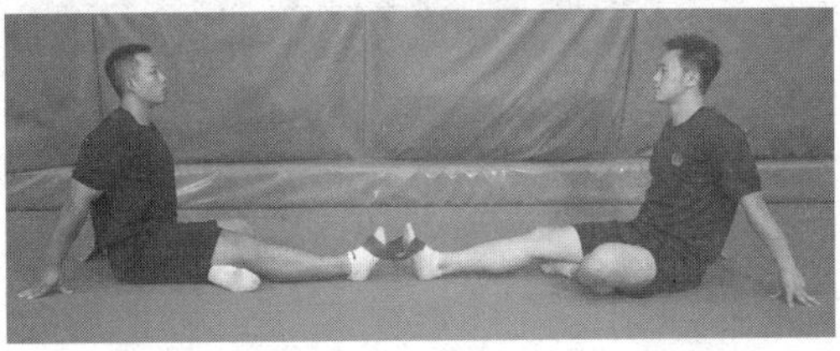

图 18-84　弹力圈单侧脚尖后伸(起始阶段)

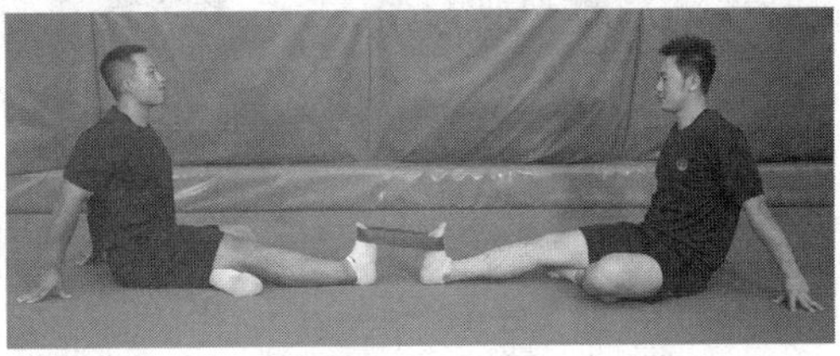

图 18-85　弹力圈单侧脚尖后伸(发力阶段)

22. 弹力圈脚尖外旋

[动作名称] 弹力圈脚尖外旋

[动作要点] 双人对坐，手臂支撑身体，双腿并拢，二人脚掌相对，并将弹力圈置于脚掌上侧；随后二人同时发力，将脚尖外旋，顶端保持 1 s，随后缓缓回到起始位置，重复进行。

[练习要求] 坐姿，双腿并拢，脚掌相对，同时发力，脚尖外旋，练习 2～4 组，每组 8～12 次，每次保持 1 s。见图 18-86、图 18-87。

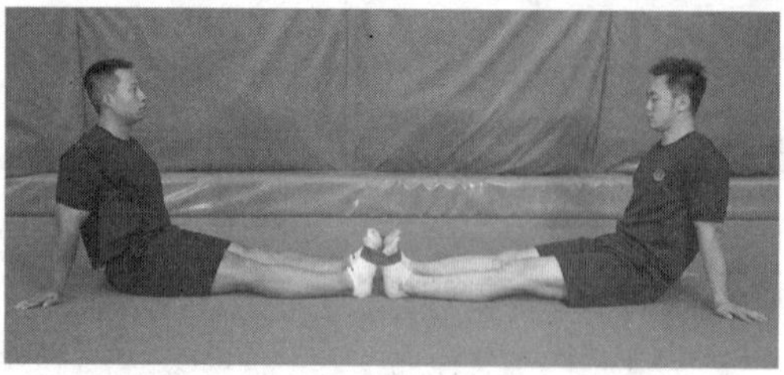

图 18-86　弹力圈脚尖外旋(起始阶段)

图 18-87　弹力圈脚尖外旋(发力阶段)

23. 壶铃侧弓箭步下蹲

[动作名称] 壶铃侧弓箭步下蹲

[动作要点] 自然站立,双腿并拢,肩膀放松,双臂屈曲,双手抓住壶铃;

一侧腿支撑,另一侧腿脚尖外旋并向侧向大跨步,使身体呈侧弓箭步姿态,随后缓缓回到中立位,全程保持上半身直立状态,重复进行。

[练习要求] 上半身直立,手持壶铃,侧向跨步呈侧弓箭步姿态,练习 2～4 组,每组 8～12 次,每次保持 1 s。见图 18-88、图 18-89。

图 18-88　壶铃侧弓箭步下蹲(起始阶段)

图 18-89　壶铃侧弓箭步下蹲(下蹲阶段)

24. 壶铃弓箭步下蹲

[动作名称] 壶铃弓箭步下蹲

[动作要点] 自然站立,双腿并拢,肩膀放松,双臂屈曲,双手抓握壶铃;向身体前侧跨一步;保持姿态,前后腿呈弓箭步下蹲,随后缓缓回到中立位置;下蹲过程中全程保持上半身直立,重复进行。

[练习要求] 上半身直立,手持壶铃,呈弓箭步下蹲,练习 2～4 组,每组 8～12 次,每次保持 1 s。见图 18-90、图 18-91。

25. 半球弓箭步下蹲

[动作名称] 半球弓箭步下蹲

[动作要点] 半球置于平面,一侧腿支撑地面,一侧腿跨放在半球上,肩膀放松,双手自然垂于身体两侧;双臂向上伸展至头部两侧;保持姿态,前后腿呈弓箭步下蹲,随后缓缓回到中立位置;下蹲过程中全程保持上半身直立,重复进行。

图 18-90　壶铃弓箭步下蹲(起始阶段)

图 18-91　壶铃弓箭步下蹲(下蹲阶段)

［练习要求］上半身直立,双臂向上举过头顶,呈弓箭步下蹲,练习 2～4 组,每组 8～12 次,每次保持 1 s。见图 18-92、图 18-93、图 18-94。

图 18-92　半球弓箭步下蹲(起始阶段)

图 18-93　半球弓箭步下蹲(准备阶段)

图 18-94　半球弓箭步下蹲(下蹲阶段)

26. 半球侧弓箭步下蹲

[动作名称] 半球侧弓箭步下蹲

[动作要点] 半球置于平面，自然站立，一侧腿支撑地面，一侧腿放在半球上，肩膀放松；双手握拳，并沿肩膀方向伸直，一侧腿支撑，另一侧腿脚尖外旋压在半球上并向侧向大跨步，使身体呈侧弓箭步姿态，随后缓缓回到中立位，全程保持上半身直立状态，重复进行。

[练习要求] 上半身直立，双臂垂直于地面，双手握拳，呈侧弓箭步姿态，练习 2～4 组，每组 8～12 次，每次保持 1 s。见图 18-95、图 18-96、图 18-97。

图 18-95　半球侧弓箭步下蹲(起始阶段)

图 18-96　半球侧弓箭步下蹲(准备阶段)

图 18-97　半球侧弓箭步下蹲(下蹲阶段)

27. 半球剪蹲弓箭步下蹲

[动作名称] 半球剪蹲弓箭步下蹲

[动作要点] 半球置于平面，自然站立，一侧腿支撑地面，一侧腿放在半球上，肩膀放松；双手交叉抱胸，一侧腿支撑，另一侧腿脚掌压在半球上，向支撑腿相反方向进行剪蹲，随后向支撑腿侧侧向大跨步，使身体呈侧弓箭步姿态，随后缓缓回到中立位，全程保持上半身直立状态，重复进行。

[练习要求] 上半身直立，双手交叉抱胸，反向进行剪蹲，侧向跨步，练习 2～4 组，每组 8～12 次，每次保持 1 s。见图 18-98、图 18-99、图 18-100。

图 18-98　半球剪蹲弓箭步下蹲(起始阶段)

图 18-99　半球剪蹲弓箭步下蹲(剪蹲阶段)

图 18-100　半球剪蹲弓箭步下蹲(侧蹲阶段)

参考文献

[1] 本刊编辑部.天津港“8·12”瑞海公司危险品仓库特别重大火灾爆炸事故原因调查及防范措施[J].中国应急管理,2016(2):44-57.

[2] 毕双洲,李雪.消防员军事体能评价与负重状态下运动能量消耗特征研究[C]//2018年中国生理学会运动生理学专业委员会会议暨“科技创新与运动生理学”学术研讨会论文集.新乡,2018:149-150.

[3] 戴勇.油气田企业专职消防队灭火抢险救援行动风险管控的探讨[J].化工管理,2018(9):127-128.

[4] 冯海成,刘彬,王倩,等.5·12大地震人类抗灾体适能的特点与规律的研究[J].防灾科技学院学报,2009,11(1):118-121.

[5] 何钢.公安院校开设“野外生存生活训练”课程的探讨[J].南京体育学院学报(自然科学版),2007,6(3):81-83.

[6] 何雪德,龚波,刘喜林.体能概念的发展演绎着新时期训练思维的整合[J].南京体育学院学报(社会科学版),2005,19(1):9-13.

[7] 李之文.体能概念探讨[J].解放军体育学院学报,2001,20(3):1-3.

[8] 刘峰.消防员体能训练理论与实践[M].北京:化学工业出版社,2020.

[9] 刘仁光.消防员生命体征参数研究[C]//2015中国消防协会科学技术年会论文集.2015:406-407.

[10] 卢洁,雷少刚.露天煤矿粉尘环境影响及其扩散规律研究综述[J].煤矿安全,2017,48(8):231-234.

[11] 卢文刚,张宇.中国民间应急救援组织现状、特点及发展困境:基于中国紧急救援聪明的分析[J].

[12] 宁波,宋青.《部队热习服指南》解读[J].空军医学杂志,2018,34(4):276-278.

[13] 青岛市城阳区人民政府应急管理办公室.“最勇敢”志愿者们的领头雁:记青岛红十字蓝天救援队队长李延照[J].中国应急管理,2014(2):57-60.

[15] 人力资源社会保障部、应急管理部印发《国家综合性消防救援队伍消防员招录办法(试行)》[J].中国安全生产,2019,14(1):8.

[15] 申锦玉,冯子健,洪荣涛,等.台风引发的伤害及其危险因素研究[J].海峡预防医学杂志,2007,13(3):33-35.

[16] 宋富美,李季.我国煤矿尘肺病现状及预防对策研究[J].煤矿安全,2014,45(5):231-233.

[17] 宋金成.关于提高油气田消防人员的应急救援能力的思考[J].中小企业管理与科技(上旬刊),2019(8):103-104.

[18] 孙冰.专访蓝天救援队总指挥张勇:河南水灾救援中的感动与无奈[J].中国经济周刊,2021(15):30-33.

[19] 孙懿.新时代综合性消防救援人员体能训练实战化研究[D].长春:吉林大学,2020.

[20] 天津港"8·12"特别重大火灾爆炸事故调查报告公布[J].消防界(电子版),2016(2):35-40.

[21] 田麦久,刘大庆.运动训练学[M].北京:人民体育出版社,2012.

[22] 王强.大学生避险能力的构建及培养对策[J].当代体育科技,2021,11(5):240-242.

[23] 王卫星.高水平运动员体能训练的新方法[M].北京:北京体育大学出版社,2013,9:3

[24] 王永宏.消防员中毒的预防与急救[J].甘肃消防,2000(6):30-31.

[25] 魏捍东,杨千红.新时代国家综合性消防救援队伍新使命和新挑战[J].消防科学与技术,2019,38(1):4-6.

[26] 新华社.习近平向国家综合性消防救援队伍授旗并致训词[J].中国消防,2018(11):4.

[27] 许永杰.消防作业的职业危害:烟雾吸入性损伤[J].劳动安全与健康,2001(10):13.

[28] 许战.消防救援人员运动损伤现状调查与防控对策分析:以宁波市消防救援支队为例[J].今日消防,2022,7(1):127-129.

[29] 杨丹.露天堆煤场粉尘起尘及运移扩散规律研究[D].阜新:辽宁工程技术大学,2007.

[30] 杨三军.国家矿山应急救援队伍应急救援能力提升理论与实践[M].北京:应急管理出版社,2022.

[31] 姚磊,田亮,张晓颖.灭火救援现场消防员高温作业研究[J].消防科学与技术,2012,31(5):510-512.

[32] 于洪超.试论油气田企业专职消防队灭火抢险救援行动风险管控[J].中国化工贸易,2018,10(32):53.

[33] 袁运平.运动员体能与专项体能特征的研究[J].体育科学,2004,24(9):48-52.

[34] 张敏,胡泊."洪线"逆行志愿冲锋:记河南省开封市蓝天救援队[J].中国应急管理,2021(9):90-91.

[35] 张维江,陈政权.战斗力标准视域下的体能实战化训练[J].军事体育学报,2015,34(3):31-33.

[36] 赵原,朱丽晶.同在蓝天下 携手为公益:访北京蓝天救援队队长张勇[J].劳动保护,2019(7):83-85.

[37] 朱童,詹剑华.高温环境热应激研究进展[J].职业与健康,2010,26(9):1061-1063.